財務會計
（第三版）

余海宗　主編

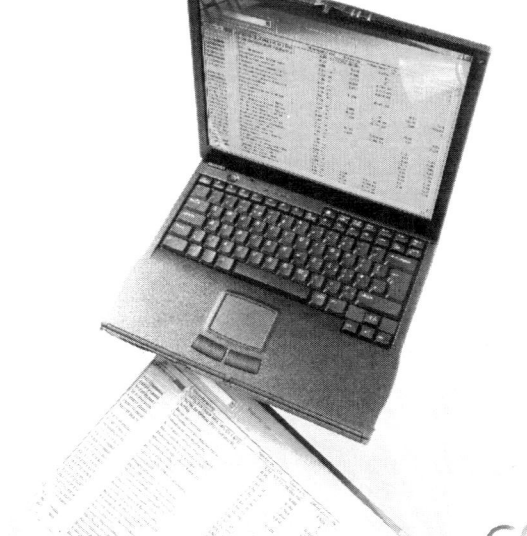

財經錢線

第三版前言

本書為（網路）精品資源課程配套教材。近年來，中國會計改革和會計實踐均發生了顯著的變化，尤其是2014年頒布了《企業會計準則第39號——公允價值計量》等3項具體準則，同時修改了《企業會計準則第2號——長期股權投資》《企業會計準則第9號——職工薪酬》《企業會計準則第30號——財務報告列報》等5個具體準則。為了更好地適應會計教學的需要，更好地反應中國會計改革的新成果，我們對教材進行了修訂。本次修訂仍然保留了第一、二版教材的基本框架，系統闡述財務會計要素的確認、計量、記錄與報告以及財務會計的基本概念、基本理論和基本技能。本次修訂除了訂正、補漏之外，主要修訂了第一、三、四、五、七、八、九、十章。

本次修訂主要由餘海宗（第一章）、吳豔玲（第二、三、四、五章）、何雅潔（第六、七、八、九、十章）執筆，最後由主編餘海宗教授負責全書的總纂、修改和定稿。

由於編者水平有限，本書難免存在疏漏之處，懇請讀者和各位同仁不吝指正，以便我們進一步補充和修訂。

編者

目 錄

第一章　財務會計基本理論 …………………………………………………………（1）
　　第一節　財務會計概念框架及目標 ……………………………………………（1）
　　第二節　會計基本假設與會計基礎 ……………………………………………（4）
　　第三節　會計信息質量要求 ……………………………………………………（6）
　　第四節　會計要素及其確認與計量 ……………………………………………（10）

第二章　存貨 …………………………………………………………………………（19）
　　第一節　存貨概述 ………………………………………………………………（19）
　　第二節　存貨初始計量與發出存貨計價 ………………………………………（20）
　　第三節　原材料 …………………………………………………………………（24）
　　第四節　週轉材料 ………………………………………………………………（30）
　　第五節　庫存商品 ………………………………………………………………（32）
　　第六節　存貨的期末計量 ………………………………………………………（34）

第三章　固定資產、無形資產和投資性房地產 ……………………………………（42）
　　第一節　固定資產 ………………………………………………………………（42）
　　第二節　無形資產 ………………………………………………………………（54）
　　第三節　投資性房地產 …………………………………………………………（61）

第四章　金融資產 ……………………………………………………………………（74）
　　第一節　金融資產概述 …………………………………………………………（74）
　　第二節　貨幣資金及應收款項 …………………………………………………（74）
　　第三節　其他金融資產 …………………………………………………………（84）

第五章　長期股權投資 ………………………………………………………………（95）
　　第一節　長期股權投資概述 ……………………………………………………（95）
　　第二節　長期股權投資的初始計量 ……………………………………………（97）
　　第三節　長期股權投資的後續計量 ……………………………………………（102）

第四節　長期股權投資的處置 …………………………………………（108）

第六章　資産減值 …………………………………………………………（111）
　　　第一節　資産減值概述 ……………………………………………（111）
　　　第二節　資産可收回金額的計量 …………………………………（113）
　　　第三節　資産減值損失的確認與計量 ……………………………（120）
　　　第四節　商譽減值測試與處理 ……………………………………（121）

第七章　負債 ………………………………………………………………（125）
　　　第一節　負債概述 …………………………………………………（125）
　　　第二節　流動負債 …………………………………………………（126）
　　　第三節　非流動負債 ………………………………………………（144）

第八章　所有者權益 ………………………………………………………（151）
　　　第一節　所有者權益概述 …………………………………………（151）
　　　第二節　實收資本 …………………………………………………（152）
　　　第三節　資本公積和其他綜合收益 ………………………………（156）
　　　第四節　留存收益 …………………………………………………（159）

第九章　收入、費用和利潤 ………………………………………………（164）
　　　第一節　收入 ………………………………………………………（164）
　　　第二節　費用 ………………………………………………………（185）
　　　第三節　利潤 ………………………………………………………（187）

第十章　財務報表 …………………………………………………………（193）
　　　第一節　財務報表概述 ……………………………………………（193）
　　　第二節　資産負債表 ………………………………………………（195）
　　　第三節　利潤表 ……………………………………………………（211）
　　　第四節　現金流量表 ………………………………………………（214）
　　　第五節　所有者權益變動表 ………………………………………（223）
　　　第六節　報表附註 …………………………………………………（225）

第一章　財務會計基本理論

【學習目的與要求】

本章主要闡述會計目標、會計假設與會計基礎、會計信息質量要求以及財務會計要素的確認與計量原則。本章的學習要求是：
1. 掌握財務報告目標。
2. 掌握會計基本假設與會計基礎。
3. 掌握會計信息質量要求及其運用。
4. 掌握會計要素及其確認與計量原則。

第一節　財務會計概念框架及目標

一、財務會計概念及特徵

1966年，美國會計學會（AAA）在其發表的《基本會計理論說明書》中把會計定義為「使信息使用者能夠作出有根據的判斷和決策的辨認、計量和傳遞經濟信息的程序」。

1970年，美國註冊會計師協會所屬會計原則委員會（APB）發表的第4號報告（APB Statement No.4）指出：「企業財務會計是會計的一個分支，它著眼於有關財務狀況和經營成果的通用報告和財務報表」；「財務報表是一種媒介，財務會計通過它，將累積和處理的信息按期傳遞給使用者」。

1978年，美國財務會計準則委員會（FASB）在其概念公告第1號（SFAC No.1）中指出：「財務會計關注的是企業的資產、負債、收入、費用、盈利等方面的會計」。

綜上，財務會計是按照一定的會計程序，對會計要素進行確認、計量、記錄和報告，以財務報告為主要手段為企業外部關係人提供決策信息的一個經濟信息系統。

財務會計是現代會計的一個分支，與其他各種會計相比，其主要特徵有：

1. 財務會計必須遵循企業會計準則和有關法規、製度的規範要求。這是財務會計區別於傳統會計的特點，也是不同於管理會計的一個重要方面。財務會計的數據處理過程和財務會計報表編制的這一要求，是為了維護企業所有利害關係人的利益。

財務會計對外提供的信息反應了企業與投資者、債權人等有關方面的利益關係。這些利益相關者往往要以財務會計提供的信息為主要依據，作出有關經濟決策。為了

確保利益相關者對這些會計信息的信賴，就需要對信息的形成和傳遞的全過程進行嚴格的規範。會計原則、會計準則、會計制度等財務會計的規範形式便應運而生。

2. 財務會計以反應已經發生的經濟業務的財務信息為重點。財務會計只對已發生或已完成的，能用貨幣表現的交易或事項予以確認、計量、記錄和報告，因此，財務會計提供的主要信息是歷史的。

3. 財務會計的主體是整個企業。財務會計反應整個企業集中、概括的財務信息，對企業的財務狀況、經營成果和現金流量作出綜合的評價與考核。

4. 財務會計主要為企業外部關係人提供信息。財務會計提供的信息雖然可供企業外部和內部使用，但主要還是供企業外部會計信息使用者使用。

5. 財務會計主要通過編制基本財務報表來提供系統的、連續的、綜合的財務信息。所謂系統，是指採用科學的方法進行分類、匯總和加工整理以取得管理上所需要的信息資料。所謂連續，是指會計按照業務發生的時間先後順序不間斷地記錄和計算主體的每一項經濟業務。所謂綜合，則是通過使用貨幣計量把大量的、分散的、不易理解的數據集中反應出來。會計通過系統、連續、綜合地反應主體的經濟活動情況，使其成為便於理解的資料，為經濟管理提供真實可靠的會計信息。

6. 為了促進財務報表進行公正的表達，遵守公認會計原則和有關的法規、製度，保證外部使用者獲得可靠、相關的信息。財務報表必須由獨立、客觀、公正的註冊會計師進行審計。

二、財務會計概念框架

財務會計概念框架（Conceptual Framework），也稱財務會計概念結構，是由若干說明財務會計並為財務會計所應用的基本概念所組成的理論體系，是指導和評價會計準則的基本理論依據。在缺乏會計準則的領域，財務會計概念框架可以起到規範會計處理和財務報表信息披露的作用。美國財務會計準則委員會（FASB）從1978年開始陸續頒發財務會計概念公告（SFAC），形成了較為完整的財務會計概念框架體系，在美國國內外引起了很大的反響。隨後，英國、澳大利亞、加拿大等國的會計職業團體和國際會計準則理事會（IASB）也都先後對財務會計概念框架進行了研究，並發布了一系列闡述財務會計概念框架的重要文件和報告。

實踐證明，財務會計概念框架在建立和完善會計準則過程中具有非常重要的作用。第一，可以保持會計準則內在邏輯的一致性，避免不同準則之間的矛盾或衝突，保證會計準則體系的完整性和縝密性。第二，能減少準則制定過程中由於個人偏好或不同學派之間的「門戶之見」以及「長官意志」等各種人為因素所帶來的不利影響，從而保證會計準則的科學性。第三，可用來評估已發布的會計準則，既可據以對原準則作出修訂和完善，給新會計準則的制定指明方向，還可彌補準則中的某些缺陷，對重大會計問題的解決提供理論上的支持。第四，有助於會計信息使用者更好地理解財務報表提供的信息的目的、內容、性質和局限性，使其能據以作出恰當的分析判斷和正確的經營決策。第五，通過財務會計概念框架的研究，既可充分肯定傳統會計理論中仍然適用的合理部分，又能及時展示社會經濟環境變動情況下會計理論研究的最新成果，

從而不斷地推動會計理論研究向縱深發展。

中國在 2006 年 2 月 15 日頒布並於 2007 年 1 月 1 日首先在上市公司實施的 1 項基本準則和 38 項具體準則及有關應用指南，是一個在實質上與國際財務報告準則趨同（其中的概念框架是趨同的前提基礎）並兼顧中國經濟社會實際的會計準則體系。2014 年 1 月中國又頒布了 3 項具體準則，並修改了部分具體準則。中國的會計基本準則與國際財務報告準則的概念框架的作用基本相似。圖 1－1 是中國會計基本準則的框架內容。

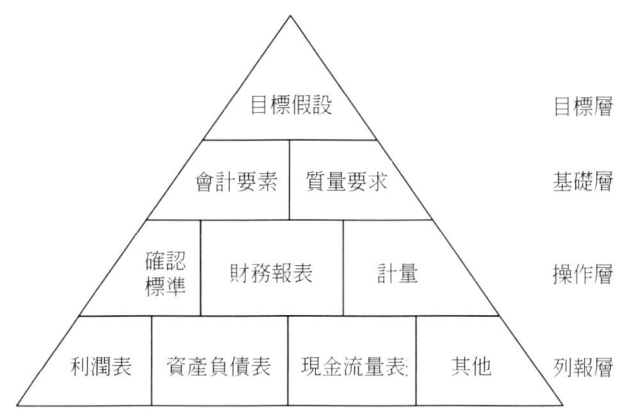

圖 1－1　中國會計基本準則概念框架層次圖

三、財務報告的目標

財務會計也稱對外報告會計，它是通過財務會計報告的形式向會計主體外部有關方面提供可靠、相關、可比的會計信息系統。財務會計將特定單位發生的交易和事項加工為會計信息，是一個非常複雜的過程。這個過程包括會計確認、計量、記錄和報告四個環節。

財務報告的目標是財務會計概念框架的出發點，也是財務會計工作的落腳點。財務報告的目標是向財務報告使用者提供與企業財務狀況、經營成果和現金流量等有關的會計信息，反應企業管理層受託責任的履行情況，有助於財務報告使用者作出經濟決策。其主要內容包括以下兩個方面：

1. 向財務報告使用者提供決策有用的信息

企業編制財務報告的主要目的是為了滿足財務報告使用者的信息需要，有助於財務報告使用者作出經濟決策。因此，向財務報告使用者提供決策有用的信息是財務報告的基本目標。如果企業在財務報告中提供的會計信息與使用者的決策無關，沒有使用價值，那麼財務報告就失去了其編制的意義。

根據向財務報告使用者提供決策有用的信息這一目標的要求，財務報告所提供的會計信息應當如實反應企業所擁有或者控制的經濟資源、對經濟資源的要求權以及經濟資源要求權的變化情況；如實反應企業的各項收入、費用、利得和損失的金額及其變動情況；如實反應企業各項經營活動、投資活動和籌資活動等所形成的現金流入和

現金流出情況等。從而有助於現在的或者潛在的投資者、債權人以及其他使用者正確、合理地評價企業的資產質量、償債能力、盈利能力和營運效率等；有助於使用者根據相關會計信息作出理性的投資和信貸決策；有助於使用者評估與投資和信貸有關的未來現金流量的金額、時間和風險等。

2. 反應企業管理層受託責任的履行情況

在現代公司制下，企業所有權和經營權相分離，企業管理層是受委託人之託經營管理企業及其各項資產，負有受託責任，即企業管理層所經營管理的企業各項資產基本上均為投資者投入的資本（或者留存收益作為再投資）或者向債權人借入資金所形成的，企業管理層有責任妥善保管並合理、有效地運用這些資產。尤其是企業投資者和債權人等，需要及時或者經常性地瞭解企業管理層保管、使用資產的情況，以便於評價企業管理層受託責任的履行情況和業績情況，並決定是否需要調整投資或者信貸政策，是否需要加強企業內部控製和其他製度建設，是否需要更換管理層等。因此，財務報告應當反應企業管理層受託責任的履行情況，以有助於評價企業的經營管理責任和資源使用的有效性。

第二節　會計基本假設與會計基礎

一、會計基本假設

會計基本假設是企業會計確認、計量和報告的前提，是對會計核算所處時間、空間環境等所作的合理設定。會計基本假設包括會計主體、持續經營、會計分期和貨幣計量①。

(一) 會計主體

會計主體，是指企業會計確認、計量和報告的空間範圍。為了向財務報告使用者反應企業財務狀況、經營成果和現金流量，提供與其決策有用的信息，會計核算和財務報告的編制應當集中反應特定對象的活動，並將其與其他經濟實體區別開來，才能實現財務報告的目標。

在會計主體假設下，企業應當對其本身發生的交易或者事項進行會計確認、計量和報告，反應企業本身所從事的各項生產經營活動。明確界定會計主體是開展會計確認、計量和報告工作的重要前提。

首先，明確會計主體，才能劃定會計所要處理的各項交易或事項的範圍。在會計工作中，只有那些影響企業本身經濟利益的各項交易或事項才能加以確認、計量和報告，那些不影響企業本身經濟利益的各項交易或事項則不能加以確認、計量和報告。會計工作中通常所講的資產、負債的確認，收入的實現，費用的發生等，都是針對特

---

① 國際會計準則理事會討論了權責發生制和持續經營假設，未涉及其他的會計假設。美國會計原則委員會所屬會計研究部第1號報告提出了另外兩個重要假設：暫時性和市場價格假設。

定會計主體而言的。

其次，明確會計主體，才能將會計主體的交易或者事項與會計主體所有者的交易或者事項以及其他會計主體的交易或者事項區分開來。例如，企業所有者的經濟交易或者事項是屬於企業所有者主體所發生的，不應納入企業會計核算的範圍，但是企業所有者投入到企業的資本或者企業向所有者分配的利潤，則屬於企業主體所發生的交易或者事項，應當納入企業會計核算的範圍。

會計主體不同於法律主體。一般來說，法律主體必然是一個會計主體。但是，會計主體不一定是法律主體。例如，在企業集團的情況下，一個母公司擁有若干子公司，母子公司雖然是不同的法律主體，但是母公司對於子公司擁有控製權，為了全面反應企業集團的財務狀況、經營成果和現金流量，就有必要將企業集團作為一個會計主體，編制合併財務報表。再如，由企業管理的證券投資基金、企業年金基金等，儘管不屬於法律主體，但屬於會計主體，應當對每項基金進行會計確認、計量和報告。

(二) 持續經營

持續經營，是指在可以預見的將來，企業將會按當前的規模和狀態繼續經營下去，不會停業，也不會大規模削減業務。在持續經營前提下，會計確認、計量和報告應當以企業持續、正常的生產經營活動為前提。

企業是否持續經營，在會計原則、會計方法的選擇上有很大差別。一般情況下，應當假定企業將會按照當前的規模和狀態繼續經營下去。明確這個基本假設，就意味著會計主體將按照既定用途使用資產，按照既定的合約條件清償債務，會計人員就可以在此基礎上選擇會計原則和會計方法。如果判斷企業會持續經營，就可以假定企業的固定資產會在持續經營的生產經營過程中長期發揮作用，並服務於生產經營過程，固定資產就可以根據歷史成本進行記錄，並採用折舊的方法，將歷史成本分攤到各個會計期間或相關產品的成本中。如果判斷企業不會持續經營，固定資產就不應採用歷史成本進行記錄並按期計提折舊。

如果一個企業在不能持續經營時還假定企業能夠持續經營，並仍按持續經營基本假設選擇會計確認、計量和報告原則與方法，就不能客觀地反應企業的財務狀況、經營成果和現金流量，會誤導會計信息使用者的經濟決策。

(三) 會計分期

會計分期，是持續經營假設的補充，是將一個企業持續經營的生產經營活動劃分為一個個連續的、長短相同的期間。會計分期的目的，在於通過會計期間的劃分，將持續經營的生產經營活動劃分成連續、相等的期間，據以結算盈虧，按期編制財務報告，從而及時向財務報告使用者提供有關企業財務狀況、經營成果和現金流量的信息。

在會計分期假設下，企業應當劃分會計期間，分期結算帳目和編制財務報告。會計期間通常分為年度和中期。中期，是指短於一個完整的會計年度的報告期間。

根據持續經營假設，一個企業將按當前的規模和狀態持續經營下去。但是，無論是企業的生產經營決策還是投資者、債權人等的決策都需要及時的信息，都需要將企業持續的生產經營活動劃分為一個個連續的、長短相同的期間，分期確認、計量和報

告企業的財務狀況、經營成果和現金流量。明確會計分期假設意義重大，由於會計分期，才產生了當期與以前期間、以後期間的差別，才使不同類型的會計主體有了記帳的基準，進而出現了折舊、攤銷等會計處理方法。

（四）貨幣計量

貨幣計量，是指會計主體在財務會計確認、計量和報告時以貨幣計量，反應會計主體的生產經營活動。

在會計的確認、計量和報告過程中之所以選擇貨幣為基礎進行計量，是由貨幣的本身屬性決定的。貨幣是商品的一般等價物，是衡量一般商品價值的共同尺度，具有價值尺度、流通手段、貯藏手段和支付手段等特點。其他計量單位，如重量、長度、容積、臺、件等，只能從一個側面反應企業的生產經營情況，無法在量上進行匯總和比較，不便於會計計量和經營管理。只有選擇貨幣尺度進行計量，才能充分反應企業的生產經營情況。所以，基本準則規定，會計確認、計量和報告選擇貨幣作為計量單位。

在有些情況下，統一採用貨幣計量也有缺陷。某些影響企業財務狀況和經營成果的因素，如企業經營戰略、研發能力、市場競爭力等，往往難以用貨幣來計量，但這些信息對於使用者進行決策來講也很重要，企業可以在財務報告中補充披露有關非財務信息來彌補上述缺陷。

會計假設是對會計所處的經濟環境作出的合乎邏輯的推斷和假定，會計假設本身是一種理想化、標準化的會計環境。但是，假設與經濟現實存在一定的差距，因此假設成立並發揮作用的前提是：假設與現實的脫節應保持在合理的範圍內。當現實發生變化而使假設遠離會計的經濟環境時，假設就必須作出相應的修正和補充，以適應變化了的環境，從而保證會計信息系統的良性運轉。

二、會計基礎

企業會計確認、計量和報告應當以權責發生制為基礎。權責發生制基礎要求，凡是當期已經實現的收入和已經發生或應當負擔的費用，無論款項是否收付，都應當作為當期的收入和費用，計入利潤表；凡是不屬於當期的收入和費用，即使款項已在當期收付，也不應當作為當期的收入和費用。

會計實務中，企業交易或者事項的發生時間與相關貨幣收支時間有時並不完全一致。例如，款項已經收到，但銷售並未實現；或者款項已經支付，但並不是為本期生產經營活動而發生的。為了更加真實、公允地反應特定會計期間的財務狀況和經營成果，基本準則明確規定，企業在會計確認、計量和報告中應當以權責發生制為基礎。

第三節　會計信息質量要求

財務報告的目標是為報告使用者提供經濟決策所需要的信息，會計信息只有滿足一定的質量標準，才具有有用性。會計信息質量要求是對企業財務報告中所提供會計

信息質量的基本要求，是使財務報告中所提供會計信息對投資者等使用者決策有用應具備的基本特徵。它主要包括可靠性、相關性、可理解性、可比性、實質重於形式、重要性、謹慎性和及時性等。

一、可靠性

可靠性要求企業應當以實際發生的交易或者事項為依據進行確認、計量和報告，如實反應符合確認和計量要求的各項會計要素及其他相關信息，保證會計信息真實可靠、內容完整。

會計信息要有用，必須以可靠性為基礎，如果財務報告所提供的會計信息是不可靠的，就會給投資者等使用者的決策產生誤導甚至損失。為了貫徹可靠性要求，企業應當做到：①以實際發生的交易或者事項為依據進行確認、計量，將符合會計要素定義及其確認條件的資產、負債、所有者權益、收入、費用和利潤等如實反應在財務報表中，不得根據虛構的、沒有發生的或者尚未發生的交易或者事項進行確認、計量和報告。②在符合重要性和成本效益原則的前提下，保證會計信息的完整性，其中包括應當編報的報表及其附註內容等應當保持完整，不能隨意遺漏或者減少應予披露的信息，與使用者決策相關的有用信息都應當充分披露。

二、相關性

相關性要求企業提供的會計信息應當與投資者等財務報告使用者的經濟決策需要相關，有助於投資者等財務報告使用者對企業過去、現在或者未來的情況作出評價或者預測。

會計信息是否有用，是否具有價值，關鍵是看其與使用者的決策需要是否相關，是否有助於決策或者提高決策水平。相關的會計信息應當能夠有助於使用者評價企業過去的決策，證實或者修正過去的有關預測，因而具有反饋價值。相關的會計信息還應當具有預測價值，有助於使用者根據財務報告所提供的會計信息預測企業未來的財務狀況、經營成果和現金流量。例如適度引入公允價值，可以提高會計信息的預測價值，進而提升會計信息的相關性。

會計信息質量的相關性要求企業在確認、計量和報告會計信息的過程中，充分考慮使用者的決策模式和信息需要。

可靠性和相關性是財務會計信息應具備的兩項主要質量特徵，兩者之間並不矛盾，如果兩者能同時提高最為理想。但有時提高可靠性會降低相關性，反之亦然。如何權衡，取決於決策者對兩者重要性的評價。

三、可理解性

可理解性要求企業提供的會計信息應當清晰明了，便於投資者等財務報告使用者理解和使用。

企業編制財務報告、提供會計信息的目的在於使用，而要使使用者有效使用會計信息，就應當能讓其瞭解會計信息的內涵，弄懂會計信息的內容，這就要求財務報告

所提供的會計信息應當清晰明了，易於理解。只有這樣，才能提高會計信息的有用性，實現財務報告的目標，滿足向投資者等財務報告使用者提供決策有用信息的要求。

會計信息畢竟是一種專業性較強的信息產品，在強調會計信息的可理解性要求的同時，還應假定使用者具有一定的有關企業經營活動和會計方面的知識，並且願意付出努力去研究這些信息。對於某些複雜的信息，如交易本身較為複雜或者會計處理較為複雜，但其對使用者的經濟決策相關的，企業就應當在財務報告中予以充分披露。

四、可比性

可比性要求企業提供的會計信息應當相互可比。這主要包括兩層含義：

(一) 同一企業不同時期可比

為了便於投資者等財務報告使用者瞭解企業財務狀況、經營成果和現金流量的變化趨勢，比較企業在不同時期的財務報告信息，全面、客觀地評價過去、預測未來，從而作出決策。會計信息質量的可比性要求同一企業不同時期發生的相同或者相似的交易或者事項，應當採用一致的會計政策，不得隨意變更。但是，滿足會計信息可比性要求，並非表明企業不得變更會計政策，如果按照規定或者在會計政策變更後可以提供更可靠、更相關的會計信息的，可以變更會計政策。有關會計政策變更的情況，應當在附註中予以說明。

(二) 不同企業相同會計期間可比

為了便於投資者等財務報告使用者評價不同企業的財務狀況、經營成果和現金流量及其變動情況，會計信息質量的可比性要求不同企業同一會計期間發生的相同或者相似的交易或者事項，應當採用規定的會計政策，確保會計信息口徑一致、相互可比，以使不同企業按照一致的確認、計量和報告要求提供有關會計信息。

五、實質重於形式

實質重於形式要求企業應當按照交易或者事項的經濟實質進行會計確認、計量和報告，不僅僅以交易或者事項的法律形式為依據。

企業發生的交易或事項在多數情況下，其經濟實質和法律形式是一致的。但在有些情況下，會出現不一致。例如，以融資租賃方式租入的資產，雖然從法律形式來講企業並不擁有其所有權，但是由於租賃合同中規定：租賃期相當長，接近於該資產的使用壽命；租賃期結束時承租企業有優先購買該資產的選擇權；在租賃期內承租企業有權支配資產並從中受益等。因此，從其經濟實質來看，企業能夠控制融資租入資產所創造的未來經濟利益，在會計確認、計量和報告上就應當將以融資租賃方式租入的資產視為企業的資產，列入企業的資產負債表。遵循實質重於形式要求，體現了對經濟實質的尊重，能夠保證會計信息與客觀經濟事項相符。

六、重要性

重要性要求企業提供的會計信息應當反應與企業財務狀況、經營成果和現金流量

有關的所有重要交易或者事項。

在實務中，如果會計信息的省略或者錯報會影響投資者等財務報告使用者據此作出決策的，該信息就具有重要性。重要性的應用需要依賴職業判斷，企業應當根據其所處環境和實際情況，從項目的性質和金額大小兩方面加以判斷。重要性要求企業在會計核算中對交易或事項應區別其重要程度，採用不同的核算方式。對資產、負債、損益等有較大影響並進而影響財務報告使用者據此作出全面合理判斷的重要事項，必須按照規定的會計方法和程序進行處理，並在財務報告中予以充分披露；對於次要的會計事項，在不影響會計信息真實性、不至於誤導財務報告使用者作出正確判斷的前提下，可適當簡化處理。

七、謹慎性

謹慎性要求企業對交易或者事項進行會計確認、計量和報告應當保持應有的謹慎，不應高估資產或者收益、低估負債或者費用。

在市場經濟環境下，企業的生產經營活動面臨著許多風險和不確定性，如應收款項的可收回性、固定資產的使用壽命、無形資產的使用壽命、售出存貨可能發生的退貨或者返修等。會計信息質量的謹慎性，要求企業在面臨不確定性因素的情況下需要作出職業判斷時保持應有的謹慎，充分估計各種風險和損失，既不高估資產或者收益，也不低估負債或者費用。例如，要求企業對可能發生的資產減值損失計提資產減值準備、對售出商品可能發生的保修義務等確認預計負債，就體現了會計信息質量的謹慎性要求。

由於在實務操作中存在主觀隨意性，會影響會計信息的可靠性和相關性，因此謹慎性的應用要適度。謹慎性不允許企業設置秘密準備，如果企業故意低估資產或者收益，或者故意高估負債或者費用，將不符合會計信息的可靠性和相關性要求，損害會計信息質量，扭曲企業實際的財務狀況和經營成果，從而對使用者的決策產生誤導，這是會計準則所不允許的。

八、及時性

及時性要求企業對於已經發生的交易或者事項，應當及時進行確認、計量和報告，不得提前或者延後。

會計信息的價值在於幫助所有者或者其他方面作出經濟決策，具有時效性。即使是可靠、相關的會計信息，如果不及時提供，就失去了時效性，對於使用者的效用就大大降低，甚至不再具有實際意義。在會計確認、計量和報告過程中貫徹及時性要做到：一是要求及時收集會計信息，即在經濟交易或者事項發生後，及時收集整理各種原始單據或者憑證；二是要求及時處理會計信息，即按照會計準則的規定，及時對經濟交易或者事項進行確認或者計量，並編制財務報告；三是要求及時傳遞會計信息，即按照國家規定的有關時限，及時地將編制的財務報告傳遞給財務報告使用者，便於其及時使用和決策。

在實務中，為了及時提供會計信息，可能需要在有關交易或者事項的信息全部獲

得之前即進行會計處理，這樣就滿足了會計信息的及時性要求，但可能會影響會計信息的可靠性；反之，如果企業等到與交易或者事項有關的全部信息獲得之後再進行會計處理，這樣的信息披露可能會由於時效性問題，對於投資者等財務報告使用者決策的有用性將大大降低。這就需要在及時性和可靠性之間作相應權衡，以最好地滿足投資者等財務報告使用者的經濟決策需要作為判斷標準。

第四節　會計要素及其確認與計量

　　會計要素是根據交易或者事項的經濟特徵所確定的財務會計對象的基本分類。會計要素按照其性質分為資產、負債、所有者權益、收入、費用和利潤。其中，資產、負債和所有者權益要素側重於反應企業的財務狀況，收入、費用和利潤要素側重於反應企業的經營成果。會計要素的界定和分類可以使財務會計系統更加科學嚴密，為投資者等財務報告使用者提供更加有用的信息。

一、資產的定義及其確認條件

（一）資產的定義

　　資產是指企業過去的交易或者事項形成的，由企業擁有或者控制的，預期會給企業帶來經濟利益的資源。根據資產的定義，資產具有以下幾個方面的特徵：

　　1. 資產預期會給企業帶來經濟利益

　　資產預期會給企業帶來經濟利益，是指資產直接或者間接導致現金和現金等價物流入企業的潛力。這種潛力可以來自企業日常的生產經營活動，也可以是非日常活動；帶來的經濟利益可以是現金或者現金等價物，或者是可以轉化為現金或者現金等價物的形式，或者是可以減少現金或者現金等價物流出的形式。

　　資產預期能否會為企業帶來經濟利益是資產的重要特徵。例如，企業採購的原材料、購置的固定資產等可以用於生產經營過程，製造商品或者提供勞務，對外出售後收回貨款，貨款即為企業所獲得的經濟利益。如果某一項目預期不能給企業帶來經濟利益，那麼就不能將其確認為企業的資產。前期已經確認為資產的項目，如果不能再為企業帶來經濟利益的，也不能再確認為企業的資產。

　　2. 資產應為企業擁有或者控制的資源

　　資產作為一項資源，應當由企業擁有或者控制，具體是指企業享有某項資源的所有權，或者雖然不享有某項資源的所有權，但該資源能被企業所控制。

　　企業享有資產的所有權，通常表明企業能夠排他性地從資產中獲取經濟利益。通常在判斷資產是否存在時，所有權是考慮的首要因素。在有些情況下，資產雖然不為企業所擁有，即企業並不享有其所有權，但企業控制了這些資產，同樣表明企業能夠從資產中獲取經濟利益，符合會計上對資產的定義。如果企業既不擁有也不控制資產所能帶來的經濟利益，就不能將其作為企業的資產予以確認。

3. 資產是由企業過去的交易或者事項形成的

資產應當由企業過去的交易或者事項形成，過去的交易或者事項包括購買、生產、建造行為或其他交易或事項。換句話說，只有過去的交易或者事項才能產生資產，企業預期在未來發生的交易或者事項不形成資產。例如，企業有購買某存貨的意願或者計劃，但是購買行為尚未發生，就不符合資產的定義，不能因此而確認存貨資產。

(二) 資產的確認條件

將一項資源確認為資產，除需要符合資產的定義外，還應同時滿足以下兩個條件：

1. 與該資源有關的經濟利益很可能流入企業

從資產的定義可以看到，能否帶來經濟利益是資產的一個本質特徵，但在現實生活中，由於經濟環境瞬息萬變，與資源有關的經濟利益能否流入企業或者能夠流入多少實際上帶有不確定性。因此，資產的確認還應與經濟利益流入的不確定性程度的判斷結合起來；如果根據編制財務報表時所取得的證據，與資源有關的經濟利益很可能流入企業，那麼就應當將其作為資產予以確認；反之，不能確認為資產。如某企業賒銷一批商品給某一客戶，從而形成了對該客戶的應收帳款，由於企業最終收到款項與銷售實現之間有時間差，而且收款又在未來期間，因此帶有一定的不確定性。如果企業在銷售時判斷未來很可能收到款項或者能夠確定收到款項，企業就應當將該應收帳款確認為一項資產；如果企業判斷在通常情況下很可能部分或者全部無法收回，表明該部分或者全部應收帳款已經不符合資產的確認條件，應當計提壞帳準備，減少資產的價值。

2. 該資源的成本或者價值能夠可靠地計量

財務會計系統是一個確認、計量和報告的系統，其中計量起著樞紐作用，可計量性是所有會計要素確認的重要前提，資產的確認也是如此。只有當有關資源的成本或者價值能夠可靠地計量時，資產才能予以確認。在實務中，企業取得的許多資產都是發生了實際成本的，如企業購買或者生產的存貨，企業購置的廠房或者設備等，對於這些資產，只要實際發生的購買成本或者生產成本能夠可靠計量，就視為符合了資產確認的可計量條件。在某些情況下，企業取得的資產沒有發生實際成本或者發生的實際成本很小，例如，企業持有的某些衍生金融工具形成的資產，對於這些資產，儘管它們沒有實際成本或者發生的實際成本很小，但是如果其公允價值能夠可靠計量的話，也被認為符合資產可計量性的確認條件。

二、負債的定義及其確認條件

(一) 負債的定義

負債是指企業過去的交易或者事項形成的，預期會導致經濟利益流出企業的現時義務。根據負債的定義，負債具有以下幾個方面的特徵：

1. 負債是企業承擔的現時義務

負債必須是企業承擔的現時義務，這是負債的一個基本特徵。其中，現時義務是指企業在現行條件下已承擔的義務。未來發生的交易或者事項形成的義務，不屬於現

時義務，不應當確認為負債。

這裡所指的義務可以是法定義務，也可以是推定義務。其中法定義務是指具有約束力的合同或者法律法規規定的義務，通常在法律意義上需要強制執行。例如，企業購買原材料形成應付帳款，企業向銀行貸入款項形成借款，企業按照稅法規定應當交納的稅款等，均屬於企業承擔的法定義務，需要依法予以償還。推定義務是指根據企業多年來的習慣做法、公開的承諾或者公開宣布的政策而導致企業將承擔的責任，這些責任也使有關各方形成了企業將履行義務解脫責任的合理預期。例如，某企業多年來制定有一項銷售政策，對於售出商品提供一定期限內的售後保修服務，預期將為售出商品提供的保修服務就屬於推定義務，應當將其確認為一項負債。

2. 負債預期會導致經濟利益流出企業

預期會導致經濟利益流出企業是負債的一個本質特徵。只有企業在履行義務時會導致經濟利益流出企業的，才符合負債的定義；如果不會導致企業經濟利益流出的，就不符合負債的定義。在履行現時義務清償負債時，導致經濟利益流出企業的形式多種多樣：用現金償還或以實物資產形式償還；以提供勞務形式償還；部分轉移資產、部分提供勞務形式償還；將負債轉為資本等。

3. 負債是由企業過去的交易或者事項形成的

負債應當由企業過去的交易或者事項所形成。換句話說，只有過去的交易或者事項才形成負債，企業將在未來發生的承諾、簽訂的合同等交易或者事項，不形成負債。

(二) 負債的確認條件

將一項現時義務確認為負債，除需要符合負債的定義外，還需要同時滿足以下兩個條件：

1. 與該義務有關的經濟利益很可能流出企業

從負債的定義可以看到，預期會導致經濟利益流出企業是負債的一個本質特徵。在實務中，履行義務所需流出的經濟利益帶有不確定性，尤其是與推定義務相關的經濟利益通常需要依賴於大量的估計。因此，負債的確認應當與經濟利益流出的不確定性程度的判斷結合起來：如果有確鑿證據表明，與現時義務有關的經濟利益很可能流出企業，就應當將其作為負債予以確認；反之，如果企業承擔了現時義務，但是會導致企業經濟利益流出的可能性很小，就不符合負債的確認條件，不應將其作為負債予以確認。

2. 未來流出的經濟利益的金額能夠可靠地計量

負債的確認在考慮經濟利益流出企業的同時，對於未來流出的經濟利益的金額應當能夠可靠計量。對於與法定義務有關的經濟利益流出金額，通常可以根據合同或者法律規定的金額予以確定，考慮到經濟利益流出的金額通常在未來期間，有時未來期間較長，有關金額的計量需要考慮貨幣時間價值等因素的影響。對於與推定義務有關的經濟利益流出金額，企業應當根據履行相關義務所需支出的最佳估計數進行估計，並綜合考慮有關貨幣時間價值、風險等因素的影響。

三、所有者權益的定義及其確認條件

(一) 所有者權益的定義

所有者權益是指企業資產扣除負債後，由所有者享有的剩餘權益。公司的所有者權益又稱為股東權益。所有者權益是所有者對企業資產的剩餘索取權。它是企業資產中扣除債權人權益後應由所有者享有的部分，既可反應所有者投入資本的保值增值情況，又體現了保護債權人權益的理念。

(二) 所有者權益的來源構成

所有者權益的來源包括所有者投入的資本、直接計入所有者權益的利得和損失、留存收益等，通常由股本（或實收資本）、資本公積（股本溢價或資本溢價、其他資本公積）、盈餘公積和未分配利潤構成。商業銀行等金融企業在稅後利潤中提取的一般風險準備，也構成所有者權益。

所有者投入的資本是指所有者所有投入企業的資本部分，它既包括構成企業註冊資本或者股本部分的金額，也包括投入資本超過註冊資本或者股本部分的金額，即資本溢價或者股本溢價，這部分投入資本在中國企業會計準則體系中被計入了資本公積，並在資產負債表中的資本公積項目下反應。

直接計入所有者權益的利得和損失，是指不應計入當期損益、會導致所有者權益發生增減變動的，與所有者投入資本或者向所有者分配利潤無關的利得或者損失。其中，利得是指由企業非日常活動所形成的，會導致所有者權益增加的，與所有者投入資本無關的經濟利益的流入。損失是指由企業非日常活動所發生的，會導致所有者權益減少的，與向所有者分配利潤無關的經濟利益的流出。直接計入所有者權益的利得和損失主要包括可供出售金融資產的公允價值變動額、現金流量套期中套期工具公允價值變動額（有效套期部分）等。

留存收益是企業歷年實現的淨利潤留存於企業的部分，主要包括累計計提的盈餘公積和未分配利潤。

(三) 所有者權益的確認條件

所有者權益體現的是所有者在企業中的剩餘權益，因此，所有者權益的確認主要依賴於其他會計要素，尤其是資產和負債的確認；所有者權益金額的確定也主要取決於資產和負債的計量。例如，企業接受投資者投入的資產，在該資產符合企業資產確認條件時，就相應地符合了所有者權益的確認條件；當該資產的價值能夠可靠計量時，所有者權益的金額也就可以確定。

四、收入的定義及其確認條件

(一) 收入的定義

收入是指企業在日常活動中形成的、會導致所有者權益增加的、與所有者投入資本無關的經濟利益的總流入。根據收入的定義，收入具有以下幾方面的特徵：

1. 收入是企業在日常活動中形成的

日常活動是指企業為完成其經營目標所從事的經常性活動以及與之相關的活動。例如，工業企業製造並銷售產品、商業企業銷售商品、保險公司簽發保單、諮詢公司提供諮詢服務、軟件企業為客戶開發軟件、安裝公司提供安裝服務、商業銀行對外貸款、租賃公司出租資產等，均屬於企業的日常活動。明確界定日常活動是為了將收入與利得相區分，因為企業非日常活動所形成的經濟利益的流入不能確認為收入，而應當計入利得。

2. 收入是與所有者投入資本無關的經濟利益的總流入

收入應當會導致經濟利益的流入，從而導致資產的增加。例如，企業銷售商品，應當收到現金或者在未來有權收到現金，才表明該交易符合收入的定義。但是在實務中，經濟利益的流入有時是所有者投入資本的增加所導致的，所有者投入資本的增加不應當確認為收入，應當將其直接確認為所有者權益。

3. 收入會導致所有者權益的增加

與收入相關的經濟利益的流入應當會導致所有者權益的增加，不會導致所有者權益增加的經濟利益的流入不符合收入的定義，不應確認為收入。例如，企業向銀行借入款項，儘管也導致了企業經濟利益的流入，但該流入並不導致所有者權益的增加，反而使企業承擔了一項現時義務。企業對於因借入款項所導致的經濟利益的增加，不應將其確認為收入，應當確認為一項負債。

(二) 收入的確認條件

企業收入的來源渠道多種多樣，不同收入來源的特徵有所不同，其收入確認條件也往往存在差別，如銷售商品、提供勞務、讓渡資產使用權等。一般而言，收入只有在經濟利益很可能流入從而導致企業資產增加或者負債減少且經濟利益的流入額能夠可靠計量時才予以確認。即收入的確認至少應當符合以下條件：一是與收入相關的經濟利益應當很可能流入企業；二是經濟利益流入企業的結果會導致資產的增加或者負債的減少；三是經濟利益的流入額能夠可靠計量。

五、費用的定義及其確認條件

(一) 費用的定義

費用是指企業在日常活動中發生的、會導致所有者權益減少的、與向所有者分配利潤無關的經濟利益的總流出。根據費用的定義，費用具有以下幾方面的特徵：

1. 費用是企業在日常活動中形成的

費用必須是企業在其日常活動中所形成的，這些日常活動的界定與收入定義中涉及的日常活動的界定相一致。因日常活動所產生的費用通常包括銷售成本（營業成本）、職工薪酬、折舊費、無形資產攤銷費等。將費用界定為日常活動所形成的，目的是為了將其與損失相區分，企業非日常活動所形成的經濟利益的流出不能確認為費用，而應當計入損失。

2. 費用是與向所有者分配利潤無關的經濟利益的總流出

費用的發生應當會導致經濟利益的流出，從而導致資產的減少或者負債的增加（最終也會導致資產的減少）。其表現形式包括現金或者現金等價物的流出、存貨、固定資產和無形資產等的流出或者消耗等。鑒於企業向所有者分配利潤也會導致經濟利益的流出，而該經濟利益的流出顯然屬於所有者權益的抵減項目，不應確認為費用，應當將其排除在費用的定義之外。

3. 費用會導致所有者權益的減少

與費用相關的經濟利益的流出應當會導致所有者權益的減少，不會導致所有者權益減少的經濟利益的流出不符合費用的定義，不應確認為費用。

(二) 費用的確認條件

費用的確認除了應當符合其定義外，也應當滿足嚴格的條件，即費用只有在經濟利益很可能流出從而導致企業資產減少或者負債增加，且經濟利益的流出額能夠可靠計量時才能予以確認。因此，費用的確認應當符合以下條件：一是與費用相關的經濟利益應當很可能流出企業；二是經濟利益流出企業的結果會導致資產的減少或者負債的增加；三是經濟利益的流出額能夠可靠計量。

六、利潤的定義及其確認條件

(一) 利潤的定義

利潤是指企業在一定會計期間的經營成果。通常情況下，如果企業實現了利潤，表明企業的所有者權益將增加，業績得到了提升；反之，如果企業發生了虧損（即利潤為負數），表明企業的所有者權益將減少，業績下滑了。因此，利潤往往是評價企業管理層業績的一項重要指標，也是投資者等財務報告使用者進行決策時的重要參考。

(二) 利潤的來源構成

利潤包括收入減去費用後的淨額、直接計入當期利潤的利得和損失等。其中收入減去費用後的淨額反應的是企業日常活動的業績，直接計入當期利潤的利得和損失反應的是企業非日常活動的業績。直接計入當期利潤的利得和損失，是指應當計入當期損益、最終會引起所有者權益發生增減變動的、與所有者投入資本或者向所有者分配利潤無關的利得或者損失。企業應當嚴格區分收入和利得、費用和損失之間的區別，以更加全面地反應企業的經營業績。

(三) 利潤的確認條件

利潤反應的是收入減去費用、利得減去損失後的淨額的概念，因此，利潤的確認主要依賴於收入和費用以及利得和損失的確認，其金額的確定也主要取決於收入、費用、利得和損失金額的計量。

七、會計要素計量屬性及其應用原則

（一）會計要素計量屬性

會計計量是為了將符合確認條件的會計要素登記入帳並列報於財務報表而確定其金額的過程。企業應當按照規定的會計計量屬性進行計量，確定相關金額。計量屬性是指所予計量的某一要素的特性方面，如桌子的長度、鐵礦的重量、樓房的高度等。從會計角度講，計量屬性反應的是會計要素金額的確定基礎，主要包括歷史成本、重置成本、可變現淨值、現值和公允價值等。

1. 歷史成本

歷史成本又稱實際成本，就是取得或製造某項財產物資時所實際支付的現金或者其他等價物。在歷史成本計量下，資產按照其購置時支付的現金或者現金等價物的金額，或者按照購置資產時所付出的對價的公允價值計量。負債按照其因承擔現時義務而實際收到的款項或者資產的金額，或者承擔現時義務的合同金額，或者按照日常活動中為償還負債預期需要支付的現金或者現金等價物的金額計量。

2. 重置成本

重置成本又稱現行成本，是指按照當前市場條件，重新取得同樣一項資產所需支付的現金或現金等價物金額。在重置成本計量下，資產按照現在購買相同或者相似資產所需支付的現金或者現金等價物的金額計量。負債按照現在償付該項債務所需支付的現金或者現金等價物的金額計量。

3. 可變現淨值

可變現淨值，是指在正常生產經營過程中，以預計售價減去進一步加工成本和銷售所必需的預計稅金、費用後的淨值。在可變現淨值計量下，資產按照其正常對外銷售所能收到現金或者現金等價物的金額扣減該資產至完工時估計將要發生的成本、估計的銷售費用以及相關稅金後的金額計量。

4. 現值

現值是指對未來現金流量以恰當的折現率進行折現後的價值，是考慮貨幣時間價值因素等的一種計量屬性。在現值計量下，資產按照預計從其持續使用和最終處置中所產生的未來淨現金流入量的折現金額計量。負債按照預計期限內需要償還的未來淨現金流出量的折現金額計量。

5. 公允價值

公允價值是指，在計量日的有序交易中，市場參與者之間出售一項資產所能收到或轉移一項負債將會支付的價格。這也是公允價值計量的基本原則。

（二）各種計量屬性之間的關係

在各種會計要素計量屬性中，歷史成本通常反應的是資產或者負債過去的價值，而重置成本、可變現淨值、現值以及公允價值通常反應的是資產或者負債的現時成本或者現時價值，是與歷史成本相對應的計量屬性。當然這種關係也並不是絕對的。比如，資產或者負債的歷史成本有時就是根據交易時有關資產或者負債的公允價值確定

的，在非貨幣性資產交換中，如果交換具有商業實質，且換入、換出資產的公允價值能夠可靠計量的，換入資產入帳成本的確定應當以換出資產的公允價值為基礎，除非有確鑿證據表明換入資產的公允價值更加可靠；再比如，在應用公允價值時，當相關資產或者負債不存在活躍市場的報價或者不存在同類或者類似資產的活躍市場報價時，需要採用估值技術來確定相關資產或者負債的公允價值，而在採用估值技術估計資產或者負債的公允價值時，現值往往是比較普遍採用的一種估值方法，在這種情況下，公允價值就是以現值為基礎確定的。另外，公允價值相對於歷史成本而言，具有很強的時間概念，也就是說，當前環境下某項資產或負債的歷史成本可能是過去環境下該項資產或負債的公允價值，而當前環境下某項資產或負債的公允價值也許就是未來環境下該項資產或負債的歷史成本。

(三) 計量屬性的應用原則

企業在對會計要素進行計量時，一般應當採用歷史成本。採用重置成本、可變現淨值、現值、公允價值計量的，應當保證所確定的會計要素金額能夠取得並可靠計量。

伴隨著中國資本市場的發展，股權分置改革的基本完成，越來越多的股票、債券、基金等金融產品在交易所掛牌上市，使得這類金融資產的交易已經形成了較為活躍的市場，因此，中國已經具備了引入公允價值的條件。在這種情況下，引入公允價值，更能反應企業的現實情況，對投資者等財務報告使用者的決策更加有用，而且也只有如此，才能實現中國會計準則與國際財務報告準則的趨同。因此，中國已在企業會計準則體系建設中適度、謹慎地引入公允價值這一計量屬性。

在引入公允價值過程中，中國充分考慮了國際財務報告準則中公允價值應用的三個級次：第一，存在活躍市場的資產或負債，活躍市場中的報價應當用於確定其公允價值；第二，不存在活躍市場的，參考熟悉情況並自願交易的各方最近進行的市場交易中使用的價格或參照實質上相同的其他資產或負債的當前公允價值；第三，不存在活躍市場，且不滿足上述兩個條件的，應當採用估值技術等確定資產或負債的公允價值。

值得一提的是，中國引入公允價值是適度、謹慎和有條件的。原因是考慮到中國尚屬新興的市場經濟國家，如果不加限制地引入公允價值，有可能出現公允價值計量不可靠，甚至借此人為操縱利潤的現象。因此，在投資性房地產和生物資產等具體準則中規定，只有存在活躍市場、公允價值能夠取得並可靠計量的情況下，才能採用公允價值計量。

本章小結

本章首先講述了財務會計的定義和特徵，以此為基礎對財務會計概念框架及目標進行了比較深入的介紹，對會計基本假設與會計基礎、會計信息質量要求以及會計要素及其確認與計量進行了全面細緻的講解。本章的主要內容包括：

財務會計是按照一定的會計程序，對會計要素進行確認、計量、記錄和報告，以財務報告為主要手段為企業外部關係人提供決策信息的一個經濟信息系統。其主要特

徵有：必須遵循企業會計準則和有關法規、製度的規範要求；以反應已經發生的經濟業務的財務信息為重點；主體是整個企業；主要為企業外部關係人提供信息；主要通過編制基本財務報表來提供系統的、連續的、綜合的財務信息；為了促進財務報表進行公正的表達。

　　財務報告的目標是向財務報告使用者提供與企業財務狀況、經營成果和現金流量等有關的會計信息，反應企業管理層受託責任的履行情況，有助於財務報告使用者作出經濟決策。其主要內容包括以下兩個方面：①向財務報告使用者提供決策有用的信息；②反應企業管理層受託責任的履行情況。

　　會計基本假設是企業會計確認、計量和報告的前提，是對會計核算所處時間、空間環境等所作的合理設定。會計基本假設包括會計主體、持續經營、會計分期和貨幣計量。企業會計確認、計量和報告應當以權責發生制為基礎。

　　會計信息質量要求是對企業財務報告中所提供會計信息質量的基本要求，是使財務報告中所提供會計信息對投資者等使用者決策有用應具備的基本特徵，它主要包括可靠性、相關性、可理解性、可比性、實質重於形式、重要性、謹慎性和及時性等。

　　會計要素是根據交易或者事項的經濟特徵所確定的財務會計對象的基本分類。會計要素按照其性質分為資產、負債、所有者權益、收入、費用和利潤。其中，資產、負債和所有者權益要素側重於反應企業的財務狀況，收入、費用和利潤要素側重於反應企業的經營成果。會計要素的界定和分類可以使財務會計系統更加科學嚴密，為投資者等財務報告使用者提供更加有用的信息。

　　會計要素計量屬性主要包括歷史成本、重置成本、可變現淨值、現值和公允價值。

關鍵詞

　　財務會計　財務報告目標　會計基本假設　會計主體　持續經營　會計分期　貨幣計量　會計基礎　會計信息質量要求　可靠性　相關性　可理解性　可比性　實質重於形式　重要性　謹慎性　及時性　會計要素　資產　負債　所有者權益　收入　費用　利潤　會計要素計量屬性　歷史成本　重置成本　可變現淨值　現值　公允價值

本章思考題

1. 企業編制財務報告的目標是什麼？
2. 財務報告中提供的會計信息應當具備哪些質量要求？這些要求的具體含義是什麼？
3. 什麼是重要性？如何判斷重要性？
4. 資產、負債的定義是什麼？其特徵是什麼？
5. 各會計要素的確認應當符合哪些要求？
6. 會計計量屬性有哪些？應用這些計量屬性應當貫徹什麼原則？

第二章 存　　貨

【學習目的與要求】

本章主要闡述存貨的確認、存貨的初始計量、發出存貨的計量、存貨的期末計量和記錄等問題。本章的學習要求是：

1. 明確存貨的概念及確認條件。
2. 掌握存貨的初始計量方法、發出存貨計價方法和存貨的期末計量方法。
3. 掌握存貨清查和存貨跌價準備的會計處理。

第一節　存貨概述

一、存貨的概念

存貨，是指企業在日常活動中持有以備出售的產成品或商品、處在生產過程中的在產品、在生產過程或提供勞務過程中耗用的材料和物料等。

存貨區別於固定資產等非流動資產的最基本的特徵是：企業持有存貨的最終目的是為了出售，不論是可供直接出售還是需經過進一步加工後才能出售，包括各類原材料、在產品、半成品、產成品、商品、包裝物、低值易耗品、委託代銷商品等。

（1）原材料，是指企業在生產過程中經加工改變其實物形態或性質並構成產品主要實體的各種原料及主要材料、輔助材料、燃料、修理用備件（備品備件）、包裝物、外購半成品等。

（2）在產品，是指企業正在加工製造尚未完工的生產物，包括正在各個工序加工的產品和已加工完畢但尚未檢驗入庫的產品。

（3）半成品，是指經過一定的生產過程並已檢驗合格交付半成品倉庫保管，但尚未製造完工仍需進一步加工的中間產品。

（4）產成品，是指企業已經完成全部生產過程已檢驗入庫，可以按照合同規定的條件送交訂貨單位，或者可以作為商品對外銷售的產品。企業接受來料加工製造的代製品和為外單位加工修理的代修品，製造和修理完工入庫後也視同企業的產成品。

（5）商品，是指商品流通企業外購或委託加工完成驗收入庫用於銷售的各種商品。

（6）包裝物，是指為了包裝本企業的商品而儲備的各種包裝容器，如桶、箱、瓶、壇、袋等，其主要作用是盛裝、裝潢產品或商品。

(7) 低值易耗品，是指不能作為固定資產核算的各種用具和物品，如各種工具、玻璃器皿、勞動保護用品以及在經營中週轉使用的容器等，其特點是單位價值較低，使用期限相對於固定資產較短，也可以多次服務於生產經營過程而不改變原有的實物形態，但由於其品種多、易於損壞，一般視同存貨進行管理和核算。

(8) 委託代銷商品，是指企業委託其他單位代銷的商品。

二、存貨的確認條件

存貨只有同時滿足以下兩個條件，才能加以確認：

(1) 該存貨包含的經濟利益很可能流入企業；

(2) 該存貨的成本能夠可靠地計量。

企業應當從法定所有權的歸屬來確定存貨的範圍，在資產負債表日，凡是企業擁有法定所有權的一切材料物資，不論其存放何處，都應作為企業的存貨；反之，凡法定所有權不屬於企業的物品，即使存放在本企業，也不應包括在本企業的存貨範圍之內。

三、存貨的盤存方法

（一）實地盤存制

實地盤存制平時只記增加，不記減少、發出或庫存。期末通過盤點確定庫存，並使用以下公式倒推本期耗用或者銷貨成本。

實地盤存制的本期減少數 ＝ 期末結存數 ＋ 本期增加數 － 期初結存數

（二）永續盤存制

永續盤存制平時既要登記增加，又要登記減少和庫存，可以完整地反應存貨的收入、發出和結存情況。期末盤點是為了保證帳實相符。

第二節　存貨初始計量與發出存貨計價

一、存貨的初始計量

存貨應該按照成本進行初始計量。存貨成本包括採購成本、加工成本和其他成本。企業存貨的取得主要是通過自製和外購兩個途徑。

（一）外購存貨的成本

外購存貨的成本即存貨的採購成本，是指企業物資從採購到入庫前所發生的全部支出，包括購買價款、相關稅費、運輸費、裝卸費、保險費以及其他可歸屬於存貨採購成本的費用。

商品流通企業在採購商品過程中發生的運輸費、裝卸費、保險費以及其他可歸屬於存貨採購成本的費用等進貨費用，應計入所購商品成本。在實務中，企業也可以將

發生的運輸費、裝卸費、保險費以及其他可歸屬於存貨採購成本的費用等進貨費用先進行歸集，期末，按照所購商品的存銷情況進行分攤。對於已銷售商品的進貨費用，計入主營業務成本；對於未售商品的進貨費用，計入期末存貨成本。商品流通企業採購商品的進貨費用金額較小的，可以在發生時直接計入當期銷售費用。

(二) 加工取得存貨的成本

企業通過進一步加工取得的存貨，主要包括產成品、在產品、半成品、委託加工物資等，其成本由採購成本、加工成本構成。某些存貨還包括使存貨達到目前場所和狀態所發生的其他成本，如可直接認定的產品設計費用等。通過進一步加工取得的存貨的成本中採購成本是由所使用或消耗的原材料採購成本轉移而來的，因此，計量加工取得的存貨成本，重點是要確定存貨的加工成本。

存貨加工成本由直接人工和製造費用構成，其實質是企業在進一步加工存貨的過程中追加發生的生產成本，因此，不包括直接由材料存貨轉移來的價值。

(三) 其他方式取得存貨的成本

企業取得存貨的其他方式主要包括接受投資者投資、非貨幣性資產交換、債務重組、企業合併以及存貨盤盈等。

1. 投資者投入存貨的成本

投資者投入存貨的成本，應當按照投資合同或協議約定的價值確定，但合同或協議約定價值不公允的除外。在投資合同或協議約定價值不公允的情況下，按照該項存貨的公允價值作為其入帳價值。

2. 通過非貨幣性資產交換、債務重組、企業合併等方式取得的存貨的成本

企業通過非貨幣性資產交換、債務重組、企業合併等方式取得的存貨，其成本應當分別按照《企業會計準則第7號——非貨幣性資產交換》《企業會計準則第12號——債務重組》和《企業會計準則第20號——企業合併》等的規定確定。但是，其後續計量和披露應當執行《企業會計準則第1號——存貨》（以下簡稱「存貨準則」）的規定。

3. 盤盈存貨的成本

盤盈的存貨應按其重置成本作為入帳價值，並通過「待處理財產損溢」科目進行會計處理，按管理權限報經批准後，衝減當期管理費用。

(四) 通過提供勞務取得的存貨

通過提供勞務取得的存貨，其成本按從事勞務提供人員的直接人工和其他直接費用以及可歸屬於該存貨的間接費用確定。

二、發出存貨計價

在日常工作中，企業應當根據各類存貨的實物流轉方式、企業管理要求、存貨本身的特點等實際情況，合理地確定發出存貨成本的計算方法，以及當期發出存貨的實際成本。在實際成本核算的方式下，企業可以採用的發出存貨的計價方法包括個別計

價法、先進先出法、月末一次加權平均法和移動加權平均法。

(一) 個別計價法

個別計價法，也稱個別認定法、具體辨認法、分批實際法。採用這種方法是假設存貨的成本流轉和實物流轉相一致，逐一辨認各種存貨發出和期末所屬的購進批別和生產批別，分別按其購入或生產時確定的單位成本計算各批發出存貨成本和期末存貨成本的方法。計算公式如下：

每次（批）存貨發出成本 = 該次（批）存貨發出數量 × 該次（批）存貨的單位成本

採用這種方法，計算發出存貨和期末存貨的成本比較準確和合理，符合實際情況，但實務操作的工作量繁重，成本分辨工作量大，所以一般適用於特定項目的存貨和勞務，比如房產、船舶、珠寶、名畫等貴重物品。

(二) 加權平均法

加權平均法，也叫全月一次加權平均法，是指以本月全部進貨數量加上月初存貨數量之和為權數，去除本期全部進貨成本加上月初存貨成本之和，計算出存貨的加權平均單位成本，以此為基礎計算本月發出存貨的成本和期末庫存存貨成本的一種方法。其計算公式如下：

$$加權平均單位成本 = \frac{月初庫存存貨實際成本 + 本月增加存貨的實際成本}{月初庫存存貨數量 + 本月增加存貨的數量}$$

本月發出存貨的成本 = 本月發出存貨的數量 × 加權平均單位成本

本月月末庫存存貨成本 = 月末庫存存貨數量 × 加權平均單位成本

或：

本月月末庫存存貨成本 = 月初庫存存貨實際成本 + 本月增加存貨的實際成本 − 本月發出存貨的成本

【例2-1】甲材料採用加權平均法進行核算，該材料明細帳見表2-1。

表2-1　　　　　　　　　　　　　　　　　　　　　　　　　　　　　　　　　單位：元

日期 2016	摘要	收入			發出			結存		
		數量	單價	金額	數量	單價	金額	數量	單價	金額
8.1	期初							1,000	150	150,000
8.5	購貨	2,000	160	320,000						
8.10	發出				2,000					
8.15	購貨	3,000	170	510,000						
8.25	發出				1,500					
8.31	期末	5,000		830,000	3,500			2,500		

根據表2-1的資料計算如下：

加權平均單位成本 = (1,000 × 150 + 2,000 × 160 + 3,000 × 170)/(1,000 + 2,000 +

3,000）

$$= 980,000/6,000 = 163.33（元）$$

本月發出存貨成本 $= 3,500 \times 163.33 = 571,655$（元）

本月月末庫存存貨成本 $= 980,000 - 571,655 = 408,345$（元）

採用加權平均法，只在月末一次計算加權平均單價，較為簡單。按此方法分攤的成本比較折中，但是這種方法平時無法從帳面上提供發出和結存存貨的單價和金額，不利於存貨管理。它是加權平均法在實地盤存制下的具體運用。

（三）移動加權平均法

移動加權平均法是指以每次進貨的成本加上原有存貨成本，除以每次進貨數量加上原有存貨數量，據以計算出加權平均單位成本，作為在下次進貨前計算發出存貨成本依據的一種方法。計算公式如下：

$$存貨單位成本 = \frac{原有庫存存貨實際成本 + 本次進貨的實際成本}{原有庫存存貨數量 + 本次進貨數量}$$

本次發出存貨的成本 = 本次發出存貨的數量 × 存貨單位成本

根據表 2-1 的資料計算如下：

8月5日購進後的單位成本 $= (1,000 \times 150 + 2,000 \times 160)/(1,000 + 2,000)$

$$= 156.67（元）$$

8月10日發出存貨成本 $= 2,000 \times 156.67 = 313,340$（元）

8月15日購進後的單位成本 $= (470,000 - 313,340 + 3,000 \times 170)/(1,000 + 3,000)$

$$= 516,660/4,000 = 129.165（元）$$

8月25日發出存貨成本 $= 1,500 \times 129.165 = 193,747.5$（元）

本月發出存貨成本 $= 313,340 + 193,747.5 = 507,087.5$（元）

本月月末庫存存貨成本 $= 980,000 - 313,340 - 193,747.5 = 472,912.5$（元）

採用移動加權平均法能夠使管理當局及時瞭解存貨的結存情況，計算的平均單位成本以及發出和結存存貨成本較為客觀，並能隨時提供存貨的收、發、存情況，滿足管理的需要。但由於該方法每次收貨都要計算一次平均單位成本，核算工作量較大。它是平均法在永續盤存制下的具體運用。

（四）先進先出法

先進先出法是以先購進的存貨先發出這樣一種實物流轉假設為前提，對發出存貨進行計價的一種方法。採用這種方法，先購入的存貨成本先發出或銷售，據此確定發出存貨和期末存貨的成本。

根據表 2-1 的資料計算如下：

實地盤存制下本期發出存貨成本 $= 1,000 \times 150 + 2,000 \times 160 + 500 \times 170$

$$= 555,000（元）$$

期末結存存貨成本 $= 980,000 - 555,000 = 425,000$（元）

永續盤存制下本期發出存貨成本 = 1,000×150 + 1,000×160 + 1,000×160 + 500×170
= 555,000（元）

期末結存存貨成本 = 980,000 - 555,000 = 425,000（元）

採用先進先出法不論是實地盤存制還是永續盤存制，其計算出來的本期發出存貨成本以及期末結存存貨成本都是一樣的。

採用先進先出法，期末存貨成本是按最近購入的存貨價值確定的，比較接近現行的市場價值，其優點是企業不能隨意挑選存貨計價以調整當期利潤，缺點是工作量比較繁瑣，特別是對於存貨進出頻繁的企業更是如此。而且在物價上漲的情況下，會高估企業當期利潤和庫存存貨的價值；反之，會低估企業庫存存貨價值和當期利潤。

第三節　原材料

原材料是指企業在生產過程中經加工改變其實物形態或性質並構成產品主要實體的各種原料及主要材料和外購半成品，以及不構成產品主要實體但有助於產品形成的輔助材料。具體包括各種原料及主要材料、輔助材料、燃料、修理用備件（備品備件）、包裝物、外購半成品等。原材料的日常收發及結存可以採用實際成本核算，也可以採用計劃成本核算。

一、原材料採用實際成本核算

材料採用實際成本計價核算時，材料的收入發出及結存，無論總分類核算還是明細分類核算，均應按照實際成本計價。核算一般使用「原材料」「在途物資」等帳戶。

「原材料」帳戶：該帳戶用於核算庫存各種材料的收發和結存情況。在原材料按實際成本核算時，該帳戶借方登記入庫材料的實際成本，貸方登記發出材料的實際成本，期末餘額在借方，表示庫存材料的實際成本。該帳戶按材料的種類設置明細帳。

「在途物資」帳戶：該帳戶用於核算貨款已付尚未驗收入庫的各種物資（即在途物資）的實際成本。借方登記已付款，尚未到達或尚未驗收入庫的各種物資的實際成本，貸方登記驗收入庫物資的實際成本，期末餘額在借方，反應企業在途物資的採購成本。該帳戶應按供應單位和物資的種類設置明細帳。

1. 購入材料的核算

材料的購入（取得）方式有多種：自製、外購、委託加工、非貨幣交易換入、通過債務重組取得、接受捐贈、盤盈等。在此，主要講述的是外購材料。

由於支付方式不同以及結算單證和運輸條件的限制，使得企業材料購入時會出現三種情況：

第一，貨款已經支付或開出、承兌商業匯票，材料已驗收入庫。

【例2-2】柳林公司購進甲材料一批，增值稅專用發票上註明貨款360,000元，增值稅額61,200元，對方代墊運輸費2,000元，包裝費1,000元，全部費用已用銀行存

款支付,材料已驗收入庫。

借:原材料——甲材料　　　　　　　　　　　　　　　　362,860
　　應交稅費——應交增值稅(進項稅額)　　　　　　　　61,340
　　貸:銀行存款　　　　　　　　　　　　　　　　　　　424,200

其中:計入材料成本的運輸費 = 2,000 × (1 − 7%) = 1,860 (元)

計入增值稅進項稅的金額 = 2,000 × 7% = 140 (元)

【例2−3】柳林公司持銀行匯票1,173,000元購進乙材料一批,增值稅專用發票上註明貨款1,000,000元,增值稅額170,000元,對方代墊運輸費3,000元,材料已驗收入庫。

借:原材料——乙材料　　　　　　　　　　　　　　　1,002,790
　　應交稅費——應交增值稅(進項稅額)　　　　　　　170,210
　　貸:其他貨幣資金——銀行匯票　　　　　　　　　　1,173,000

第二,貨款已經支付或開出、承兌商業匯票,原材料尚未運達或尚未驗收入庫。

【例2−4】柳林公司採用匯兌結算方式購入甲材料一批,結算單證已經收到,增值稅專用發票上註明貨款200,000元,增值稅額34,000元,對方代墊運輸費2,000元,途中保險費1,000元,材料尚未到達。

借:在途物資　　　　　　　　　　　　　　　　　　　202,860
　　應交稅費——應交增值稅(進項稅額)　　　　　　　34,140
　　貸:銀行存款　　　　　　　　　　　　　　　　　　237,000

【例2−5】承【例2−4】20天以後,購入的甲材料收到,並已驗收入庫。

借:原材料——甲材料　　　　　　　　　　　　　　　202,860
　　貸:在途物資　　　　　　　　　　　　　　　　　　202,860

第三,貨款尚未支付,材料已經驗收入庫。

這類業務發生時一般不作帳務處理,但在會計期末,為了正確反應企業實存原材料的情況,應按暫估價入帳,下一會計期初衝回,以便結算單證到達時,按正常的方式進行核算。

【例2−6】5月13日柳林公司採用委託收款結算方式購入乙材料,材料已驗收入庫,結算單證未到,5月31日按暫估價180,000元入帳。6月10日,結算單證到達,增值稅專用發票上註明貨款180,000元,增值稅額30,600元,對方代墊運輸費2,000元,入庫前的挑選整理費800元。其會計處理為:

5月31日按暫估價180,000元入帳:

借:原材料——乙材料　　　　　　　　　　　　　　　180,000
　　貸:應付帳款——暫估應付帳款　　　　　　　　　　180,000

6月1日做相反的會計分錄予以衝回:

借:應付帳款——暫估應付帳款　　　　　　　　　　　180,000
　　貸:原材料——乙材料　　　　　　　　　　　　　　180,000

或者採用紅字憑證進行衝銷:

借:原材料——乙材料　　　　　　　　　　　　　　　|180,000|

貸：應付帳款——暫估應付帳款　　　　　　　　　　　　180,000

　6 月 10 日結算單證到達，做相關分錄：
　　借：原材料——乙材料　　　　　　　　　　　　　　　　　182,660
　　　　應交稅費——應交增值稅（進項稅額）　　　　　　　　　30,740
　　　貸：銀行存款　　　　　　　　　　　　　　　　　　　　213,400
　如果企業的貨款已經預付，原材料尚未運達或尚未驗收入庫。

【例 2-7】柳林公司與某工廠簽訂的購銷合同規定，為購買丙材料向某工廠預付貨款 120,000 的 70%，柳林公司已經採用匯兌方式匯出貨款。

　其會計處理為：
　　借：預付帳款　　　　　　　　　　　　　　　　　　　　　84,000
　　　貸：銀行存款　　　　　　　　　　　　　　　　　　　　 84,000

【例 2-8】承【例 2-7】柳林公司收到某工廠發運來的丙材料，已經驗收入庫。發票帳單上記載貨款 120,000 元，增值稅額 20,400 元，對方代墊包裝費 2,000 元，運輸途中合理損耗 600 元。其會計處理為：

（1）材料入庫時：
　　借：原材料　　　　　　　　　　　　　　　　　　　　　　122,600
　　　　應交稅費——應交增值稅（進項稅額）　　　　　　　　　20,400
　　　貸：預付帳款　　　　　　　　　　　　　　　　　　　　143,000

（2）補付貨款時：
　　借：預付帳款　　　　　　　　　　　　　　　　　　　　　 59,000
　　　貸：銀行存款　　　　　　　　　　　　　　　　　　　　 59,000

2. 發出材料的核算

　　企業各生產單位及相關部門領發材料的種類多，業務頻繁，為了簡化核算手續，可以在月末根據「領料單」或者「限額領料單」中有關領料的單位、部門進行歸類，按期編制「發出材料匯總表」，據以編制記帳憑證，登記入帳。發出材料實際成本的確定，可由企業從個別計價法、先進先出法、加權平均法和移動加權平均法等方法中進行選擇。計價方法一經確定，不得隨意變更，如需變更應在附註中予以說明。

【例 2-9】柳林公司根據「發出材料匯總表」的記錄，9 月份基本生產車間領用甲材料 560,000 元，乙材料 930,000 元，輔助生產車間領用甲材料 37,000 元，車間管理部門領用甲材料 13,000 元，企業行政管理部門領用甲材料 24,000 元，銷售部門領用乙材料 30,000 元。會計處理如下：

　　借：生產成本——基本生產成本　　　　　　　　　　　　1,490,000
　　　　　　　　——輔助生產成本　　　　　　　　　　　　　 37,000
　　　　製造費用　　　　　　　　　　　　　　　　　　　　　 13,000
　　　　管理費用　　　　　　　　　　　　　　　　　　　　　 24,000
　　　　銷售費用　　　　　　　　　　　　　　　　　　　　　 30,000
　　　貸：原材料——甲材料　　　　　　　　　　　　　　　　634,000

　　　　——乙材料　　　　　　　　　　　　　　　　　　　　　　　960,000

二、材料採用計劃成本核算

　　材料採用計劃成本核算時，材料的收入發出及結存，無論總分類核算還是明細分類核算，均應按照計劃成本計價。核算採用「原材料」「材料採購」「材料成本差異」等科目。材料實際成本與計劃成本的差異，通過「材料成本差異」科目核算。月末，計算本月發出材料應負擔的材料成本差異並進行分攤，根據領用材料的用途計入相關資產的成本或者當期損益，從而將發出材料的計劃成本調整為實際成本。

　　原材料：該帳戶用於核算庫存各種材料的收發和結存情況。在原材料按計劃成本核算時，該帳戶借方登記入庫材料的計劃成本，貸方登記發出材料的計劃成本，期末餘額在借方，表示庫存材料的計劃成本。

　　材料採購：該帳戶借方登記採購材料的實際成本，貸方登記該批材料入庫的計劃成本。借方大於貸方表示超支，從本帳戶的貸方轉入「材料成本差異」帳戶的借方；貸方大於借方表示節約，從本帳戶的借方轉入「材料成本差異」的貸方；期末借方餘額，表示在途材料的採購成本。

　　材料成本差異：該帳戶反應已入庫材料實際成本與計劃成本的差異，借方登記超支差異及發出材料應負擔的節約差異；貸方登記節約差異及發出材料應負擔的超支差異。期末如為借方餘額，反應庫存材料的超支差異；期末如為貸方餘額，反應庫存材料的節約差異。

　　1. 購入材料的核算

　　原材料採用計劃成本計價核算時，無論材料是否入庫，都要通過「物資採購」帳戶進行核算。

　　第一，貨款已經支付，材料已驗收入庫。

　　【例2-10】柳林公司購買K1材料，增值稅專用發票上註明貨款200,000元，增值稅額34,000元，全部款項已用銀行存款支付。材料的計劃成本為210,000元，材料已驗收入庫。

　　借：材料採購　　　　　　　　　　　　　　　　　　　　　200,000
　　　　應交稅費——應交增值稅（進項稅額）　　　　　　　　　34,000
　　　貸：銀行存款　　　　　　　　　　　　　　　　　　　　　234,000

　　一般來說，材料採用計劃成本計價核算時應分別做3筆分錄：①按實際成本付款；②按計劃成本入庫；③結轉入庫材料的成本差異。為了簡化核算，材料入庫和結轉成本差異的帳務處理往往集中到月末進行。

　　第二，貨款已經支付，材料尚未驗收入庫。

　　【例2-11】柳林公司採用匯兌結算方式購買一批K2材料，發票帳單已經收到，增值稅專用發票上註明貨款300,000元，增值稅額51,000元，材料尚未收到，材料的計劃成本為293,000元。

　　借：材料採購　　　　　　　　　　　　　　　　　　　　　300,000
　　　　應交稅費——應交增值稅（進項稅額）　　　　　　　　　51,000

貸：銀行存款 351,000

第三，貨款尚未支付，材料已經驗收入庫。

【例2－12】柳林公司採用商業承兌匯票結算方式購買一批K3材料，發票帳單已經收到，增值稅專用發票上註明貨款450,000元，增值稅額76,500元。材料的計劃成本為452,000元，材料已經驗收入庫。

借：材料採購 450,000
　　應交稅費——應交增值稅（進項稅額） 76,500
　貸：應付票據 526,500

【例2－13】柳林公司購買一批K2材料，材料已驗收入庫，發票帳單尚未收到。月末按照計劃成本432,000元暫估入帳。

借：原材料——K2材料 432,000
　貸：應付帳款——暫估應付帳款 432,000

下月初做相反的會計分錄予以衝回：

借：應付帳款——暫估應付帳款 432,000
　貸：原材料——K2材料 432,000

【例2－14】承【例2－10】【例2－12】月末匯總計算出柳林公司本月已付款或已經開出並承兌商業匯票的入庫材料的計劃成本，210,000＋452,000＝662,000（元），做按計劃成本入庫和結轉材料成本差異的帳務處理。

借：原材料——K1材料 210,000
　　　　　——K3材料 452,000
　貸：材料採購 662,000

上述入庫材料的實際成本為：650,000元（200,000＋450,000）；計劃成本662,000元；（662,000－650,000）成本差異為節約12,000元。

借：材料採購 12,000
　貸：材料成本差異 12,000

2. 發出材料的核算

月末企業應根據領料單等編製「發出材料匯總表」，根據材料的用途，按計劃成本分別計入：「生產成本」「製造費用」「銷售費用」等帳戶。但是企業生產經營過程中耗用的原材料，應按實際成本而不是計劃成本計算，因此，必須將原材料的計劃成本調整為實際成本。會計實務中，是通過材料成本差異率來調整的，材料成本差異率的計算公式如下：

$$\text{本期材料成本差異率} = \frac{\text{期初結存材料的成本差異} \pm \text{本期驗收入庫材料的成本差異}}{\text{期初結存材料的計劃成本} + \text{本期驗收入庫材料的計劃成本}} \times 100\%$$

本期發出材料應負擔的成本差異＝發出材料的計劃成本×材料成本差異率

本期發出材料的實際成本＝發出材料的計劃成本±材料成本差異

【例2－15】根據「發出材料匯總表」的記錄，柳林公司10月份基本生產車間領用K1材料600,000元，輔助生產車間領用K1材料73,000元，車間管理部門領用K1

材料34,000元，企業行政管理部門領用K1材料56,000元，銷售部門領用K1材料50,000元。柳林公司10月初K1材料的計劃成本1,200,000元，成本差異為超支45,250元。

(1) 材料按計劃成本發出：

借：生產成本——基本生產成本　　　　　　　　　　　600,000
　　　　　　——輔助生產成本　　　　　　　　　　　 73,000
　　製造費用　　　　　　　　　　　　　　　　　　　 34,000
　　管理費用　　　　　　　　　　　　　　　　　　　 56,000
　　銷售費用　　　　　　　　　　　　　　　　　　　 50,000
　　貸：原材料——K1材料　　　　　　　　　　　　　813,000

根據【例2-10】計算出K1材料的成本差異=210,000-200,000=10,000(元)(節約差異)

本期材料成本差異率=(45,250-10,000)÷(1,200,000+210,000)×100%=2.5%

(2) 結轉發出材料的成本差異：

借：生產成本——基本生產成本　　　　　　　　　　　 15,000
　　　　　　——輔助生產成本　　　　　　　　　　　 1,825
　　製造費用　　　　　　　　　　　　　　　　　　　　 850
　　管理費用　　　　　　　　　　　　　　　　　　　 1,400
　　銷售費用　　　　　　　　　　　　　　　　　　　 1,250
　　貸：材料成本差異　　　　　　　　　　　　　　　 20,325

第四節　週轉材料

企業的週轉材料包括包裝物和低值易耗品等。包裝物是指為了包裝本企業商品而儲備的各種包裝容器，如桶、箱、瓶、壇、袋等。低值易耗品是指不作為固定資產核算的各種用具和物品，如各種工具，玻璃器皿等，它可以多次服務於生產經營過程，具有品種多、價值低、易於損壞的特點。

一、包裝物

包裝物核算的內容包括：生產過程中用於包裝產品作為產品組成部分的包裝物；隨同商品出售而不單獨計價的包裝物；隨同商品出售而單獨計價的包裝物；出租或出借給購買單位使用的包裝物。企業既可以設置「週轉材料——包裝物」帳戶，也可以單獨設置「包裝物」帳戶進行核算。

對於生產過程中領用的包裝物，應根據領用的包裝物成本，借記「生產成本」科目，貸記「包裝物」「材料成本差異」等帳戶。隨同商品出售而不單獨計價的包裝物，應在包裝物發出時，按實際成本計入銷售費用。隨同商品出售而單獨計價的包裝物，應反應銷售收入，計入其他業務收入，同時還需反應銷售成本，計入其他業務成本。包裝物的攤銷方法也可以採用一次轉銷法和五五攤銷法。

1. 生產領用包裝物

生產領用包裝物，應根據領用包裝物的實際成本，借記「生產成本」科目，按領用包裝物的計劃成本，貸記「包裝物」，按其差額借記或貸記「材料成本差異」帳戶。

【例2-16】柳林公司對包裝物採用計劃成本核算，9月生產產品領用包裝物的計劃成本為120,000元，材料成本差異率為-2%。

借：生產成本　　　　　　　　　　　　　　　　　　　　117,600
　　材料成本差異　　　　　　　　　　　　　　　　　　　2,400
　　貸：包裝物　　　　　　　　　　　　　　　　　　　　120,000

2. 隨同商品出售的包裝物

隨同商品出售而不單獨計價的包裝物，應在包裝物發出時，按實際成本借記「銷售費用」科目，按其領用包裝物的計劃成本，貸記「包裝物」，按其差額借記或貸記「材料成本差異」帳戶。

【例2-17】柳林公司9月銷售商品領用不單獨計價的包裝物的計劃成本為70,000元，材料成本差異率為-2%。

借：銷售費用　　　　　　　　　　　　　　　　　　　　68,600
　　材料成本差異　　　　　　　　　　　　　　　　　　　400
　　貸：包裝物　　　　　　　　　　　　　　　　　　　　70,000

隨同商品出售而單獨計價的包裝物，一方面應反應銷售收入，計入其他業務收入；另一方面還需反應銷售成本，計入其他業務成本。

【例2-18】柳林公司9月銷售商品領用單獨計價的包裝物一批，計劃成本為90,000元，銷售收入112,000元，增值稅稅率17%，材料成本差異率為2%。包裝物的款項已收到存入銀行。

(1) 出售單獨計價的包裝物

借：銀行存款　　　　　　　　　　　　　　　　　　　　131,040
　　貸：其他業務收入　　　　　　　　　　　　　　　　　112,000
　　　　應交稅費——應交增值稅（銷項稅額）　　　　　　19,040

(2) 結轉單獨計價的包裝物成本

借：其他業務成本　　　　　　　　　　　　　　　　　　　91,800
　　貸：包裝物　　　　　　　　　　　　　　　　　　　　90,000
　　　　材料成本差異　　　　　　　　　　　　　　　　　1,800

二、低值易耗品

低值易耗品通常視同為存貨，作為流動資產來進行核算和管理，可以劃分為專用工具、替換設備、一般工具、勞動保護用品、管理用具等。企業既可以設置「週轉材料——低值易耗品」帳戶，也可以單獨設置「低值易耗品」帳戶進行核算。低值易耗品的攤銷方法可以採用一次轉銷法和五五攤銷法。

1. 一次轉銷法

採用一次轉銷法攤銷低值易耗品，在領用低值易耗品時，將其價值一次全部計入

有關資產或者當期損益,這種攤銷方法適用於價值較低、容易損壞的低值易耗品。

【例2-19】柳林公司基本生產車間領用一批專用工具,實際成本32,300元,全部計入當期的製造費用。柳林公司的低值易耗品採用實際成本核算。

借:製造費用　　　　　　　　　　　　　　　　　　　　32,300
　貸:低值易耗品　　　　　　　　　　　　　　　　　　　　32,300

2. 五五攤銷法

採用五五攤銷法攤銷低值易耗品,低值易耗品在領用時攤銷50%的價值,報廢時再攤銷另外一半的價值（扣除回收的殘值）。五五攤銷法通常適用於價值較低、使用期限較短的低值易耗品,也適用於每期領用和報廢大致相等的低值易耗品。採用五五攤銷法,需要單獨設置「低值易耗品——在庫」「低值易耗品——在用」「低值易耗品——攤銷」明細科目。在用、攤銷兩個明細帳戶相結合可以揭示在用低值易耗品的攤餘價值。

【例2-20】柳林公司基本生產車間領用一批專用工具,實際成本120,000元,採用五五攤銷法進行攤銷。報廢一般工具一批,實際成本85,000元,殘料出售收回現金500元。

（1）領用專用工具:
借:低值易耗品——在用　　　　　　　　　　　　　　　120,000
　貸:低值易耗品——在庫　　　　　　　　　　　　　　　120,000
（2）領用時攤銷50%的價值:
借:製造費用　　　　　　　　　　　　　　　　　　　　60,000
　貸:低值易耗品——攤銷　　　　　　　　　　　　　　　60,000
（3）報廢一般工具時攤銷另外一半成本:
借:製造費用　　　　　　　　　　　　　　　　　　　　42,000
　貸:低值易耗品——攤銷　　　　　　　　　　　　　　　42,000
同時:
借:庫存現金　　　　　　　　　　　　　　　　　　　　　　500
　　低值易耗品——攤銷　　　　　　　　　　　　　　　84,500
　貸:低值易耗品——在用　　　　　　　　　　　　　　　85,000

第五節　庫存商品

庫存商品是指企業已經完成全部生產過程並已驗收入庫,符合質量規格和技術要求,可以按照合同要求送交訂貨單位,或可以作為商品對外銷售的產品以及外購用於銷售的各種商品等。庫存商品具體包括庫存產成品、外購商品、發出展覽的商品、寄存在外的商品等。庫存商品可以採用實際成本核算,也可以採用計劃成本核算,其核算方法和原材料相似。為了反應庫存商品的增減變化和結存情況,企業應當設置「庫存商品」科目,借方登記驗收入庫的庫存商品成本,貸方反應發出的庫存商品成本,

期末餘額在借方，反應各種庫存商品的實際成本或計劃成本。

一、庫存商品入庫

庫存商品採用實際成本核算時，當企業的產成品完工並驗收入庫時，按實際成本記入「庫存商品」科目。

【例2-21】柳林公司當月入庫 B1 產品 3,000 件，實際單位成本 800 元，B2 產品 5,000 件，實際單位成本 1,600 元。產品入庫時的會計處理為：

借：庫存商品——B1 產品　　　　　　　　　　　　　　　2,400,000
　　　　　　——B2 產品　　　　　　　　　　　　　　　8,000,000
　貸：生產成本——基本生產成本（B1 產品）　　　　　　2,400,000
　　　　　　——基本生產成本（B2 產品）　　　　　　8,000,000

二、庫存商品銷售

庫存商品銷售時，應按規定確認銷售收入，同時結轉其成本。

【例2-22】柳林公司月末匯總計算發出的商品中，已實現銷售的 B1 產品 2,230 件，B2 產品 4,560 件。其中 B1 產品單位成本 800 元，B2 產品單位成本 1,600 元。應做如下會計處理：

借：主營業務成本　　　　　　　　　　　　　　　　　　9,080,000
　貸：庫存商品——B1 產品　　　　　　　　　　　　　　1,784,000
　　　　　　——B2 產品　　　　　　　　　　　　　　　7,296,000

商品流通企業購入的商品可以採用進價或售價進行核算，商品流通企業的庫存商品可以採用毛利率法和售價金額核算法。

1. 毛利率法

毛利率法是指根據本期銷售額乘以上期實際（本期計劃）毛利率計算銷售毛利，並據以計算發出商品和期末庫存商品成本的一種方法。這種方法通常是商品流通企業中的批發企業採用，由於商業批發企業經營的商品品種繁多，如果按品種計算商品成本，將會大大增加工作量，一般來說，商品流通企業同類商品的毛利率大致相同，採用這種方法既能減輕工作量，還能滿足對庫存商品的管理。

毛利率＝銷售毛利/銷售淨額×100%

銷售淨額＝商品銷售收入－銷售退回與折讓

銷售毛利＝銷售淨額×毛利率

銷售成本＝銷售淨額－銷售毛利

【例2-23】某大型商場 2016 年 7 月初家電類商品存貨 2,430 萬元，本月購進 4,600 萬元，7 月銷售收入 5,100 萬元，上季度該類商品的銷售毛利率為 18%，7 月已銷售商品和月末庫存商品成本計算如下：

本月銷售收入＝5,100（萬元）

銷售毛利＝5,100×18%＝918（萬元）

本月銷售成本＝5,100－918＝4,182（萬元）

期末庫存商品成本 = 2,340 + 4,600 - 4,182 = 2,758（萬元）

2. 售價金額核算法

售價金額核算法指平時商品的購進、銷售和庫存商品都按售價記帳，商品售價與進價的差額，可以通過「商品進銷差價」科目核算。「商品進銷差價」科目實際上是「庫存商品」科目的調整帳戶，它與「庫存商品」科目相結合，揭示出庫存商品的進價。期末計算進銷差價率和本期已銷商品應分攤的進銷差價，將已銷售商品的銷售成本調整為實際成本。

商品進銷差價率 =（期初庫存商品進銷差價 + 本期購入商品進銷差價）÷（期初庫存商品售價 + 本期購入商品售價）× 100%

本期已銷商品應分攤的商品進銷差價 = 本期商品銷售收入 × 商品進銷差價率

本期已銷商品的成本 = 本期商品銷售收入 - 本期已銷商品應分攤的商品進銷差價

【例 2-24】某大型商場 2016 年 9 月初某類庫存商品的進價成本為 150 萬元，售價總額 180 萬元，購進該類商品 100 萬元，售價總額 115 萬元，9 月銷售收入為 170 萬元。相關計算如下：

商品進銷差價率 =（30 + 15）÷（180 + 115）× 100% = 15.25%

9 月已銷商品應分攤的商品進銷差價 = 170 × 15.25% = 25.93（萬元）

9 月已銷商品的成本 = 170 - 25.93 = 144.07（萬元）

期末結存商品的成本 = 150 + 100 - 144.07 = 105.93（萬元）

第六節　存貨的期末計量

一、存貨期末計量原則

在資產負債表日，存貨應當按照成本與可變現淨值孰低計量。如果企業存貨成本平時是按計劃成本核算的應調整為實際成本。存貨成本高於其可變現淨值的，按其差額計提存貨跌價準備，計入當期損益；存貨成本低於其可變現淨值的，按其成本計量，不計提存貨跌價準備，但原已計提存貨跌價準備的，應在已計提存貨跌價準備金額的範圍內轉回。

成本與可變現淨值孰低計量的理論基礎主要是使存貨符合資產的定義。當存貨的可變現淨值低於成本時，表明存貨能給企業帶來的未來經濟利益低於帳面成本，因而應將這部分損失從資產價值中扣除，計入當期損益。如果仍然以成本計量，就會出現虛計資產的情況。

二、存貨期末計量方法

（一）存貨減值跡象的判定

存貨存在下列情形之一的，表明存貨的可變現淨值低於成本：

（1）該存貨的市場價格持續下跌，並且在可預見的未來無回升的希望；

（2）企業使用該項原材料生產的產品的成本大於產品的銷售價格；

（3）企業因產品更新換代，原有庫存原材料已不適應新產品的需要，而該原材料的市場價格又低於其帳面成本；

（4）因企業所提供的商品或勞務過時或消費者偏好改變而使市場的需求發生變化，導致市場價格逐漸下跌；

（5）其他足以證明該項存貨實質上已經發生減值的情形。

存貨存在下列情形之一的，表明存貨的可變現淨值為零：

（1）已霉爛變質的存貨；

（2）已過期且無轉讓價值的存貨；

（3）生產中已不再需要，並且已無使用價值和轉讓價值的存貨；

（4）其他足以證明已無使用價值和轉讓價值的存貨。

（二）存貨可變現淨值的確定

1. 確定存貨可變現淨值的前提是企業經營活動正常進行

如果企業的生產經營活動不能正常進行，比如企業正在進行清算，那麼就不能按照存貨準則的規定確定存貨的可變現淨值。

2. 可變現淨值是指存貨的預計未來淨現金流量，而不是指存貨的售價或合同價

企業預計銷售存貨取得的現金流入，並不完全構成存貨的可變現淨值。由於存貨在銷售過程中可能發生相關稅費和銷售費用，以及為達到預定可銷售狀態還可能發生進一步的加工成本，這些相關稅費、銷售費用和成本支出，均構成存貨銷售產生現金流入的抵減項目，只有在扣除這些現金流出後，才能確定存貨的可變現淨值。

3. 不同存貨可變現淨值的構成不同

（1）產成品、商品和用於出售的材料等直接用於出售的商品存貨，在正常生產經營過程中，應以該存貨的估計售價減去估計的銷售費用和相關稅費後的金額確定其可變現淨值。

（2）用於生產的材料、在產品或自製半成品等需要經過加工的材料存貨，在正常生產經營過程中，應當以所生產的產成品的估計售價減去至完工時估計將要發生的成本、估計的銷售費用以及相關稅費後的金額確定其可變現淨值。

（三）確定存貨可變現淨值應考慮的因素

1. 存貨可變現淨值的確鑿證據

企業確定可變現淨值時，應當以取得的可靠證據為基礎，如產品的市場銷售價格、與企業產品相同或者類似商品的市場銷售價格、供貨方提供的有關資料、生產成本資料等。

2. 應考慮持有存貨的目的

一般來說，企業持有存貨的目的主要有：一是持有以備出售，如產成品、商品，其中又分為有合同約定和沒有合同約定；二是將在生產過程或提供勞務過程中耗用的，如原材料等。

3. 資產負債表日後事項的影響

資產負債表日後事項的影響，即企業在確定資產負債表日存貨的可變現淨值時，不僅要考慮資產負債表日與該存貨相關的價格與成本波動，還應考慮未來的相關事項影響。也就是說，不僅限於財務報告報出日之前發生的相關價格與成本波動，還應考慮以後期間發生的相關事項。

(四) 不同情況下存貨可變現淨值的確定

(1) 產成品、商品等（不包括用於出售的材料）直接用於出售且沒有銷售合同約定的，其可變現淨值應當以正常過程中產成品、商品的一般銷售價格（市場銷售價格）減去銷售費用和相關銷售稅金等後的金額確定。

【例2-25】2016年12月31日，柳林公司生產的B1型設備數量為10臺，單位成本為50萬元/臺，帳面成本為500萬元。2016年12月31日B1型設備的市場銷售價格為53萬元/臺，預計發生相關稅費2萬元/臺。

由於柳林公司沒有就B1型設備簽訂銷售合同，因此，在這種情況下，計算B1型設備的可變現淨值應以一般銷售價格總額530萬元（53×10）作為計算基礎。

(2) 為執行銷售合同或者勞務合同而持有的存貨，通常應當以產成品和商品的合同價格作為其可變現淨值的計算基礎。

企業與購買方簽訂了銷售合同（或勞務合同，下同），並且銷售合同訂購的數量大於或等於企業持有的存貨數量，在這種情況下，與該項銷售合同直接相關的存貨的可變現淨值，應當以合同價格為計量基礎。即如果企業就其產成品或商品簽訂了銷售合同，則該批產成品或商品的可變現淨值應當以合同價格作為計量基礎。如果企業銷售合同所規定的標的物還沒有生產出來，但持有專門用於生產該標的物的材料，則其可變現淨值也應當以合同價格作為計量基礎。

【例2-26】2016年9月27日，柳林公司與光華公司簽訂了一份不可撤銷的銷售合同，雙方約定2017年1月27日，柳林公司按52萬元/臺的價格向光華公司提供B1型設備10臺。2016年12月31日，柳林公司庫存B1型設備10臺，單位生產成本為47萬元/臺。2016年12月31日，B1型設備市場銷售價格為53萬元/臺。

根據柳林公司與光華公司簽訂的銷售合同，該批B1型設備的價格已由銷售合同約定，並且其庫存數量等於銷售合同規定的數量，因此，在這種情況下，計算B1型設備的可變現淨值應以銷售合同約定的價格520萬元（52×10）為計算基礎。

如果企業持有的同一項存貨的數量多於銷售合同或勞務合同訂購的數量的，應分別確定其可變現淨值，並與其相對應的成本進行比較，分別確定存貨跌價準備的計提或轉回金額。超出合同部分的存貨的可變現淨值，應當以一般銷售價格為基礎計算。

(3) 如果企業持有存貨的數量少於銷售合同訂購的數量，實際持有與該銷售合同有關的存貨應以銷售合同所規定的價格作為可變現淨值的計算基礎。如果該合同為虧損合同，還應同時按照《企業會計準則第13號——或有事項》的規定處理。

(4) 用於出售的材料等，應當以市場價格作為其可變現淨值的計算基礎。這裡的市場價格是指材料等的市場銷售價格。

【例2-27】2016年末，根據市場需求的變化，柳林公司決定停止生產B2型設備，

為了減少損失，公司準備把專門用於生產 B2 型設備的原材料 K 全部出售，2016 年 12 月 31 日 K 材料的帳面價值（成本）300 萬元，數量為 20 噸。根據市場調查，該批材料的市場銷售價格為 280 萬元，同時銷售該批材料還會發生銷售費用及稅金 6 萬元。

在本例中，由於企業已決定停止生產 B2 型設備，因此，該批材料的可變現淨值不能再以 B2 型設備的銷售價格為計算基礎，而應按材料本身的市場銷售價格為計算基礎。

該批 K 材料的可變現淨值 = 280 - 6 = 274（萬元）

（5）需要加工的材料存貨，如原材料、在產品、委託加工材料等，由於持有該材料的目的是為了生產產品而不是為了出售，該材料的價值體現在用其生產的產成品上。因此，在確定需要加工這類存貨的可變現淨值時，需和用其生產的產成品的成本進行比較，如果該產品的可變現淨值高於成本，則該材料仍然應當按照成本計量。

【例 2-28】2016 年年末，柳林公司庫存材料——K1 材料的帳面成本為 560 萬元，同時，市場的銷售價格為 537 萬元，假定不發生其他的銷售費用，用該材料生產的產成品——B3 設備的可變現淨值高於成本。確定 2016 年 12 月 31 日 K1 材料的可變現淨值。

在本例中，雖然 K1 材料的帳面價值（成本）高於可變現淨值，但是由於用其生產的 B3 設備的可變現淨值高於成本，即用該材料生產的最終產品此時並沒有發生價值減損。所以，在這種情況下，即使 K1 材料的帳面價值（成本）已高於市場價格，也不應計提存貨跌價準備，仍應按其原價帳面成本 560 萬元列示在柳林 2016 年 12 月 31 日的資產負債表的存貨項目之中。

三、存貨跌價準備的核算

(一) 存貨跌價準備的提取

資產負債表日，企業存貨的成本高於其可變現淨值的，應當提取存貨跌價準備。《企業會計準則第 1 號——存貨》規定：「存貨跌價準備應當按照單個存貨項目計提。」即在一般情況下，企業應當按每個存貨項目的成本與可變現淨值逐一進行比較，取其低者計量存貨，並且將成本高於淨值的差額作為計提的存貨跌價準備。企業應當根據管理要求及存貨的特點，具體規定存貨項目的確定標準。比如：將某一型號和規格的材料作為一個存貨項目，將某一品牌和規格的商品作為一個存貨項目。

但是，對於數量繁多，單位價值比較低的存貨，則可以按照存貨的類別計量成本與可變現淨值，即按存貨類別的成本總額與可變現淨值總額進行比較，每個存貨類別均取較低者確定存貨期末價值。

(二) 存貨跌價準備的轉回

企業的存貨在符合條件的情況下，可以轉回計提的存貨跌價準備。其條件是以前減記存貨價值的影響因素已經消失，而不是在當期造成存貨可變現淨值高於成本的其他影響因素。

當符合存貨跌價準備轉回的條件時，應在原已計提的存貨跌價準備的金額內轉回。

在核算存貨跌價準備轉回時，轉回的存貨跌價準備與計提該準備的存貨項目或類別應當存在直接對應關係，但轉回的金額將以存貨跌價準備的餘額衝減至零為限。

【例2-29】2016年12月31日，柳林公司B1型設備的帳面成本為640萬元，但由於B1型設備的市場價格下跌，預計可變現淨值為600萬元；2017年12月31日，假定B1型設備的帳面成本仍為640萬元，由於B1型設備市場價格有所上升，使得B1型設備預計可變現淨值為625萬元；2018年12月31日，B1型設備的帳面成本仍為640萬元，由於B1型設備市場價格繼續上升，使得B1型設備預計可變現淨值為660萬元。柳林公司的會計處理如下：

(1) 2016年年末計提B1型設備的存貨跌價準備：640－600＝40（萬元）

借：資產減值損失——計提的存貨跌價準備　　　　　　　　　400,000
　　貸：存貨跌價準備　　　　　　　　　　　　　　　　　　400,000

(2) 2017年末B1型設備的可變現淨值部分恢復：

(640－625)－40＝－25（萬元）

借：存貨跌價準備　　　　　　　　　　　　　　　　　　　　250,000
　　貸：資產減值損失——計提的存貨跌價準備　　　　　　　250,000

(3) 2018年末B1型設備的可變現淨值全部恢復：

B1型設備的可變現淨值660萬元已經超過成本640萬元，不僅不再計提存貨跌價準備，且應將對B1型設備計提的存貨跌價準備餘額衝減至零為限。

借：存貨跌價準備　　　　　　　　　　　　　　　　　　　　150,000
　　貸：資產減值損失——計提的存貨跌價準備　　　　　　　150,000

四、存貨清查

存貨清查是指通過對存貨的實物盤點，確定存貨的實存數量並與帳面記錄核對，其對於真實反應存貨的實際情況，保證存貨的安全，加速存貨週轉，挖掘企業內部潛力等方面具有重要意義。

由於存貨種類繁多，收發頻繁，在日常收發過程中可能發生計量差錯、計算差錯、自然損耗，還可能發生損壞變質及貪污、盜竊等情況，造成帳實不符，形成存貨盤盈盤虧。為了客觀、真實、準確地反應期末存貨的實際價值，做到帳實相符，企業應當定期或不定期地對存貨進行清查。

為了反應企業在財產清查中各種存貨的盤盈、盤虧或毀損，應當設置「待處理財產損溢」科目，該科目的借方登記盤虧或毀損存貨的金額及經批准結轉盤盈存貨的金額，貸方登記盤盈存貨的金額及經批准結轉盤虧存貨的金額。企業清查的各種存貨損溢，應在期末結帳前處理完畢，期末處理後本科目應無餘額。

(一) 存貨盤盈的核算

企業發生存貨盤盈，應借記「原材料」「庫存商品」等科目，貸記「待處理財產損溢」科目；在按管理權限報經批准後，借記「待處理財產損溢」科目，貸記「管理費用」科目。

【例 2-30】柳林公司在財產清查中盤盈 K3 材料 3,200 元，屬於計量差錯造成的。企業應作如下會計處理：

（1）批准處理前：

借：原材料　　　　　　　　　　　　　　　　　　　　　　　　　　3,200
　　貸：待處理財產損溢　　　　　　　　　　　　　　　　　　　　　3,200

（2）批准處理後：

借：待處理財產損溢　　　　　　　　　　　　　　　　　　　　　　　3,200
　　貸：管理費用　　　　　　　　　　　　　　　　　　　　　　　　3,200

（二）存貨盤虧及毀損的核算

企業發生存貨盤虧及毀損時，應借記「待處理財產損溢」科目，貸記「原材料」「庫存商品」等科目，在按管理權限報經批准後，入庫的殘料價值記入「原材料」科目；對於應由保險公司賠償部分和應由過失人賠款的部分記入「其他應收款」科目；扣除殘料價值和應由保險公司、過失人賠償部分後的淨損失，屬於一般經營損失部分，記入「管理費用」科目。屬於自然災害或意外事故造成的存貨毀損，應先扣除殘料價值和可以收回的保險賠款，然後將淨損失轉作營業外支出。

【例 2-31】柳林公司在財產清查中盤虧 K1 材料 800 千克，實際單位成本 150 元，其中 500 千克屬於一般經營損失，另外 300 千克屬於材料保管員過失造成的，按規定由材料保管員賠償 15,000 元，殘料價值 3,500 元已辦理入庫。企業應作如下會計處理：

（1）批准處理前：

借：待處理財產損溢　　　　　　　　　　　　　　　　　　　　　　120,000
　　貸：原材料　　　　　　　　　　　　　　　　　　　　　　　　120,000

（2）批准處理後：

①一般經營損失

借：管理費用　　　　　　　　　　　　　　　　　　　　　　　　　75,000
　　貸：待處理財產損溢　　　　　　　　　　　　　　　　　　　　75,000

②過失人賠償部分：

借：其他應收款──×××　　　　　　　　　　　　　　　　　　　15,000
　　貸：待處理財產損溢　　　　　　　　　　　　　　　　　　　　15,000

③殘料入庫：

借：原材料　　　　　　　　　　　　　　　　　　　　　　　　　　3,500
　　貸：待處理財產損溢　　　　　　　　　　　　　　　　　　　　3,500

④材料毀損淨損失：

借：管理費用　　　　　　　　　　　　　　　　　　　　　　　　　26,500
　　貸：待處理財產損溢　　　　　　　　　　　　　　　　　　　　26,500

【例 2-32】由於遭受水災，柳林公司一批 K2 材料毀損，價值 230,000 元，根據保險責任範圍和保險合同規定，應由保險公司賠償 164,450 元。企業應作如下會計處理：

（1）批准處理前：

借：待處理財產損溢	230,000
貸：原材料	230,000

（2）批准處理後：

借：其他應收款——某保險公司	164,450
營業外支出	65,550
貸：待處理財產損溢	230,000

本章小結

　　本章主要闡述了存貨的確認、存貨的初始計量、發出存貨的計量、存貨的期末計量和記錄問題。本章的主要內容包括：

　　存貨只有在同時滿足該存貨包含的經濟利益很可能流入企業；該存貨的成本能夠可靠地計量時才能確認。

　　存貨應該按照成本進行初始計量。存貨成本包括採購成本、加工成本和其他成本。外購存貨的成本即存貨的採購成本是指企業物資從採購到入庫前所發生的全部支出，包括購買價款、相關稅費、運輸費、裝卸費、保險費以及其他可歸屬於存貨採購成本的費用。企業通過進一步加工取得的存貨，主要包括產成品、在產品、半成品、委託加工物資等，其成本由採購成本、加工成本構成。存貨加工成本由直接人工和製造費用構成，其實質是企業在進一步加工存貨的過程中追加發生的生產成本，企業取得存貨的其他方式主要包括接受投資者投資、非貨幣性資產交換、債務重組、企業合併以及存貨盤盈等。通過提供勞務取得的存貨，其成本按從事勞務提供人員的直接人工和其他直接費用以及可歸屬於該存貨的間接費用確定。

　　在實際成本核算的方式下，企業可以採用的發出存貨的計價方法包括個別計價法、先進先出法、月末一次加權平均法和移動加權平均法。

　　在資產負債表日，存貨應當按照成本與可變現淨值孰低計量。如果企業存貨成本平時是按計劃成本核算的應調整為實際成本。存貨成本高於其可變現淨值的，按其差額計提存貨跌價準備，計入當期損益；存貨成本低於其可變現淨值的，按其成本計量，不計提存貨跌價準備，但原已計提存貨跌價準備的，應在已計提存貨跌價準備金額的範圍內轉回。

關鍵詞

　　存貨　存貨確認條件　實地盤存制　永續盤存制　個別計價法　加權平均法　移動加權平均法　先進先出法　原材料　包裝物　低值易耗品　一次轉銷法　五五攤銷法　庫存商品　毛利率法　售價金額核算法　成本與可變現淨值孰低

本章思考題

1. 企業的存貨包括哪些內容？
2. 存貨採用實際成本核算時，可以採用哪些方法來確定發出存貨的成本？
3. 存貨採用計劃成本核算時，如何計算發出材料的成本差異分配率？
4. 存貨採用計劃成本核算時，應如何進行會計處理？
5. 可變現淨值的含義是什麼？舉例說明如何計算確定存貨的可變現淨值。
6. 怎樣進行存貨跌價準備的會計處理？
7. 存貨發生盤虧時應如何進行會計處理？

第三章　固定資產、無形資產和投資性房地產

【學習目的與要求】

本章主要闡述固定資產、無形資產和投資性房地產的確認、計量及相關的帳務處理問題。本章的學習要求是：

1. 掌握固定資產、無形資產和投資性房地產的概念、特徵、確認。
2. 掌握固定資產、無形資產和投資性房地產的初始計量、後續計量原則、方法及帳務處理。

第一節　固定資產

一、固定資產的特徵、分類及確認條件

（一）固定資產的特徵

固定資產是企業重要的生產要素之一，是企業賴以生存的物質基礎，其本質屬性是主要勞動資料。中國會計準則規定，固定資產是指同時具有以下特徵的有形資產：

（1）為生產商品、提供勞務、出租給他人或為了經營管理目的而持有；

（2）使用壽命超過一個會計年度。

（二）固定資產分類

企業的固定資產種類繁多，規格不一，為加強管理，便於組織會計核算，有必要對其進行科學、合理的分類。根據不同的管理需要和不同的分類標準，可以對固定資產進行不同的分類，主要有以下幾種：

1. 按固定資產的經濟用途分類，可分為生產經營用固定資產和非生產經營用固定資產

（1）生產經營用固定資產，是指直接參加或服務於企業生產經營過程的各種固定資產。如生產經營用的房屋、建築物、機器、設備、器具、工具等。

（2）非生產經營用固定資產，是指不直接服務於生產經營過程的各種固定資產。如職工宿舍、食堂、浴室、理髮室等使用的房屋、設備和其他固定資產等。

2. 按固定資產使用情況分類，可分為使用中固定資產、未使用固定資產和不需用固定資產

3. 按固定資產的所有權進行分類，可分為自有固定資產和租入固定資產

由於企業的經營性質不同、經營規模各異，對固定資產的分類不可能完全一致，企業可以根據各自的具體情況和經營管理、會計核算的需要進行必要的分類。

(三) 固定資產的確認

固定資產在符合定義的前提下，還應當同時具備以下兩個條件，才能加以確認。

1. 與該固定資產有關的經濟利益很可能流入企業

資產最重要的特徵是預期會給企業帶來經濟利益。企業在確認固定資產時，需要判斷與該項固定資產有關的經濟利益是否很可能流入企業。如果與該項固定資產有關的經濟利益很可能流入企業，並同時滿足固定資產確認的其他條件，那麼，企業應將其確認為固定資產；否則，不應將其確認為固定資產。

2. 該固定資產的成本能夠可靠地計量

成本能夠可靠地計量是資產確認的一項基本條件。固定資產的成本能夠可靠計量，要求支撐計量依據的證據應當充分、確鑿、可靠。有時需要依據所獲得的最新資料，對某項固定資產的成本加以合理的估計。比如，已達到預定可使用狀態的固定資產，尚未辦理竣工決算前，可以根據工程預算等相關資料合理地估計入帳，待辦理竣工決算後再作調整，也應當認為其成本能夠可靠地計量。

二、固定資產的初始計量

(一) 固定資產的初始計量原則及核算科目設置

1. 固定資產的初始計量原則

固定資產的成本，是指企業構建某項固定資產達到預定可使用狀態前所發生的一切合理、必要的支出。這些支出既包括直接發生的價款、運雜費、包裝費和安裝成本等，也包括間接發生的，如應承擔的借款利息、外幣借款折算差額以及應分攤的其他間接費用。

對於特殊行業的特定固定資產，確定其成本時，還應考慮預計棄置費用因素。

2. 核算科目設置

為了監督反應固定資產的增減變動情況，在核算時應設置「固定資產」「累計折舊」「在建工程」「工程物資」等科目。

(二) 固定資產的初始計量及帳務處理

1. 購入的固定資產

購入的固定資產以實際支付的價款及其為使該項固定資產達到預定可使用狀態前所支付的各項費用，包括支付的買價、稅金、途中的包裝費、保險費、運雜費和購入後的安裝調試費等內容，按照新實施的增值稅法的規定，為購入機器設備而支付的增值進項稅額可以抵扣銷項稅額。

企業購入的固定資產通常分為不需要安裝和需要安裝兩種，在會計處理上有其差別：

（1）外購不需要安裝的固定資產。企業購入不需安裝的固定資產，購入後即可達到預定可使用狀態，構成固定資產成本，所以直接交付使用的固定資產，按實際支付的價款（包括買價、運雜費、進口關稅等相關稅費，增值稅除外）入帳。

【例3-1】柳林公司2016年10月購入一臺新設備，取得的增值稅發票價格180,000元，增值進項稅額30,600元，其他費用15,400元。款項已全部付清。會計處理如下：

借：固定資產	195,400
應交稅費——應交增值稅（進項稅額）	30,600
貸：銀行存款	226,000

（2）購入需要安裝的固定資產。企業購入需要安裝的固定資產，只有安裝調試後，達到設計要求或合同規定的標準，該項固定資產才可發揮作用，才意味著達到預定可使用狀態，所以在安裝前該固定資產不具有獨立的經濟用途，因此應先在「在建工程」科目核算，待安裝完畢交付使用時再按其實際成本從「在建工程」科目轉入「固定資產」科目。

【例3-2】柳林公司為一般納稅人，2016年10月用存款購買一臺設備，支付買價300,000元，增值進項稅額51,000元，途中運雜費和保險費等其他費用12,000元，驗收入庫待安裝；該設備由基本生產車間組織人力安裝，結算耗費生產用材料5,000元，耗用人工10,000元，輔助生產車間提供水電費1,867元；該設備安裝完工驗收合格，並已交付使用。會計處理如下：

（1）借：在建工程	312,000
應交稅費——應交增值稅（進項稅額）	51,000
貸：銀行存款	363,000
（2）借：在建工程	16,867
貸：原材料	5,000
應付職工薪酬	10,000
生產成本——輔助生產成本	1,867
（3）借：固定資產	328,867
貸：在建工程	328,867

另外，由於固定資產在購買時付款方式不同，在採用分期付款方式購買固定資產時，如果合同規定的付款期限較長，超過了正常信用條件（通常在3年以上）的，在這種情況下，該項合同實質上具有融資性質，購入固定資產的成本不能以各期付款額之和來確定，而應以各期付款額的現值之和來確定。

固定資產購買價款的現值，應當按照各期支付的價款選擇適當的折現率進行折現後的金額加以確定。各期實際支付的價款之和與其現值之間的差額，符合《企業會計準則第17號——借款費用》中規定的資本化條件的，應當計入固定資產成本，其餘部分應當在信用期間內確認為財務費用，計入當期損益。在購買時，按購買價款的現值

記入「固定資產」或「在建工程」科目，按應支付的金額記入「長期應付款」科目，兩者的差額記入「未確認融資費用」科目。

以一筆款項購入多項沒有單獨標價的固定資產，應當按照各項固定資產的公允價值比例對總成本進行分配，分別確定各項固定資產的成本。

2. 自行建造的固定資產

自行建造的固定資產的成本，由建造該項固定資產達到預定可使用狀態前所發生的一切合理必要的支出構成。包括耗用的物資、人工費、交納的相關稅費、應予資本化的借款費用以及應分攤的間接費用等。企業自行建造固定資產分為自營建造和出包建造兩種方式，其價值的確定如下：

（1）自行建造的固定資產，按建造過程中所發生的一切支出作為固定資產入帳價值。

企業通過自營方式建造固定資產，其入帳價值應當按照建造該固定資產達到預定可使用狀態前所發生的必要支出確定，包括直接材料、直接人工、直接機械施工費等。企業為在建工程準備的各種物資，應當將實際支付的買價、不能抵扣的增值稅稅額、運輸費、保險費等相關稅費作為實際成本，並按照各專項物資的種類進行明細核算。

工程完工後剩餘的工程物資，如轉作本企業庫存材料，按其實際成本或計劃成本轉作企業的庫存材料；若材料存在可抵扣的增值稅進項稅額，則按減去增值稅進項稅額後的實際成本或計劃成本，轉作企業的庫存材料。盤盈、盤虧、報廢、毀損的工程物資，減去保險公司、過失人賠償後的差額，工程尚未完工的，計入或衝減工程項目的成本；工程已經完工的，屬於籌建期的計入或衝減管理費用，不屬於籌建期的計入或衝減當期營業外收支。非正常原因造成的報廢或損毀，應將其淨損失直接計入當期營業外收支。

企業建造的固定資產已達到預定可使用狀態，但尚未辦理竣工結算的，應當自達到預定可使用狀態之日起，根據工程預算等，按暫估價值轉入固定資產，並按有關計提固定資產折舊的規定，計提固定資產折舊。待辦理竣工決算手續後再調整原來的暫估價值，但不需要調整原已計提的折舊額。

高危行業企業按照國家規定提取的安全生產費，應當計入相關產品的成本或當期損益，同時記入「專項儲備」科目。企業使用提取的安全生產費形成固定資產的，應當通過「在建工程」科目歸集所發生的支出，待安全項目完工達到預定可使用狀態時確認為固定資產；同時，按照形成固定資產的成本衝減專項儲備，並確認相同金額的累計折舊。該固定資產在以後期間不再計提折舊。

【例3-3】2016年10月，柳林公司自行建造一座廠房，以銀行存款購入一批價款為100,000元的工程物資，支付增值稅進項稅額為17,000元。工程共領用工程物資105,300元（含增值稅稅額）；剩餘的工程物資轉為公司存貨，其所含增值稅進項稅額可以抵扣；領用公司產成品，成本為3,000元，計稅價格為4,000元，適用增值稅稅率為17%；領用原材料一批，實際成本為2,000元，購入該原材料時支付的增值稅進項稅額為340元；輔助生產車間為工程提供有關勞務支出5,000元；應支付工程人員薪酬15,000元；12月底，工程達到預定可使用狀態並交付使用。不考慮其他稅費。會計處

理如下：

①購入工程物資

借：工程物資	117,000
貸：銀行存款	117,000

②領用工程物資

借：在建工程	105,300
貸：工程物資	105,300

③領用公司產成品

借：在建工程	3,680
貸：庫存商品	3,000
應交稅費——應交增值稅（銷項稅額）	680

④領用原材料

借：在建工程	2,340
貸：原材料	2,000
應交稅費——應交增值稅（進項稅額轉出）	340

⑤輔助生產車間為工程提供有關勞務支出

借：在建工程	5,000
貸：生產成本——輔助生產成本	5,000

⑥應支付工程人員薪酬

借：在建工程	15,000
貸：應付職工薪酬	15,000

⑦工程達到預定可使用狀態並交付使用

借：固定資產	131,320
貸：在建工程	131,320

⑧剩餘的工程物資轉為公司存貨

借：原材料	10,000
應交稅費——應交增值稅（進項稅額）	1,700
貸：工程物資	11,700

（2）出包工程建造的固定資產，按實際支付的價款計價。

企業通過出包方式建造固定資產的，其入帳價值應當按照建造該固定資產達到預定可使用狀態前所發生的必要支出確定，包括建築工程支出、安裝工程支出、在安裝設備支出以及需分攤計入的待攤支出。在出包方式下，企業將與建造承包商結算的工程價款作為工程成本，通過「在建工程」科目進行核算，在工程達到預定可使用狀態時再從「在建工程」轉入「固定資產」。

【例3-4】2016年1月，柳林公司將廠房建造工程出包給華升公司，合同約定價款為1,500,000元。柳林公司預付工程款500,000元；工程發生的管理費、監理費共計100,000元；工程期間，工程的一處因地震倒塌，損失18,000元，保險公司承諾支付10,000元；2016年10月，工程完工，柳林公司收到華升公司有關工程結算單據後，補

付剩餘工程款。柳林公司的帳務處理如下：

①預付工程款

借：預付帳款　　　　　　　　　　　　　　　　　　　　　　　500,000
　　貸：銀行存款　　　　　　　　　　　　　　　　　　　　　　500,000

②工程發生的管理費、監理費

借：在建工程　　　　　　　　　　　　　　　　　　　　　　　100,000
　　貸：銀行存款　　　　　　　　　　　　　　　　　　　　　　100,000

③地震造成工程的一處倒塌

借：營業外支出　　　　　　　　　　　　　　　　　　　　　　　80,00
　　其他應收款　　　　　　　　　　　　　　　　　　　　　　　100,00
　　貸：在建工程　　　　　　　　　　　　　　　　　　　　　　180,00

④結算工程款並補付剩餘工程款

借：在建工程　　　　　　　　　　　　　　　　　　　　　　1,500,000
　　貸：銀行存款　　　　　　　　　　　　　　　　　　　　　1,000,000
　　　　預付帳款　　　　　　　　　　　　　　　　　　　　　　500,000

⑤結轉固定資產

借：固定資產　　　　　　　　　　　　　　　　　　　　　　1,582,000
　　貸：在建工程　　　　　　　　　　　　　　　　　　　　　1,582,000

(3) 存在棄置費用的固定資產。對於特殊行業的特定固定資產，確定其初始成本時，還應考慮棄置費用。棄置費用通常是指根據國家法律和行政法規、國際公約等規定，企業承擔的環境保護和生態恢復等義務所確定的支出，如核電站核設施等的棄置和恢復環境義務。

棄置費用要考慮貨幣時間價值，應按照現值計算確定應計入固定資產成本的金額和相應的預計負債。在固定資產的使用壽命內按照預計負債的攤餘成本和實際利率計算確定的利息費用應當在發生時計入財務費用。

三、固定資產的後續計量

(一) 固定資產折舊

1. 固定資產折舊的性質及影響因素

固定資產折舊是指固定資產在預計使用年限內，按照一定方法對固定資產原值扣除預計淨殘值的損耗額進行的攤銷。

固定資產折舊，本質上是一種耗費。這種耗費與它的損耗程度聯繫緊密，損耗分為有形損耗和無形損耗。有形損耗是指固定資產由於使用和自然力的影響而引起的使用價值和價值的損失，如機器設備的磨損和自然條件的侵蝕等；無形損耗是指由於科學技術的進步等而引起固定資產價值的損失。隨著科學技術的迅猛發展，無形損耗比有形損耗更為嚴重，對折舊的計算影響更大。對於這些損耗，會計上應按權責發生制要求，根據受益情況，採用系統合理的分配程序和方法，對它的價值在使用週期內進

行合理分攤。為了正確核算固定資產折舊，必須認識影響折舊的因素和瞭解計提折舊的範圍。

固定資產折舊確認正確與否，取決於對影響折舊因素的認識，其主要因素有原始價值、折舊年限、淨殘值和減值準備。

(1) 固定資產的原值

無論採用哪種方法所確認的固定資產帳面原值，都是計提固定資產折舊的依據。假設固定資產報廢時沒有淨殘值，按照投資收回理論，計提的折舊數額不能大於帳面的原值，即最大數額是原值。由此可見，原值是計提固定資產折舊的基數，它的確認是否正確，直接或間接影響固定資產在壽命期內折舊的總額。

(2) 固定資產的使用壽命（折舊年限）

固定資產折舊年限的長短，直接影響固定資產折舊速度及各期折舊額的大小，彼此的關係是逆向關係。由於固定資產損耗本身很難確定，致使固定資產折舊年限是最難確認的因素，也是影響能否到期收回固定資產投資，各期費用成本合理確認的最主要因素。

為了防止任意延長或壓縮固定資產折舊年限，會計實務中企業在確定固定資產折舊年限時，為了選擇企業最適用的折舊年限，應當考慮下列因素：①該項資產預計生產能力或實物產量；②該項資產預計有形損耗；③該項資產預計無形損耗；④法律或者類似規定對該項資產使用的限制。如：融資租賃的固定資產，根據《企業會計準則第 21 號——租賃》規定，能夠合理確定租賃期屆滿時將會取得租賃資產的所有權的，應當在租賃資產使用壽命期內計提折舊；如果無法合理確定租賃期屆滿時能夠取得租賃資產的所有權的，應當在租賃期和租賃資產使用壽命兩者中較短者的期間內計提折舊。

(3) 固定資產的淨殘值

一般固定資產在報廢清理時，都要發生一定清理費和殘值收入，兩者的差額為淨殘值。在確認固定資產折舊標準時，應以固定資產的原值為基數，減去預計淨殘值後的餘額，才是理想的應提固定資產折舊總額。

固定資產預計淨殘值是一項未確定的因素。為了防止人為隨意估計，會計準則規定固定資產預計淨殘值率應結合企業的實際情況進行制定，一經確定不得隨意變更，如需變更應當符合《企業會計準則第 4 號——固定資產》的規定。

(4) 固定資產減值準備

固定資產的可收回金額低於其帳面價值時，即表明固定資產發生了減值，企業應當確認固定資產減值準備。固定資產計提了減值準備後，應當在剩餘使用壽命期內根據調整後的固定資產帳面價值（固定資產帳面餘額扣減累計折舊和累計減值準備後的金額）和預計淨殘值重新計算確定折舊率和折舊額。

2. 固定資產折舊的範圍

按照準則的規定，除以下情況外，企業應對所有固定資產計提折舊：①已提足折舊仍繼續使用的固定資產。②按照規定單獨估價作為固定資產入帳的土地。③企業一般應當按月計提折舊，對於當月增加的固定資產，當月不提折舊，從下月起計提折舊；

當月減少的固定資產，當月照提折舊，從下月起不提折舊。④固定資產提足折舊後，不管是否繼續使用，均不再提折舊；提前報廢的固定資產，也不再補提折舊。⑤已達到預定可使用狀態但尚未辦理竣工決算的固定資產，應當按照估計價值確定其成本，並計提折舊；待辦理竣工決算後再按實際成本調整原來的暫估價值，重新確定其每期的折舊額，但不需對前期已計提的折舊進行調整。

3. 折舊方法的選擇

影響固定資產折舊速度的不僅有時間，而且還有方法。按照固定資產損耗減少價值，分攤計入費用成本速度的方法，主要有平均折舊法和加速折舊法。平均折舊法是指按固定資產折舊年限、工作總量、產量總量等平均計算折舊額的方法，包括平均年限法、工作量法等。加速折舊法是指每期提取固定資產折舊時，早期較多，逐年呈遞減趨勢，使固定資產價值得到更快速度補償的計算方法，包括年限總和法、雙倍餘額法等。

企業應當根據與固定資產有關的經濟利益的預期實現方式，合理選擇折舊方法，折舊方法一經確定不得隨意變更，如需變更應當符合固定資產準則第十九條的規定。

(1) 年限平均法

年限平均法是指將固定資產的折舊額均衡地分攤到各期的一種方法。由於這種方法各期計提的折舊額相同，並隨年限累計呈一條直線上升趨勢，因而也稱為直線法。該方法的計算公式如下：

$$年折舊額 = \frac{固定資產原值 - 預計淨殘值}{預計使用年限}$$

$$月折舊額 = \frac{年折舊額}{12} = \frac{固定資產原值 - 預計淨殘值}{預計使用年限 \times 12}$$

(2) 工作量法

工作量法是指按固定資產實際工作量計提折舊額的一種方法。這種方法的特點是以單位工作量的折舊額作為各期計提固定資產折舊的不變折舊率；其變量是各期的實際工作量愈多，提取的折舊費數額就愈大，與固定資產的有形損耗密切聯繫。工作量法的計算公式如下：

單位工作量折舊額 = (固定資產原值 - 預計淨殘值) ÷ 預計工作總量

某月折舊額 = 該月實際工作量 × 單位工作量折舊額

公式中的預計工作總量是指固定資產在預計使用年限內，預計完成的工作量。

(3) 年限總和法

年限總和法是指以固定資產原值減去預計淨殘值後的餘額，乘以年限總和的逐年遞減分數，計算各年折舊額的一種方法，又稱為合計年限法。這種方法的主要特點：一是各年計提固定資產折舊均以應提折舊額為基礎，不發生變化；二是各年折舊率是變量，計提折舊額隨各年折舊率的分子遞減而遞減。年限總和法的計算公式如下：

某年折舊額 = (固定資產原值 - 預計淨殘值) × 該年折舊率

某月折舊額 = 該年折舊額 ÷ 12

年限總和 = $1 + 2 + \cdots + n = n(n+1)/2$

某年折舊率 = $\dfrac{\text{尚可使用年限}}{\text{年限總和}} = \dfrac{2(n-t+1)}{n(n+1)}$

式中：n 為預計的使用年限；t 為第幾年；預計的折舊年限減去已折舊年限，則為還可折舊的剩餘年限，又稱為尚可使用的年限。

【例 3-5】某項固定資產原值 8 萬元，預計折舊年限為 5 年，預計淨殘值率為 4%，計算各年的折舊額（見表 3-1）。

表 3-1

年份	原值-淨殘值（元）	年折舊率	年折舊額（元）	累計折舊額（元）	帳面淨值（元）
1	76,800	5/15	25,600	25,600	54,400
2	76,800	4/15	20,480	46,080	33,920
3	76,800	3/15	15,360	61,440	18,560
4	76,800	2/15	10,240	71,680	8,320
5	76,800	1/15	5,120	76,800	3,200

（4）雙倍餘額法

雙倍餘額法是指按固定資產各期期初帳面淨值，乘以雙倍直線法折舊率，計算各年折舊額的一種方法。這種方法的主要特點：一是計算各年固定資產折舊的折舊率不變，固定資產折舊額隨各年初帳面的淨值遞減呈遞減趨勢；二是在確定固定資產折舊率時，不考慮預計淨殘值，直接按年限平均法的雙倍確定。由於每年年初固定資產淨值沒有扣除預計淨殘值，因此應用這種方法計算折舊額時，必須注意不能使固定資產帳面折餘價值降低到其預計淨殘值以下，所以，應在其折舊年限到期前兩年內將固定資產淨值扣除預計淨殘值後的餘額平均攤銷。該種方法的計算公式如下：

年折舊率 = $\dfrac{1}{\text{預計使用年限}} \times 2 \times 100\%$

某年折舊額 = 該期期初帳面淨值 × 年折舊率

最後兩年平均折舊額 = (帳面價值 - 已折舊額)/2

上述四種折舊方法中，年限平均法計算折舊方法比較簡單，計算各期折舊額相同。工作量法彌補了各期固定資產使用不均衡。年限平均法有分攤折舊費不合理的局限性，直接將費用與損耗相聯繫，計算簡便，但按項目計算工作量繁重複雜，因此適用生產經營業務單一的交通運輸、礦業開採等特殊行業。加速折舊法更適應科技發展迅速所帶來的風險影響，更能均衡固定資產的使用成本，貫徹執行謹慎性和配比的要求。

4. 固定資產折舊的帳務處理

為了反應監督企業固定資產折舊額的增減變動情況，應設置「累計折舊」科目進行核算，該科目屬於固定資產的抵減調整科目，貸方登記因固定資產按期計提的折舊而增加的累計折舊額，借方登記因固定資產盤虧、處置等原因衝減原已計提的折舊額導致的減少累計折舊額，餘額在貸方反應實有固定資產已計提的折舊額累計數。

會計實務中，一般都是按月計提折舊。本月計提的折舊額是以上月所計提的折舊

額為基礎,加上月增加固定資產本月應計提的折舊額,減上月減少固定資產和已提足折舊固定資產計提的折舊額。加速折舊法按年計算折舊額是加速的,而一年中的每一個月卻是平均折舊。固定資產折舊的日常核算,根據固定資產登記簿提供的資料,按車間、部門和固定資產類別,編制「固定資產折舊計算表」。

【例3-6】柳林公司2016年5月編製的固定資產折舊計算表(見表3-2)。

表3-2　　　　　　　　　固定資產折舊計算匯總表

2016年5月　　　　　　　　　　　　　　　　單位:元

使用部門	類別	上月折舊額	上月增加			上月減少及上月已提足折舊			本月折舊額
			原值	折舊率	折舊額	原值	折舊率	折舊額	
一車間	廠房	7,200							7,200
	設備	19,200	600,000	0.60%	3,600				22,800
	小計	26,400	600,000		3,600				30,000
二車間	廠房	6,400							6,400
	設備	24,000				400,000	0.60%	2,400	21,600
	小計	30,400				400,000		2,400	28,000
行政部門	辦公樓	3,400							3,400
	設備	2,100							2,100
	小計	5,500							5,500
租出設備		1,200							1,200
合計		63,500	600,000		3,600	400,000		2,400	64,700

根據上述固定資產折舊計算表,會計處理如下:

借:製造費用　　　　　　　　　　　　　　　　　　　58,000
　　管理費用　　　　　　　　　　　　　　　　　　　5,500
　　其他業務成本　　　　　　　　　　　　　　　　　1,200
　貸:累計折舊　　　　　　　　　　　　　　　　　　64,700

5. 固定資產使用壽命、預計淨殘值和折舊方法的復核

企業至少應當於每年每季度終了時,對固定資產的使用壽命、預計淨殘值和折舊方法進行復核。

(二) 固定資產的後續支出

固定資產的後續支出是指固定資產購建完成投入使用後發生的更新改造支出、修理費用等。

後續支出的處理原則為:與固定資產有關的後續支出,符合固定資產確認條件的,應當計入固定資產成本,同時將被替換部分的帳面價值扣除;不符合固定資產確認條件的,發生時直接計入當期損益。

1. 固定資產的修理

修理是固定資產管理的重要內容。在固定資產長期使用中，由於各組成部分耐用、磨損程度不同，使用條件各異，再加上管理存在問題等，都可能造成某些零部件損壞。若不及時修理或保養，則很難使固定資產處於正常工作狀態，甚至帶來嚴重危害。

固定資產的修理費用等支出只是確保固定資產的正常工作，一般不會產生未來的經濟利益。因此不符合固定資產的確認條件，在發生時直接計入當期損益。企業生產車間和行政管理部門等發生的固定資產修理費用記入「管理費用」；企業設置專設銷售機構的，其發生的與專設銷售機構相關的固定資產修理費用記入「銷售費用」。

【例3-7】2016年10月柳林公司行政辦公樓的窗子被大風損壞，由修理工人領用修理材料價值200元，發生修理工人工資20元。會計處理如下：

借：管理費用　　　　　　　　　　　　　　　　　　　　　　　254
　　貸：原材料　　　　　　　　　　　　　　　　　　　　　　200
　　　　應交稅費——應交增值稅（進項稅額轉出）　　　　　　34
　　　　應付職工薪酬　　　　　　　　　　　　　　　　　　　20

2. 固定資產的更新改造

固定資產的更新改造，包括改建與擴建。其動因是為了適應市場競爭和發展的需要，以較少支出來達到獲取良好的企業效益和社會效益的目的。一般而言，通過更新改造後，生產能力大大提高，能夠為企業帶來更多的經濟利益，改擴建的支出金額也能可靠計量，因此符合固定資產的確認條件，應計入固定資產成本，這與固定資產修理不同。更新改造必須具備以下條件之一：①使固定資產的使用年限延長；②使固定資產的生產能力增加；③使產品質量提高；④使企業生產成本降低；⑤使產品品種、性能等發生良好變化；⑥使企業經營管理環境或條件改善。

企業固定資產在更新改造期間一般不提取折舊，企業一般應該將固定資產的原價、已計提的累計折舊和減值準備轉銷，將固定資產的帳面價值轉入在建工程，並在此基礎上重新確定固定資產原價。

四、固定資產清查及處置

1. 固定資產的清查

由於固定資產種類多、結構複雜、存放地點及用途各異，如果管理製度不嚴密可能造成帳實不符，甚至被損壞。為此應至少每年組織一次，對固定資產全面盤點。其目的不僅是保護它的安全完整，做到帳實相符；更重要的是為了掌握固定資產有效利用情況，該修的要準備修理，該處置的應及時處置，未使用的應盡早投入使用。總之減少無效資源占用與提高固定資產使用效率，是固定資產管理的重要內容。

清查中發現盤盈的固定資產與存貨相比，較為少見，應當按照前期差錯更正處理。在按管理權限報經批准處理前應當按照重置價值通過「以前年度損益調整」科目核算。

【例3-8】柳林公司2016年年末清查發現有一臺在用設備無帳面記錄，通過對市場進行調查如果重新購置該項新的設備需要支付16,000元，經過技術鑒定該設備只有六成新。會計處理如下：

借：固定資產　　　　　　　　　　　　　　　　　　　　　　　　　9,600
　　貸：以前年度損益調整　　　　　　　　　　　　　　　　　　　9,600

清查中發現盤虧的固定資產應將其帳面價值轉銷，在按管理權限報經批准處理前，應先通過「待處理財產損溢」科目核算。

【例3-9】柳林公司2016年年末清查發現有一臺在車間替換的設備不知去向，該設備原值8,000元，已提折舊3,800元，經上級批准決定由主要直接責任者賠償600元。會計處理如下：

①報請上級處理前
借：累計折舊　　　　　　　　　　　　　　　　　　　　　　　　3,800
　　待處理財產損溢——待處理固定資產損溢　　　　　　　　　　4,200
　　貸：固定資產　　　　　　　　　　　　　　　　　　　　　　 8,000

②批准後
借：其他應收款　　　　　　　　　　　　　　　　　　　　　　　 600
　　營業外支出　　　　　　　　　　　　　　　　　　　　　　　 3,600
　　貸：待處理財產損溢——待處理固定資產損溢　　　　　　　　 4,200

2. 固定資產處置

（1）固定資產處置的性質及步驟

固定資產的處置，是指對固定資產退出現有工作狀態所進行的處理。

固定資產退出現有工作狀態的原因較多，一般分為主動退出和被動退出兩大類。主動退出的目的是為了滿足企業某種需要而把固定資產轉讓給外單位，一般有對外投資，對外捐贈及與其他企業進行資產交換等，這些都要辦理產權移交手續。被動退出的原因一般有：①由於技術過時或生產任務改變等原因，使固定資產不再適用而被出售；②火災、水災、地震、法庭判決等非正常退出；③固定資產正常報廢而退出現有工作狀態。

本章所涉及的固定資產處置，包括固定資產的出售、轉讓、報廢和毀損、對外投資、非貨幣性資產交換、債務重組等。固定資產處置一般通過「固定資產清理」科目核算。固定資產清理業務和步驟如下：

①辦理固定資產清理手續。固定資產清理首先要有清理的報告，或取得清理的憑據、決定；然後抽出固定資產卡片，計算清理項目的累計折舊。

②註銷固定資產和累計折舊及固定資產減值準備的帳面金額，將固定資產淨值轉入「固定資產清理」帳戶。

③將清理過程中發生的拆卸、搬運等人工和其他費用，以及交納的稅金等，列入固定資產的清理支出。

④將固定資產出售、報廢毀損收回的殘值等變價收入、保險賠償或責任賠償的收入等，列入固定資產的清理收入。

⑤確認固定資產清理的淨損益。企業固定資產的清理過程，同時也是清理損益的確認過程。固定資產清理結束時，應將「固定資產清理」帳戶轉入的淨值和發生的各種清理費支出，與發生的各種清理收入進行對比，並將清理損益轉入營業外收支。

（2）固定資產終止確認的條件

固定資產滿足下列條件之一的應當終止確認：

①固定資產處於處置狀態。處於處置狀態的固定資產不再用於生產商品、提供勞務、出租或經營管理，因此不再符合固定資產的定義，應予終止確認。

②固定資產預期通過使用或處置不能產生經濟利益。固定資產確認條件之一是「與該固定資產有關的經濟利益很可能流入企業」，如果一項固定資產預期通過使用或處置不能產生經濟利益，那麼它就不再符合固定資產的定義和確認條件，應予終止確認。

（3）固定資產處置的帳務處理

企業出售、轉讓、報廢固定資產或發生固定資產毀損，應當將處置收入扣除帳面價值和相關稅費後的金額計入當期損益。

【例3-10】2016年12月31日，柳林公司某設備因遭受火災發生嚴重毀損，於是該公司決定對其進行處置。該設備原價300萬元，已計提折舊40萬元和資產減值準備20萬元，處置時取得殘料變價收入10萬元，保險公司賠償款30萬元，發生清理費用3萬元。款項均以銀行存款收付，不考慮其他相關稅費。

①借：固定資產清理　　　　　　　　　　　　　　2,400,000
　　　累計折舊　　　　　　　　　　　　　　　　　400,000
　　　固定資產減值準備　　　　　　　　　　　　　200,000
　　　貸：固定資產　　　　　　　　　　　　　　　　　3,000,000
②借：銀行存款　　　　　　　　　　　　　　　　　400,000
　　　貸：固定資產清理　　　　　　　　　　　　　　　400,000
③借：固定資產清理　　　　　　　　　　　　　　　30,000
　　　貸：銀行存款　　　　　　　　　　　　　　　　　30,000
④借：營業外支出　　　　　　　　　　　　　　　2,030,000
　　　貸：固定資產清理　　　　　　　　　　　　　　2,030,000

第二節　無形資產

一、無形資產的性質、特點、確認條件和分類

（一）無形資產性質及特點

無形資產是指企業擁有或控制的沒有實物形態的可辨認非貨幣性資產，主要包括專利權、非專利技術、商標權、著作權、土地使用權、特許權等。無形資產具有以下基本特徵：

（1）無形資產應當為企業擁有或控制並能為其帶來未來經濟利益。

（2）無形資產是一種沒有實物形態但卻可以辨認的資產。不具有獨立的物質實體，是無形資產區別於其他資產的顯著標誌。

雖然無形資產沒有實物形態，但是卻可以辨認，該資產必須是能夠區別於其他資產可單獨辨認的，正是因為它的可辨認性，才確定了無形資產的存在。這一特徵主要區別於商譽等經濟資源。符合以下條件之一的，則認為其具有可辨認性：①能夠從企業中分離或者劃分出來，並能單獨或者與相關合同、資產或負債一起，用於出售、轉移、授予許可、租賃或者交換。某些情況下無形資產可能需要與有關的合同一起用於出售、轉讓等，這種情況下也可視為可辨認無形資產。②產生於合同性權力或其他法定權利，無論這些權利是否可以從企業或其他權利和義務中轉移或分離。

（3） 無形資產是非貨幣性長期資產。

（4） 無形資產所提供的未來經濟效益，具有很大的不確定性。

對無形資產未來的經濟效益估計必須持慎重態度，低估會造成企業現有經濟資源的流失，高估會導致企業長期決策失誤。這一特點決定了無形資產的取得成本必須在其有效持有期內，按系統合理的方式進行分期攤銷。

(二) 無形資產的確認

無形資產應該在符合定義的前提下，同時滿足以下兩個條件時予以確認：

（1） 與該資產有關的經濟利益很可能流入企業。資產最重要的特徵是預期會給企業帶來經濟利益。企業在確認無形資產時，需要判斷與該項資產有關的經濟利益是否很可能流入企業。如果與該項資產有關的經濟利益很可能流入企業，並同時滿足資產確認的其他條件，那麼，企業應將其確認為無形資產；否則，不應將其確認為無形資產。

（2） 該資產的成本能夠可靠地計量。

(三) 無形資產的分類

為了更好地認識和管理無形資產，有必要對無形資產進行科學分類。按照不同的標準，無形資產可以分為以下幾類：

1. 按使用壽命是否確定分類

無形資產分為使用壽命有限和使用壽命不確定兩種。

一般使用壽命有限是指經過申請批准，具有法定有效期限的、有合同依據的或能預見無形資產為企業帶來未來經濟利益期限的無形資產，如土地使用權、商標權、專利權、專營權和版權等；使用壽命不確定的無形資產是指在法律上沒有具體規定有效期限的、無合同依據的或無法預見無形資產為企業帶來未來經濟利益期限的，應當視為使用壽命不確定的無形資產，如非專利技術。

2. 按來源分類

無形資產按其來源，劃分為購入無形資產、自創的無形資產、其他單位或個人投資的無形資產和接受捐贈的無形資產等種類。

這種分類的目的主要有兩個，一是瞭解如何確認無形資產。除自創無形資產之外，其他取得的無形資產，一般都可根據相關資料計入無形資產的成本；而準則將自創無形資產過程分為研究階段與開發階段，根據謹慎性原則和效益性原則要求，準則規定研究階段的支出應當於發生時計入當期損益，開發階段的支出，要滿足一定的條件，

才能予以資本化，計入無形資產的成本，不符合條件的計入當期損益。二是對各類無形資產進行會計處理。無形資產來源不同，會計處理亦有一定的區別。

二、無形資產的初始計量

(一) 無形資產的初始計量原則及核算科目設置

1. 無形資產的初始計量原則

企業取得的無形資產，只有在其經濟利益很可能流入企業且其成本能夠可靠地計量的情況下，才能加以確認。無形資產通常是按實際成本計量，即取得的無形資產並使之達到預定用途而發生的全部支出，作為無形資產的成本。

在會計實務中，鑒於無形資產的特性和確認條件，對於它的入帳價值，應遵循的基本原則是：只有那些與該項無形資產有關，並能客觀確認未來經濟效益的實際費用支出，才能予以資本化，計入無形資產的取得成本，否則只能計入當期損益。

2. 無形資產的核算科目設置

為了監督反應不同來源渠道取得的無形資產的增減變動情況，在核算時主要應設置「無形資產」「研發支出——資本化支出」「研發支出——費用化支出」等科目。

(1)「研發支出——資本化支出」科目主要用於歸集自行開發研究的無形資產，符合資本化條件的，在無形資產達到預定用途前所發生的全部支出。該科目借方登記費用的發生，貸方登記達到預定用途時結轉入「無形資產」構成無形資產成本的數額，餘額在借方反應尚未達到預定用途的無形資產在開發過程中發生的支出。

(2)「研發支出——費用化支出」科目主要用於歸集自行開發研究的無形資產，由於不符合資本化條件不能確認為無形資產的費用。該科目借方登記費用的發生，貸方登記期末結轉入當期損益的數額，一般情況下該科目期末結轉後應無餘額。

(二) 無形資產的初始計量及帳務處理

在會計實務中，由於無形資產取得方式不同，其初始計量方法存在一定差異。

1. 外購無形資產

(1) 外購無形資產的成本，包括購買價款、相關稅費以及直接歸屬於使該項資產達到預定用途所發生的其他支出。

企業外購無形資產，應根據已辦理產權交接手續和實際支付的全部價款，在付款時借記「無形資產」帳戶，貸記「銀行存款」帳戶。

(2) 購買無形資產的價款超過正常信用條件的延期支付，實質上具有融資性質的，無形資產的成本以購買價款的現值為基礎確定。實際支付的價款與購買價款的現值之間的差額，除應予資本化的以外，應當在信用期間內計入當期損益。

企業外購無形資產，價款超過正常信用條件的延期支付，實質上具有融資性質的，在取得該項無形資產時，按照購買價款的現值借記「無形資產」科目，按應付價款貸記「長期應付款」。按二者之間的差額借記「未確認融資費用」，在付款期間內按照實際利率法攤銷。

【例3-11】2016年1月5日，柳林公司從光華公司購買一項商標權。由於柳林公

司資金週轉比較緊張，經與光華公司協議，採用分期付款方式支付款項。合同規定，該項商標權總計600萬元，每年末付款200萬元，三年付清。假定銀行同期貸款利率為10%。為了簡化核算，假定不考慮其他有關稅費，其會計處理如下：

無形資產現值 = $200 \times (1+10\%)^{-1} + 200 \times (1+10\%)^{-2} + 200 \times (1+10\%)^{-3}$
　　　　　　 = 497.370,4（萬元）

未確認融資費用 = 6,000,000 - 4,973,704 = 1,026,296（元）

第一年應確認的融資費用 = 4,973,704 × 10% = 497,370（元）

第二年應確認的融資費用 =（4,973,704 - 2,000,000 + 497,370）× 10%
　　　　　　　　　　　= 347,107（元）

第三年應確認的融資費用 = 1,026,296 - 497,370 - 347,107 = 181,819（元）

2016年1月5日購買該無形資產時：

借：無形資產——商標權	4,973,704
未確認融資費用	1,026,296
貸：長期應付款	6,000,000

2016年底付款時：

借：長期應付款	2,000,000
貸：銀行存款	2,000,000
借：財務費用	497,370
貸：未確認融資費用	497,370

2017年底付款時：

借：長期應付款	2,000,000
貸：銀行存款	2,000,000
借：財務費用	347,107
貸：未確認融資費用	347,107

2018年底付款時：

借：長期應付款	2,000,000
貸：銀行存款	2,000,000
借：財務費用	181,819
貸：未確認融資費用	181,819

2. 自行開發的無形資產

企業內部研究開發項目的支出，應當區分研究階段支出與開發階段支出。研究是指為獲取並理解新的科學或技術知識而進行的獨創性的有計劃調查；開發是指在進行商業性生產或使用前，將研究成果或其他知識應用於某項計劃或設計，以生產出新的或具有實質性改進的材料、裝置、產品等。研究階段的支出，應當於發生時計入當期損益。

自行開發的無形資產的成本應包括自滿足無形資產確認條件後到達到預定用途前所發生的支出總額，但對於以前期間已經費用化的支出不再調整。企業自創商譽以及

內部產生的品牌、報刊名等，不應確認為無形資產。

企業內部研究開發無形資產，研究階段的支出全部費用化，計入當期損益（管理費用）；開發階段的支出符合條件的才能資本化，不符合資本化條件的計入當期損益（首先在研究開發支出中歸集，期末結轉管理費用）。如果確實無法區分研究階段的支出和開發階段的支出，應將其所發生的所有研發支出全部費用化，計入當期損益。具體帳務處理方法如下：

(1) 企業自行開發無形資產發生的研發支出，不滿足資本化條件的，借記「研發支出——費用化支出」科目；滿足資本化條件的，借記「研發支出——資本化支出」科目，貸記「原材料」「應付職工薪酬」「銀行存款」等科目。

(2) 企業以其他方式取得的正在研究開發中的無形資產項目，應按確定的金額借記「研發支出——資本化支出」科目，貸記「銀行存款」等科目。以後發生的研發支出，比照上述第一條的方法進行處理。

(3) 研究開發項目達到預定用途形成無形資產的，應按「研發支出——資本化支出」科目的餘額，借記「無形資產」科目，貸記「研發支出——資本化支出」科目。

【例3-12】柳林公司自行研究開發一項新產品專利技術，在研究開發過程中發生材料費3,000萬元、人工工資1,000萬元，以及其他費用2,000萬元，總計6,000萬元，其中，符合資本化條件的支出為4,000萬元，期末，該專利技術已經達到預定用途。帳務處理如下：

發生研發支出：

借：研發支出——費用化支出　　　　　　　　　　　20,000,000
　　　　　　——資本化支出　　　　　　　　　　　40,000,000
　貸：原材料　　　　　　　　　　　　　　　　　　30,000,000
　　　應付職工薪酬　　　　　　　　　　　　　　　10,000,000
　　　銀行存款　　　　　　　　　　　　　　　　　20,000,000

期末，該專利技術已經達到預定用途：

借：管理費用　　　　　　　　　　　　　　　　　　20,000,000
　　無形資產　　　　　　　　　　　　　　　　　　40,000,000
　貸：研發支出——費用化支出　　　　　　　　　　20,000,000
　　　　　　——資本化支出　　　　　　　　　　　40,000,000

3. 投資者投入的無形資產

投資者投入的無形資產的成本，應按照投資合同或協議約定的價值確定。如果投資合同或協議約定價值不公允，應當按照無形資產的公允價值作為初始成本入帳。

投資者投入的無形資產的成本，應按照投資合同或協議約定的價值加上支付的相關稅費借記「無形資產」科目，按投資合同或協議約定的價值貸記「實收資本」等科目，按支付的相關稅費貸記「銀行存款」等科目。

4. 其他方式取得的無形資產

企業以其他方式取得的無形資產主要有：①通過政府補助取得的無形資產；②非貨幣性資產交換換入的無形資產；③債務重組取得的無形資產；④通過企業合併取得

的無形資產等。這些方式取得的無形資產，按照相關準則的規定處理。

三、無形資產的後續計量

準則規定，對使用壽命有限的無形資產，應當在其預計的使用壽命期內採用系統合理的方法對應攤銷金額進行攤銷；對使用壽命不確定的無形資產不予攤銷，只記減值。因此，要對無形資產進行攤銷，就要確定該無形資產的壽命是有限的還是無限的。這裡有三個問題需要解決：一是攤銷期的確定；二是攤銷金額的確定；三是攤銷方法的確定。

1. 攤銷期的確定

準則規定，企業攤銷無形資產，應當自無形資產可供使用時起，至不再作為無形資產確認時止。即無形資產攤銷的起始和停止日期為：當月增加的無形資產，當月開始攤銷；當月減少的無形資產，當月不再攤銷。

由於無形資產的使用壽命是否有限直接決定著該項無形資產是否需要攤銷，而且，對於使用壽命有限的無形資產的攤銷期的確定必須依賴於該項無形資產的使用壽命。

無法預見無形資產為企業帶來未來經濟利益期限的，應當視為使用壽命不確定的無形資產。對於使用壽命不確定的無形資產，在持有期間內不需要攤銷，但應當在每個會計期末進行減值測試，如經減值測試表明已發生減值，則需計提相應的減值準備。

2. 攤銷金額的確定

無形資產的應攤銷金額為其成本扣除預計殘值後的金額。已計提減值準備的無形資產，還應扣除已計提的無形資產減值準備累計金額。無形資產的殘值一般視為零，但下列情況除外：①有第三方承諾在無形資產使用壽命結束時購買該無形資產；②可以根據活躍市場得到預計殘值信息，並且該市場在無形資產使用壽命結束時很可能存在。

3. 攤銷方法及帳務處理

無形資產的攤銷方法包括直線法、生產總量法等。企業選擇的無形資產攤銷方法，應當反應與該項無形資產有關的經濟利益的預期實現方式，並一致地運用於不同的會計期間。如有特定產量限制的專利權，應採用產量法進行攤銷；受技術陳舊因素影響較大的專利權和專有技術等無形資產，可採用類似固定資產加速折舊的方法進行攤銷。無法可靠確定預期實現方式的，應當採用直線法攤銷。

無形資產的攤銷金額一般應當計入當期損益，無形資產攤銷時，按每期應攤銷金額，借記「管理費用」，貸記「累計攤銷」。但如果某項無形資產是專門用於生產某種產品或者其他資產，其所包含的經濟利益是通過轉入到所生產的產品或其他資產中實現的，則無形資產的攤銷費用應當計入相關資產的成本。例如，某項專門用於生產過程中的專利技術，其攤銷費用應計入生產該產品的製造費用，最後歸集到該產品的生產成本中。

【例3-13】柳林公司一項專利權價值36萬元，專利權預計使用年限為10年。按直線法攤銷，則每月應攤銷無形資產3,000元（360,000÷10÷12＝3,000元）。

每月對該項專利權攤銷時的會計處理如下：

借：管理費用——無形資產攤銷　　　　　　　　　　　　　　　　3,000

貸：累計攤銷——專利權　　　　　　　　　　　　　　　　　　　3,000

四、無形資產的處置

(一) 無形資產的轉讓

　　無形資產是一種很有潛力的特殊經濟資源，在不影響企業經營前提下，盡可能將這一有限資源對外轉讓。這不僅能實現企業經營效益最大化目標，而且也能充分發揮無形資產的社會效益。無形資產轉讓方式有兩種：一是轉讓所有權（出售），二是轉讓使用權（出租）。

　　1. 無形資產的出售

　　無形資產所有權的轉讓，實質是出售無形資產。所有權是指企業依法對擁有資產享有的佔有、使用和收益處置的權利。出售無形資產應將所取得的價款與該無形資產帳面價值的差額計入當期損益。出售無形資產時，應按實際收到的金額，借記「銀行存款」等科目；按已計提的累計攤銷，借記「累計攤銷」科目；原已計提減值準備的，借記「無形資產減值準備」科目；按應支付的相關稅費，貸記「應交稅費」等科目；按其帳面餘額，貸記「無形資產」科目；按其差額貸記「營業外收入——處置非流動資產利得」科目或借記「營業外支出——處置非流動資產損失」科目。

　　【例3-14】柳林公司2016年將F3專利權出售給其他單位，雙方按合同協議已收付款800萬元，應納營業稅等相關稅費40萬元，該項專利取得的成本為1,200萬元，已攤銷金額為400萬元，已計提的減值準備為100萬元。會計處理如下：

　　借：銀行存款　　　　　　　　　　　　　　　　　　　　　　8,000,000
　　　　累計攤銷　　　　　　　　　　　　　　　　　　　　　　4,000,000
　　　　無形資產減值準備　　　　　　　　　　　　　　　　　　1,000,000
　　　貸：無形資產　　　　　　　　　　　　　　　　　　　　　12,000,000
　　　　　應交稅費——應交營業稅　　　　　　　　　　　　　　　400,000
　　　　　營業外收入——處置非流動資產利得　　　　　　　　　　600,000

　　2. 無形資產的出租

　　企業將擁有除土地使用權外的其他無形資產的部分使用權對外轉讓，即出租無形資產，承租人沒有對無形資產的佔有和收益的處置權利，只有使用該資產的權利和支付租金的義務。出租人不需辦理產權移交手續，只需將取得的租金收入作為其他業務收入，計算本期無形資產的應攤銷數及其交納的營業稅等支出，轉入其他業務成本。無形資產的出租收入應在符合以下條件時予以確認：①與出租交易相關的經濟利益能夠流入企業；②租金收入的金額能夠可靠地計量。同時，租金收入應按合同或協議規定計算確定。確認無形資產的出租收入時，借記「銀行存款」等科目，貸記「其他業務收入」；攤銷出租無形資產的成本與轉讓有關的各種費用支出時，借記「其他業務成本」科目，貸記「累計攤銷」「應交稅費——應交營業稅」等科目。

　　【例3-15】2016年1月1日柳林公司將一項專利技術出租給光華公司使用，該項無形資產帳面餘額為800萬元，攤銷期限為10年，出租合同規定，承租方每銷售一件

用該專利生產的產品,必須支付給出租方 10 元專利技術使用費。假定承租方當年銷售該產品 12 萬件,應交營業稅 8 萬元。柳林公司帳務處理如下:

取得該項專利技術使用費時:

借:銀行存款　　　　　　　　　　　　　　　　　1,200,000
　　貸:其他業務收入　　　　　　　　　　　　　　1,200,000

按年對該項專利技術進行攤銷並計算應交營業稅:

借:其他業務成本　　　　　　　　　　　　　　　　880,000
　　貸:累計攤銷　　　　　　　　　　　　　　　　　800,000
　　　　應交稅費——應交營業稅　　　　　　　　　　80,000

(二) 無形資產的報廢

如果無形資產預期不能為企業帶來經濟利益,如該項無形資產已被其他新技術所替代或超過法律保護期,則不再符合無形資產的定義,應將其報廢並予以轉銷,其帳面價值轉作當期損益。轉銷時,應按已計提的累計攤銷,借記「累計攤銷」科目;按其帳面價值,貸記「無形資產」科目;按其差額,借記「營業外支出」科目。已計提減值準備的,還應同時結轉減值準備。

【例 3-16】柳林公司擁有某項非專利技術,根據市場調研,用其生產的產品已沒有市場,故決定予以轉銷。轉銷時,該項非專利技術帳面餘額為 800 萬元,攤銷期限為 8 年,已攤銷了 5 年。已計提減值準備 100 萬元,假定殘值為零,不考慮其他相關因素。柳林公司帳務處理如下:

借:累計攤銷　　　　　　　　　　　　　　　　　　5,000,000
　　無形資產減值準備　　　　　　　　　　　　　　1,000,000
　　營業外支出——處置無形資產損失　　　　　　　2,000,000
　　貸:無形資產——非專利技術　　　　　　　　　8,000,000

第三節　投資性房地產

一、投資性房地產概述

投資性房地產是指為賺取租金或資本增值,或者兩者兼有而持有的房地產。投資性房地產應當能夠單獨計量和出售。

(一) 投資性房地產的範圍

根據投資性房地產準則的規定,投資性房地產的範圍限定為已出租的土地使用權、持有並準備增值後轉讓的土地使用權、已出租的建築物。

1. 已出租的土地使用權

已出租的土地使用權,是指企業通過出讓或轉讓方式取得的,以經營租賃方式出租的土地使用權。企業取得的土地使用權通常包括在一級市場上以交納土地出讓金的

方式取得的土地使用權,也包括在二級市場上接受其他單位轉讓的土地使用權。對於以經營租賃方式租入土地使用權再轉租給其他單位的,不能確認為投資性房地產。

2. 持有並準備增值後轉讓的土地使用權

持有並準備增值後轉讓的土地使用權,是指企業取得的、準備增值後轉讓的土地使用權。這類土地使用權很可能給企業帶來資本增值收益,符合投資性房地產的定義。例如,企業發生轉產或廠址搬遷,部分土地使用權停止自用,管理層繼續持有這部分土地使用權,待其增值後轉讓以賺取增值收益。按照國家有關規定認定的閒置土地,不屬於持有並準備增值後轉讓的土地使用權,也就不屬於投資性房地產。

3. 已出租的建築物

已出租的建築物是指企業擁有產權的、以經營租賃方式出租的建築物,包括自行建造或開發活動完成後用於出租的建築物。例如,甲公司將其擁有的某棟廠房整體出租給乙公司,租賃期2年。對於甲公司而言,自租賃期開始日起,該棟廠房屬於投資性房地產。企業在判斷和確認已出租的建築物時,應當把握以下要點:

(1)用於出租的建築物是指企業擁有產權的建築物。

(2)已出租的建築物是企業已經與其他方簽訂了租賃協議,約定以經營租賃方式出租的建築物。

(3)企業將建築物出租,按租賃協議向承租人提供的相關輔助服務在整個協議中不重大的應當將該建築物確認為投資性房地產。

(二)不屬於投資性房地產的項目

1. 自用房地產

自用房地產是指為生產商品、提供勞務或者經營管理而持有的房地產,如企業生產經營用的廠房和辦公樓屬於固定資產,企業生產經營用的土地使用權屬於無形資產。自用房地產的特徵在於服務於企業自身的生產經營,其價值會隨著房地產的使用而逐漸轉移到企業的產品或服務中去,通過銷售商品或提供服務為企業帶來經濟利益,在產生現金流量的過程中與企業持有的其他資產密切相關。

2. 作為存貨的房地產

作為存貨的房地產通常是指房地產開發企業在正常經營過程中銷售的或為銷售而正在開發的商品房和土地。這部分房地產屬於房地產開發企業的存貨,其生產、銷售構成企業的主營業務活動,產生的現金流量也與企業的其他資產密切相關。因此,具有存貨性質的房地產不屬於投資性房地產。

從事房地產經營開發的企業依法取得的、用於開發後出售的土地使用權,屬於房地產開發企業的存貨,即使房地產開發企業決定待增值後再轉讓其開發的土地,也不得將其確認為投資性房地產。

(三)投資性房地產的確認

投資性房地產要同時滿足下列條件的,才能予以確認:

(1)與該投資性房地產有關的經濟利益很可能流入企業;

(2)該投資性房地產的成本能夠可靠地計量。

二、投資性房地產的初始計量

根據投資性房地產準則的規定，投資性房地產應當按照成本進行初始確認和計量。

(一) 外購的投資性房地產

外購的投資性房地產的成本，包括購買價款、相關稅費和可直接歸屬於該資產的其他支出。

(二) 自行建造的投資性房地產

自行建造的投資性房地產的成本，包括由建造該項資產達到預定可使用狀態前發生的必要支出。

【例 3－17】2016 年 3 月，柳林公司從其他單位購入一塊土地的使用權，該塊土地使用權的成本為 600 萬元。柳林公司在該塊土地上開始自行建造三棟房屋，計劃一棟用於對外出租，其餘兩棟作為廠房。2016 年 7 月 5 日，購買工程用的各種物資 800,000 元，支付增值稅 136,000 元，物資全部用於房屋建設。支付工程人員工資 150,000 元，為工程發生借款費用 50,000 元。2017 年 8 月，柳林公司預計工程將要完工，與某公司簽訂租賃合同，該工程完工（達到預定可使用狀態）時開始起租。2017 年 9 月，工程完工（達到預定可使用狀態）。柳林公司的帳務處理如下：

(1) 購入土地的使用權

借：無形資產——土地使用權　　　　　　　　　　　6,000,000
　　貸：銀行存款　　　　　　　　　　　　　　　　　6,000,000

(2) 購入工程用的各種物資

借：工程物資　　　　　　　　　　　　　　　　　　　936,000
　　貸：銀行存款　　　　　　　　　　　　　　　　　　936,000

(3) 工程領用工程物資

借：在建工程　　　　　　　　　　　　　　　　　　　936,000
　　貸：工程物資　　　　　　　　　　　　　　　　　　936,000

(4) 支付工程人員工資

借：在建工程　　　　　　　　　　　　　　　　　　　150,000
　　貸：應付職工薪酬　　　　　　　　　　　　　　　　150,000

(5) 工程借款發生借款費用

借：在建工程　　　　　　　　　　　　　　　　　　　　50,000
　　貸：長期借款　　　　　　　　　　　　　　　　　　　50,000

(6) 工程完工（達到預定可使用狀態）

工程造價總額 = 6,000,000 + 936,000 + 150,000 + 50,000 = 7,136,000（元）

投資性房地產工程造價 = 7,136,000/3 = 2,378,666（元）

借：投資性房地產　　　　　　　　　　　　　　　　2,378,666
　　固定資產　　　　　　　　　　　　　　　　　　　4,757,334

貸：在建工程　　　　　　　　　　　　　　　　　　　1,136,000
　　　　無形資產——土地使用權　　　　　　　　　　　　6,000,000

(三) 以其他方式取得的投資性房地產

　　以其他方式取得的投資性房地產的成本，按相關會計準則的規定確定。如：接受投資方式取得的投資性房地產，其成本為雙方的確認價或協商價；債務重組方式取得的投資性房地產，其成本為公允價值；以非貨幣性交易換入的投資性房地產，應以公允價值（或者帳面價值）和應支付的相關稅費作為換入資產的成本。

三、投資性房地產的後續計量

　　投資性房地產在後續計量時，通常應當採用成本模式，滿足特定條件的情況下也可以採用公允價值模式。但是，同一企業只能採用一種模式對所有投資性房地產進行後續計量，不得同時採用兩種計量模式。為保證會計信息的可比性，企業對投資性房地產的計量模式一經確定，不得隨意變更。只有在房地產市場比較成熟、能夠滿足採用公允價值模式條件的情況下，才允許企業對投資性房地產從成本模式計量變更為公允價值模式計量。

　　已採用公允價值模式計量的投資性房地產，不得從公允價值模式轉為成本模式。

(一) 採用成本模式計量的投資性房地產

　　1. 採用成本模式計量的投資性房地產的後續計量

　　成本模式的會計處理比較簡單，主要涉及「投資性房地產」「投資性房地產累計折舊（攤銷）」「投資性房地產減值準備」等科目，可比照「固定資產」「無形資產」「累計折舊」「累計攤銷」「固定資產減值準備」「無形資產減值準備」等相關科目進行處理。

　　採用成本模式進行後續計量的投資性房地產，應當按照固定資產或無形資產的有關規定，按期（月）計提折舊或攤銷，借記「其他業務成本」等科目，貸記「投資性房地產累計折舊（攤銷）」。取得的租金收入，借記「銀行存款」等科目，貸記「其他業務收入」等科目。

　　投資性房地產存在減值跡象的，還應當適用資產減值的有關規定。經減值測試後確定發生減值的，應當計提減值準備，借記「資產減值損失」科目，貸記「投資性房地產減值準備」科目。如果已經計提減值準備的投資性房地產的價值又得以恢復，不得轉回。

　　【例3-18】柳林公司將一棟辦公樓出租給光華公司使用，已確認為投資性房地產，採用成本模式進行後續計量。假設該棟辦公樓的成本為1,800萬元，按照直線法計提折舊，使用壽命為20年，預計淨殘值為零。按照經營租賃合同約定，光華公司每月支付柳林公司租金10萬元。第十年的12月，這棟辦公樓發生減值跡象，經減值測試，其可回收金額為800萬元，以前未計提減值準備。

　　柳林公司的帳務處理如下：

(1) 計提折舊

每月計提折舊 1,800/20/12 = 7.5（萬元）

借：其他業務成本　　　　　　　　　　　　　　　　　　　　75,000
　　貸：投資性房地產累計折舊（攤銷）　　　　　　　　　　　75,000

(2) 確認租金

借：銀行存款（或其他應收款）　　　　　　　　　　　　　　100,000
　　貸：其他業務收入　　　　　　　　　　　　　　　　　　　100,000

(3) 計提減值準備

計提減值準備時，柳林公司辦公樓帳面價值 = 1,800/20 × 10 = 900（萬元）

資產減值損失 = 900 - 800 = 100（萬元）

借：資產減值損失　　　　　　　　　　　　　　　　　　　　1,000,000
　　貸：投資性房地產減值準備　　　　　　　　　　　　　　　1,000,000

2. 與投資性房地產有關的後續支出

(1) 資本化的後續支出

與投資性房地產有關的後續支出，滿足投資性房地產確認條件的應當計入投資性房地產成本。例如，企業為了提高投資性房地產的使用效能，往往需要對投資性房地產進行改建、擴建而使其更加堅固耐用，或者通過裝修而改善其室內裝潢，改擴建或裝修支出滿足確認條件的，應當將其資本化。

【例3-19】2016年3月，柳林公司與光華公司的一項廠房經營租賃合同即將到期，該廠房按照成本模式進行後續計量，原價為3,000萬元，已計提折舊800萬元。為了提高廠房的租金收入，柳林公司決定在租賃期滿後對廠房進行改擴建，並與溫江公司簽訂了經營租賃合同，約定自改擴建完工時將廠房出租給溫江公司。3月15日，與光華公司的租賃合同到期，廠房隨即進入改擴建工程。12月26日，廠房改擴建工程完工，共發生支出160萬元，即日按照租賃合同出租給溫江公司。

本例中，改擴建支出屬於資本化的後續支出，應當計入投資性房地產的成本。

柳林公司的帳務處理如下：

(1) 2016年3月15日，投資性房地產轉入改擴建工程

借：在建工程　　　　　　　　　　　　　　　　　　　　　22,000,000
　　投資性房地產累計折舊（攤銷）　　　　　　　　　　　　8,000,000
　　貸：投資性房地產——廠房　　　　　　　　　　　　　　30,000,000

(2) 2016年3月15日—12月26日

借：在建工程　　　　　　　　　　　　　　　　　　　　　1,600,000
　　貸：銀行存款　　　　　　　　　　　　　　　　　　　　1,600,000

(3) 2016年12月26日，改擴建工程完工

借：投資性房地產——廠房　　　　　　　　　　　　　　　23,600,000
　　貸：在建工程　　　　　　　　　　　　　　　　　　　　23,600,000

(2) 費用化的後續支出

與投資性房地產有關的後續支出，不滿足投資性房地產確認條件的，應當在發生時計入當期損益。

(二) 採用公允價值模式計量的投資性房地產

1. 採用公允價值模式計量的投資性房地產的後續計量

企業只有存在確鑿證據表明其公允價值能夠持續可靠取得的，才允許採用公允價值計量模式。企業一旦選擇公允價值模式，就應當對其所有投資性房地產採用公允價值模式進行後續計量。採用公允價值模式計量投資性房地產，應當同時滿足以下兩個條件：

(1) 投資性房地產所在地有活躍的房地產交易市場；

(2) 企業能夠從房地產交易市場上取得同類或類似房地產的市場價格及其他相關信息，從而對投資性房地產的公允價值作出科學合理的估計。

這兩個條件必須同時具備，缺一不可。

企業可以參照活躍市場上同類或類似房地產的現行市場價格（市場公開報價）來確定投資性房地產的公允價值；無法取得同類或類似房地產現行市場價格的，可以參照活躍市場上同類或類似房地產的最近交易價格，並考慮交易情況、交易日期、所在區域等因素予以確定。

投資性房地產採用公允價值模式計量的，不計提折舊或攤銷，應當以資產負債表日的公允價值計量。資產負債表日，投資性房地產的公允價值高於其帳面餘額的差額，借記「投資性房地產——公允價值變動」科目，貸記「公允價值變動損益」科目，公允價值低於其帳面餘額的差額作相反分錄。

【例3-20】柳林公司是從事房地產經營開發的企業。2016年8月，該公司與光華公司簽訂租賃協議，約定將柳林公司開發的一棟精裝修的寫字樓於開發完成的同時開始租賃給光華公司使用，租賃期限為10年。當年10月1日，該寫字樓開發完成並開始起租，寫字樓的造價為9,000萬元。2016年12月31日，該寫字樓的公允價值為9,300萬元。假設柳林公司對投資性房地產採用公允價值模式計量。

柳林公司的帳務處理如下：

(1) 2016年10月1日，柳林公司開發完成寫字樓並出租：

借：投資性房地產——成本　　　　　　　　　　　　90,000,000
　　貸：生產成本　　　　　　　　　　　　　　　　90,000,000

(2) 2016年12月31日，按照公允價值為基礎調整其帳面價值，公允價值與原帳面價值之間的差額計入當期損益：

借：投資性房地產——公允價值變動　　　　　　　　3,000,000
　　貸：公允價值變動損益　　　　　　　　　　　　3,000,000

(3) 2016年12月31日，該寫字樓的公允價值如果為8,900萬元，公允價值與原帳面價值之間的差額計入當期損益：

借：公允價值變動損益　　　　　　　　　　　　　　1,000,000
　　貸：投資性房地產——公允價值變動　　　　　　1,000,000

2. 與投資性房地產有關的後續支出

（1）資本化的後續支出

與投資性房地產有關的後續支出，滿足投資性房地產確認條件的，應當計入投資性房地產成本。

【例3-21】2016年3月，柳林公司與光華公司的一項廠房經營租賃合同即將到期。為了提高廠房的租金收入，柳林公司決定在租賃期滿後對廠房進行改擴建，並與溫江公司簽訂了經營租賃合同，約定自改擴建完工時將廠房出租給溫江公司。3月15日，與光華公司的租賃合同到期，廠房隨即進入改擴建工程。11月10日，廠房改擴建工程完工，共發生支出150萬元，即日按照租賃合同出租給溫江公司。3月15日廠房帳面餘額為1,200萬元，其中成本1,000萬元，累計公允價值變動200萬元。假設柳林公司對投資性房地產採用公允價值模式計量。

本例中，改擴建支出屬於資本化的後續支出，應當計入投資性房地產的成本。

柳林公司的帳務處理如下：

(1) 2016年3月15日，投資性房地產轉入改擴建工程

借：在建工程　　　　　　　　　　　　　　　　　12,000,000
　　貸：投資性房地產——成本　　　　　　　　　　　10,000,000
　　　　　　　　　　——公允價值變動　　　　　　　2,000,000

(2) 2016年3月15日—11月10日

借：在建工程　　　　　　　　　　　　　　　　　1,500,000
　　貸：銀行存款　　　　　　　　　　　　　　　　1,500,000

(3) 2016年11月10日，改擴建工程完工

借：投資性房地產——成本　　　　　　　　　　　13,500,000
　　貸：在建工程　　　　　　　　　　　　　　　　13,500,000

（2）費用化的後續支出

與投資性房地產有關的後續支出，不滿足投資性房地產確認條件的應當在發生時計入其他業務成本等當期損益。

四、投資性房地產的轉換與處置

(一) 投資性房地產轉換

房地產的轉換，實質上是因房地產用途發生改變而對房地產進行重新分類。企業必須有確鑿證據表明房地產用途發生改變，才能將投資性房地產轉換為非投資性房地產或者將非投資性房地產轉換為投資性房地產。這裡的確鑿證據包括兩個方面：一是企業管理當局應當就改變房地產用途形成正式的書面決議；二是房地產因用途改變發生實際狀態的改變，如從自用狀態改為出租狀態。

1. 在成本模式計量下的轉換

在成本模式下，應當將房地產轉換前的帳面價值作為轉換後的入帳價值。即非投資性房地產轉換為投資性房地產時，應將非投資性房地產的帳面價值作為投資性房地

產的帳面價值；投資性房地產轉換為非投資性房地產時，應將投資性房地產的帳面價值作為非投資性房地產的帳面價值。

（1）非投資性房地產轉換為投資性房地產

①作為存貨的房地產轉換為投資性房地產

作為存貨的房地產轉換為投資性房地產，通常指房地產開發企業將其持有的開發產品以經營租賃的方式出租，存貨相應地轉換為投資性房地產。這種情況下，轉換日為房地產的租賃開始日。租賃期開始日是指承租人有權行使其使用租賃資產權利的日期。

企業將作為存貨的房地產轉換為採用成本模式計量的投資性房地產，應當按該項存貨在轉換日的帳面價值，借記「投資性房地產」科目，原已計提跌價準備的，借記「存貨跌價準備」科目，按其帳面餘額，貸記「開發產品」等科目。

②自用房地產轉換為投資性房地產

企業將原本用於生產商品、提供勞務或者經營管理的房地產改用於出租，應於租賃期開始日，將相應的固定資產或無形資產轉換為投資性房地產。

企業將自用土地使用權或建築物轉換為以成本模式計量的投資性房地產時，應當按該項建築物或土地使用權在轉換日的原價、累計折舊、減值準備等，分別轉入「投資性房地產」「投資性房地產累計折舊（攤銷）」「投資性房地產減值準備」科目，按其帳面餘額，借記「投資性房地產」科目，貸記「固定資產」或「無形資產」科目；按已計提的折舊或攤銷，借記「累計折舊」或「累計攤銷」科目，貸記「投資性房地產累計折舊（攤銷）」科目；原已計提減值準備的，借記「固定資產減值準備」或「無形資產減值準備」科目，貸記「投資性房地產減值準備」科目。

【例3-22】柳林公司擁有一棟辦公樓，用於本企業總部辦公。2016年3月10日，柳林公司與光華公司簽訂了經營租賃協議，將這棟辦公樓整體出租給光華公司使用，租賃期開始日為2016年4月1日，為期5年。2016年4月1日，這棟辦公樓的帳面餘額5,000萬元，已計提折舊300萬元，已計提固定資產減值準備100萬元。

2016年4月1日，柳林公司的帳務處理如下：

借：投資性房地產——寫字樓	50,000,000
累計折舊	3,000,000
固定資產減值準備	1,000,000
貸：固定資產	50,000,000
投資性房地產累計折舊（攤銷）	3,000,000
投資性房地產減值準備	1,000,000

（2）投資性房地產轉換非投資性房地產

企業將原本用於賺取租金或資本增值的房地產改用於生產商品、提供勞務或者經營管理，投資性房地產相應地轉換為固定資產或無形資產。例如，企業將出租的廠房收回，並用於生產本企業的產品。在此種情況下，轉換日為房地產達到自用狀態，企業開始將房地產用於生產商品、提供勞務或者經營管理的日期。

企業將投資性房地產轉換為自用房地產時，應當按該項投資性房地產在轉換日的

帳面餘額、累計折舊、減值準備等，分別轉入「固定資產」「累計折舊」「固定資產減值準備」等科目；按投資性房地產的帳面餘額，借記「固定資產」或「無形資產」科目，貸記「投資性房地產」科目；按已計提的折舊或攤銷，借記「投資性房地產累計折舊（攤銷）」科目，貸記「累計折舊」或「累計攤銷」科目；原已計提減值準備的，借記「投資性房地產減值準備」科目，貸記「固定資產減值準備」或「無形資產減值準備」科目。

【例3-23】2016年8月1日，柳林公司將出租在外的廠房收回，開始用於本企業生產商品。該項房地產在轉換前採用成本模式計量，其帳面淨值3,000萬元，其中，原價5,000萬元，累計已提折舊2,000萬元。

柳林公司的帳務處理如下：

借：固定資產　　　　　　　　　　　　　　　　　　　　　　　50,000,000
　　投資性房地產累計折舊（攤銷）　　　　　　　　　　　　　20,000,000
　貸：投資性房地產——廠房　　　　　　　　　　　　　　　　50,000,000
　　　累計折舊　　　　　　　　　　　　　　　　　　　　　　20,000,000

2. 在公允價值模式計量下的轉換

（1）非投資性房地產轉換為投資性房地產

①作為存貨的房地產轉換為投資性房地產

企業將作為存貨的房地產轉換為採用公允價值模式計量的投資性房地產時，應當按該項房地產在轉換日的公允價值，借記「投資性房地產（成本）」科目；原已計提跌價準備的，借記「存貨跌價準備」科目；按其帳面餘額，貸記「開發產品」等科目。同時，轉換日的公允價值小於帳面價值的，按其差額，借記「公允價值變動損益」科目；轉換日的公允價值大於帳面價值的，按其差額，貸記「其他綜合收益」科目。待該項投資性房地產處置時，因轉換計入其他綜合收益的部分應轉入當期的其他業務收入，借記「其他綜合收益」科目，貸記「其他業務收入」科目。

【例3-24】柳林公司是從事房地產開發業務的企業，2016年3月10日，柳林公司與光華公司簽訂了租賃協議，將其開發的一棟寫字樓出租給光華公司使用，租賃期開始日為2016年4月15日。2016年4月15日，該寫字樓的帳面餘額5,000萬元。該企業採用公允價值模式計量，轉換日該投資性房地產公允價值為5,500萬元。

柳林公司的帳務處理如下：

2016年4月15日

借：投資性房地產——寫字樓　　　　　　　　　　　　　　　　55,000,000
　貸：開發產品　　　　　　　　　　　　　　　　　　　　　　50,000,000
　　　其他綜合收益　　　　　　　　　　　　　　　　　　　　 5,000,000

②自用房地產轉換為投資性房地產

企業將自用房地產轉換為採用公允價值模式計量的投資性房地產時，應當按該項土地使用權或建築物在轉換日的公允價值，借記「投資性房地產（成本）」科目；按已計提的累計攤銷或累計折舊，借記「累計攤銷」或「累計折舊」科目；原已計提減值準備的，借記「無形資產減值準備」「固定資產減值準備」科目；按其帳面餘額，

貸記「固定資產」或「無形資產」科目。同時，轉換日的公允價值小於帳面價值的，按其差額，借記「公允價值變動損益」科目；轉換日的公允價值大於帳面價值的，按其差額，貸記「其他綜合收益」科目。待該項投資性房地產處置時，因轉換計入資本公積的部分應轉入當期的營業收入，借記「其他綜合收益」科目，貸記「其他業務收入」科目。

【例3-25】2016年6月，柳林公司打算搬遷至新建辦公樓，由於原辦公樓處於商業繁華地段，柳林公司準備將其出租，以賺取租金收入。2016年10月，柳林公司完成了搬遷工作，原辦公樓停止自用。2016年12月，柳林公司與光華公司簽訂了租賃協議，將其原辦公樓租賃給光華公司使用，租賃期開始日為2017年1月1日，租賃期限為3年。2017年1月1日，該辦公樓的公允價值為35,000萬元，其原價為5億元，已提折舊14,000萬元，假設柳林公司對投資性房地產採用公允價值模式計量。

柳林公司的帳務處理如下：

柳林公司應當於租賃開始日（2017年1月1日）將自用房地產轉換為投資性房地產。

借：投資性房地產——成本   350,000,000
    公允價值變動損益   10,000,000
    累計折舊   140,000,000
  貸：固定資產   500,000,000

（2）投資性房地產轉換為非投資性房地產（自用房地產）

企業將採用公允價值模式計量的投資性房地產轉換為自用房地產時，應當以其轉換當日的公允價值作為自用房地產的帳面價值，公允價值與原帳面價值的差額計入當期損益。

轉換日，按該項投資性房地產的公允價值，借記「固定資產」或「無形資產」科目；按該項投資性房地產的成本，貸記「投資性房地產——成本」科目；按該項投資性房地產的累計公允價值變動，借記或貸記「投資性房地產——公允價值變動」科目；按其差額，借記或貸記「公允價值變動損益」科目。

【例3-26】2016年10月15日，柳林公司因租賃期滿，將出租的寫字樓收回，準備作為辦公樓用於本企業的行政管理。2016年12月1日，該寫字樓正式開始自用，相應由投資性房地產轉為自用房地產，當日的公允價值為4,800萬元。該項房地產在轉換前採用公允價值模式計量，原帳面價值為4,750萬元，其中：成本為4,500萬元，公允價值變動為增值250萬元。

2016年12月1日，柳林公司的帳務處理如下：

借：固定資產   48,000,000
  貸：投資性房地產——成本   45,000,000
          ——公允價值變動   2,500,000
    公允價值變動損益   500,000

(二) 投資性房地產的處置

當投資性房地產被處置，或者永久退出使用，預計不能從其處置中取得經濟利益時，應當終止確認該項投資性房地產。

企業可以通過對外出售或轉讓的方式處置投資性房地產，取得投資收益。對於那些由於使用而不斷磨損直到最終報廢，或者由於遭受自然災害等非正常損失發生毀損的投資性房地產應當及時進行清理。此外，企業因其他原因，如非貨幣性交易等而減少投資性房地產也屬於投資性房地產的處置。企業出售、轉讓、報廢投資性房地產或者發生投資性房地產毀損，應當將處置收入扣除其帳面價值和相關稅費後的金額計入當期損益。

1. 採用成本模式計量的投資性房地產的處置

處置採用成本模式計量的投資性房地產時，應當按實際收到的金額，借記「銀行存款」等科目，貸記「其他業務收入」科目；按該項投資性房地產的帳面價值，借記「其他業務成本」科目；按其帳面餘額，貸記「投資性房地產」科目；按照已計提的折舊或攤銷，借記「投資性房地產累計折舊（攤銷）」科目；原已計提減值準備的，借記「投資性房地產減值準備」科目。

2. 採用公允價值模式計量的投資性房地產的處置

處置採用公允價值模式計量的投資性房地產時，應當按實際收到的金額，借記「銀行存款」等科目，貸記「其他業務收入」科目；按該項投資性房地產的帳面餘額，借記「其他業務成本」科目；按其成本，貸記「投資性房地產——成本」科目；按其累計公允價值變動，貸記或借記「投資性房地產——公允價值變動」科目。同時，將投資性房地產累計公允價值變動轉入其他業務收入，借記或貸記「公允價值變動損益」科目，貸記或借記「其他業務收入」科目。若存在原轉換日計入其他綜合收益的金額，也一併轉入其他業務收入，借記「其他綜合收益」科目，貸記「其他業務收入」科目。

【例3-27】柳林公司為一家房地產開發企業。2016年3月10日，柳林公司與光華公司簽訂了租賃協議，將其開發的一棟寫字樓出租給光華公司使用，租賃期開始日為2016年4月15日。2016年4月15日，該寫字樓的帳面餘額45,000萬元，公允價值為47,000萬元。2016年12月31日，該項投資性房地產的公允價值為48,000萬元。2017年6月租賃期屆滿，企業收回該項投資性房地產，並以55,000萬元出售，出售款項已收訖。假設柳林公司採用公允價值模式計量。

柳林公司的帳務處理如下：

（1）2016年4月15日，存貨轉換為投資性房地產：

借：投資性房地產——成本		470,000,000
貸：開發產品		450,000,000
其他綜合收益		20,000,000

（2）2016年12月31日，公允價值變動：

借：投資性房地產——公允價值變動		10,000,000
貸：公允價值變動損益		10,000,000

（3）2017年6月，收回並出售投資性房地產：

借：銀行存款		550,000,000
貸：其他業務收入		550,000,000
借：其他業務成本		480,000,000

貸：投資性房地産——成本　　　　　　　　　　　　　　470,000,000
　　　　　　　　　——公允價值變動　　　　　　　　　　　10,000,000
　同時，將投資性房地産累計公允價值變動損益轉入其他業務收入：
　借：公允價值變動損益　　　　　　　　　　　　　　　　10,000,000
　　貸：其他業務收入　　　　　　　　　　　　　　　　　10,000,000
　同時，將轉換時原計入資本公積的部分轉入其他業務收入：
　借：其他綜合收益　　　　　　　　　　　　　　　　　　20,000,000
　　貸：其他業務收入　　　　　　　　　　　　　　　　　20,000,000

本章小結

　　本章主要闡述固定資産、無形資産和投資性房地産的確認、計量及相關的帳務處理問題。主要內容包括：

　　固定資産應當按成本進行初始計量，在其預計使用年限內，應該按照一定方法對固定資産原值扣除預計淨殘值的損耗額進行折舊，影響折舊的因素主要有原始價值、折舊年限和淨殘值，折舊的方法主要有年限平均法、工作量法、年限總和法、雙倍餘額法。固定資産的後續支出的處理原則為：與固定資産有關的後續支出，符合固定資産確認條件的，應當計入固定資産成本，同時將被替換部分的帳面價值扣除；不符合固定資産確認條件的，發生時直接計入當期損益。盤盈的固定資産應當通過「以前年度損益調整」科目按照前期差錯更正處理，盤虧的固定資産應通過「待處理財産損溢」科目將其帳面價值轉銷。固定資産處置一般通過「固定資産清理」科目核算。

　　無形資産通常是按實際成本計量，即取得無形資産並使之達到預定用途而發生的全部支出，作為無形資産的成本。企業內部研究開發項目的支出，應當區分研究階段支出與開發階段支出：研究階段的支出，應當於發生時計入當期損益；開發階段的支出符合條件的才能資本化，不符合資本化條件的計入當期損益。對使用壽命有限的無形資産，應當在其預計的使用壽命期內採用系統合理的方法對應攤銷金額進行攤銷；對使用壽命不確定的無形資産不予攤銷，只記減值。

　　投資性房地産的範圍限定為已出租的土地使用權、持有並準備增值後轉讓的土地使用權、已出租的建築物。投資性房地産應當按照成本進行初始確認和計量，在後續計量時，通常應當採用成本模式，滿足特定條件的情況下也可以採用公允價值模式。已採用公允價值模式計量的投資性房地産，不得從公允價值模式轉為成本模式。

關鍵詞

　　固定資産　固定資産確認　固定資産的成本　棄置費用　固定資産折舊　年限平均法　工作量法　年限總和法　雙倍餘額法　固定資産終止確認　無形資産　投資性房地産　投資性房地産後續計量

本章思考題

1. 固定資產確認的條件是什麼？
2. 固定資產初始計量的原則是什麼？
3. 固定資產折舊方法有哪些？各有什麼特點？
4. 影響折舊的因素有哪些？
5. 無形資產確認的條件是什麼？
6. 無形資產初始計量的原則是什麼？
7. 投資性房地產確認的範圍及條件是什麼？
8. 與投資性房地產有關的後續支出應怎麼處理？
9. 投資性房地產後續計量有哪幾種模式？各自又有什麼特點？
10. 投資性房地產的轉換包含哪些內容？

第四章　金融資産

【學習目的與要求】

本章主要闡述金融資産的分類，金融資産各組成內容的確認、計量和記錄問題。本章的學習要求是：

1. 掌握金融資産的範圍和分類。
2. 掌握貨幣資金和應收款項的內容和會計處理。
3. 掌握交易性金融資産、持有至到期投資、可供出售金融資産的概念和會計處理。

第一節　金融資産概述

金融資産通常是指企業的下列資産：庫存現金、銀行存款、應收帳款、應收票據、其他應收款項、貸款、股權投資、債權投資、衍生金融資産等。

企業應當結合自身業務特點和風險管理要求，將取得的金融資産在初始確認時分為以下幾類：①以公允價值計量且其變動計入當期損益的金融資産；②持有至到期投資；③貸款和應收款項；④可供出售金融資産。

金融資産的計量與其分類密切相關，不同類別的金融資産其初始計量和後續計量採用的計量基礎也不完全相同。因此，金融資産的分類一旦確定，不得隨意改變。

第二節　貨幣資金及應收款項

一、貨幣資金

現金的定義有廣義和狹義之分。廣義的現金是指庫存現金、銀行存款以及其他符合現金定義的票證；狹義的現金僅指庫存現金。本章所提的現金是狹義的現金，即庫存現金。

(一) 庫存現金

1. 現金的內容

根據國務院發布的《現金管理暫行條例》的規定，現金管理製度主要包括以下內容：
(1) 現金的使用範圍
①職工工資、津貼；

②個人勞務報酬；

③根據國家規定頒發給個人的科學技術、文化藝術、體育等各種獎金；

④各種勞保、福利費用以及國家規定對個人的其他支出；

⑤向個人收購農副產品和其他物資的款項；

⑥出差人員必須隨身攜帶的差旅費；

⑦結算起點（1,000元）以下的零星開支；

⑧中國人民銀行確定需要支付現金的其他支出。

除上述情況可以用現金支付外，其他款項的支付應通過銀行轉帳結算。

（2）現金的庫存限額

現金的庫存限額是指為了保證企業日常零星開支的需要，允許企業留存現金的最高數額。這一限額由開戶銀行根據企業的規模大小、日常現金開支的多少、企業距離銀行的遠近以及交通是否便利等實際情況來核定。庫存現金限額一般為3～5天的日常零星開支需要量，邊遠地區和交通不便地區可適當多保留，但不能超過企業15天零星開支所需。核定後的庫存限額企業應嚴格遵守，超過部分應及時送存銀行，庫存現金低於限額時可向銀行提取現金補足。

（3）現金的收支管理

企業收入的現金應及時送存開戶銀行。企業支付現金時，可以從本企業的庫存現金限額中支付，也可從銀行存款帳戶中提取現金支付，但不能用經營業務收入的現金直接支付，即不得「坐支」現金。因特殊情況需要坐支現金的，應事先報經有關部門審查批准，並在核定的範圍和限額內支付。企業從開戶銀行提取現金時，應如實寫明提取現金的用途，由本單位財會部門負責人簽字蓋章，並經開戶銀行審查批准後予以支付。

此外，企業不準用不符合財務製度的憑證頂替庫存現金，即不得「白條頂庫」；不準謊報用途套取現金；不準用銀行帳戶代其他單位和個人存入或支取現金；不準將單位收入的現金以個人名義存入儲蓄；不準保留帳外公款，即不得「公款私存」，不得設置小金庫等。銀行對於違反上述規定的單位，將按照違規金額的一定比例予以處罰。

2. 現金的核算

為了總括反應企業庫存現金的收入、支出和結存情況，應當設置「庫存現金」總分類帳戶。該帳戶的借方記錄企業庫存現金的增加，貸方記錄庫存現金的減少，餘額在借方，表示企業實際持有的庫存現金的金額。

為了加強企業庫存現金的管理，及時反應庫存現金收入、支出和結存的情況，企業應當設置「現金日記帳」，由出納人員根據收、付款憑證，按照經濟業務發生的先後順序逐日逐筆登記。每日終了，應當計算當日的現金收入合計、支出合計和結餘數，並將結餘數與現金實際庫存數核對，做到帳款相符。

月度終了，企業現金日記帳的餘額應當與現金總帳的餘額核對，做到帳帳相符。

3. 現金的清查

企業應對現金進行定期或不定期的清查，以保證現金的安全完整。

現金的清查主要是採用實地盤點的方法。清查時，出納員必須在場。通過實地盤

點確定現金實際庫存數，並將其與現金日記帳的餘額相核對。現金清查的結果應填制「庫存現金盤點報告表」，並由清查人員和出納員共同簽章方能生效。

對清查中發現的有待查明原因的現金短缺或溢餘，應通過「待處理財產損溢」帳戶核算。

屬於現金短缺，應該按照實際短缺的金額借記「待處理財產損溢」帳戶，貸記「庫存現金」；屬於現金溢餘，按照實際溢餘的金額，應借記「庫存現金」，貸記「待處理財產損溢」帳戶。

待查明原因後，對發生現金短缺的處理是：如屬於應由責任人賠償的部分，借記「其他應收款——應收現金短缺款（××責任人）」或「庫存現金」；屬於應由保險公司賠償的部分，借記「其他應收款——應收保險賠款」；屬於無法查明的其他原因，經過批准後，借記「管理費用——現金短缺」。作上述處理時，同時貸記「待處理財產損溢」帳戶。

對發生現金溢餘的處理是：如屬於應支付給有關人員或單位的，貸記「其他應付款——應付現金溢餘款（××個人或單位）」；屬於無法查明的其他原因的現金溢餘，經過批准後，貸記「營業外收入——現金溢餘」。作上述處理時，同時借記「待處理財產損溢」帳戶。

(二) 銀行存款

銀行存款是指企業存放在銀行或其他金融機構的貨幣資金。

1. 銀行存款的管理

按照國家有關規定，凡是獨立核算的單位都必須在當地銀行開設帳戶。

企業在銀行開設的帳戶分為基本存款帳戶、一般存款帳戶、臨時存款帳戶和專用存款帳戶。

基本存款帳戶是企業辦理日常結算和現金收付的帳戶。企業的工資、獎金等現金的支出，只能通過基本存款帳戶辦理。一家企業只能選擇一家銀行開立一個基本存款帳戶。一般存款帳戶是企業在基本存款帳戶以外的銀行借款轉存、與基本存款帳戶的企業不在同一地點的附屬非獨立核算單位的帳戶，企業可通過此帳戶辦理轉帳結算和現金繳存，但不能辦理現金的支取。臨時存款帳戶是企業因臨時經營活動需要開立的帳戶，企業可通過本帳戶辦理轉帳結算和根據國家現金管理的規定辦理現金收付。專用存款帳戶是企業因特定用途需要開立的帳戶。

企業的一切貨幣資金收支，除了在規定的範圍內可以用現金支付外，其餘一律通過銀行存款帳戶辦理轉帳結算。

企業通過銀行辦理轉帳結算時，應遵守中國人民銀行《支付結算辦法》的有關規定，不準簽發沒有資金保證的票據和遠期支票，套取銀行信用；不準簽發、取得和轉讓沒有真實交易和債權債務的票據，套取銀行和他人資金；不準無理拒絕付款，任意佔用他人資金；不準違反規定開立和使用帳戶。

2. 銀行結算方式

根據中國人民銀行《支付結算辦法》的有關規定，現行銀行轉帳結算方式主要包

括銀行匯票、商業匯票、銀行本票、支票、匯兌、委託收款、異地托收承付、信用卡和信用證九種。

3. 銀行存款的核算

為了總括反應企業銀行存款的增加、減少和結存情況，應該設置「銀行存款」總分類帳戶進行核算。在各種支付結算方式下，存入或轉入款項時，借記「銀行存款」帳戶，貸記有關帳戶；提取或支付在銀行的存款時，借記有關帳戶，貸記「銀行存款」帳戶；該帳戶期末餘額在借方，表示企業期末銀行存款的實際結餘數。

企業應加強對銀行存款的核算和管理，及時掌握銀行存款收付動態以及結存情況，設置「銀行存款日記帳」，進行銀行存款的序時核算。「銀行存款日記帳」由企業出納人員根據收付款憑證，按照經濟業務發生的先後順序逐日逐筆登記，並隨時結出餘額。銀行存款日記帳應定期與銀行對帳單核對。月份終了時，銀行存款日記帳餘額必須與銀行存款總帳餘額核對相符。

4. 銀行存款的清查

為了保證企業銀行存款帳目的正確性，查明銀行存款的實際餘額，企業必須對銀行存款定期進行清查。銀行存款的清查是採用與開戶銀行核對帳目的方法進行，即將企業登記的「銀行存款日記帳」與開戶銀行送來的對帳單逐筆進行核對，至少每月應核對一次。通過核對，若雙方餘額相符，則說明基本正確；若發現雙方餘額不相符，其原因一般有兩種：一是雙方各自的記帳過程中出現錯誤；二是由於未達帳項所致。

未達帳項是指企業與銀行對同一筆收付款業務，由於結算憑證在傳遞時間上的差異，使得一方先得到結算憑證已經入帳，另一方尚未取得結算憑證而未入帳的項目。未達帳項的情況有以下四種：

（1）企業已經收款入帳，而銀行尚未收款入帳；
（2）企業已經付款入帳，而銀行尚未付款入帳；
（3）銀行已經收款入帳，而企業尚未收款入帳；
（4）銀行已經付款入帳，而企業尚未付款入帳。

企業在將銀行存款日記帳與開戶銀行對帳單核對發現未達帳項時，可以通過編制「銀行存款餘額調節表」對雙方的餘額進行調節，即根據核對中發現的未達帳項填制在「銀行存款餘額調節表」內，若調節後雙方餘額一致，則表明記帳正確；若調節後雙方餘額仍不相符，則說明雙方記帳過程可能存在錯誤，需要進一步查明錯誤所在，加以更正。

「銀行存款餘額調節表」的編制方法舉例如下：

【例4－1】2016年9月30日，柳林公司「銀行存款日記帳」的帳面餘額為834,028元，開戶銀行對帳單餘額為841,250元。經逐筆核對，發現有下列未達帳項：

①公司收到客戶支付貨款11,500元的轉帳支票，銀行尚未入帳；
②銀行已代公司支付到期貨款10,028元，公司尚未入帳；
③銀行已收到外單位匯來產品貨款26,000元，公司尚未入帳；
④公司開出轉帳支票支付諮詢費2,750元，持票人尚未到銀行辦理轉帳手續。

根據上述資料編制「銀行存款餘額調節表」見表4－1。

表 4-1 　　　　　　　　　　銀行存款餘額調節表

2016 年 9 月 30 日　　　　　　　　　　金額單位：元

項目	金額	項目	金額
公司銀行存款日記帳餘額	834,028	銀行對帳單餘額	841,250
加：銀行已收，企業未收	26,000	加：企業已收，銀行未收	11,500
減：銀行已付，企業未付	10,028	減：企業已付，銀行未付	2,750
調節後餘額	850,000	調節後餘額	850,000

需要說明的是，「銀行存款餘額調節表」只能用來與開戶銀行對帳單餘額進行核對，檢查其帳戶記錄是否一致，不能據此來更改企業「銀行存款日記帳」或更改開戶銀行對帳單的記錄。對於未達帳項的入帳只有當結算憑證達到並具有相關的記帳憑證後才能進行。

(三) 其他貨幣資金

1. 其他貨幣資金的內容

其他貨幣資金是指企業除庫存現金、銀行存款以外的各種貨幣資金，包括外埠存款、銀行匯票存款、銀行本票存款、信用卡存款、信用證保證金存款、存出投資款等。

外埠存款是指企業到外地進行臨時或零星採購時，匯往採購地銀行開立採購專戶的款項。

銀行匯票存款是指企業為取得銀行匯票按規定存入銀行的款項。

銀行本票存款是指企業為取得銀行本票按規定存入銀行的款項。

信用卡存款是指企業為取得信用卡按規定存入銀行信用卡專戶的款項。

信用證保證金存款是指採用信用證結算方式的企業為開具信用證而存入銀行信用證保證金專戶的款項。

存出投資款是指企業已經存入證券公司但尚未進行投資的資金。

2. 其他貨幣資金的核算

為了核算其他貨幣資金的增減變化和結存情況，應當設置「其他貨幣資金」總分類帳戶，帳戶的借方記錄其他貨幣資金的增加，貸方記錄其他貨幣資金的減少，期末餘額在借方，反應企業實際持有的其他貨幣資金。同時，按照其他貨幣資金反應的內容分別設置「外埠存款」「銀行匯票存款」「銀行本票存款」「信用卡存款」「信用證保證金存款」和「存出投資款」等明細分類帳戶，進行明細分類核算。

二、貸款和應收款項

(一) 貸款和應收款項概述

貸款和應收款項是指在活躍市場中沒有報價、回收金額固定或可確定的非衍生金融資產。

貸款和應收款項泛指一類金融資產，包括金融企業發放的貸款和其他債權、非金融企業持有的現金和銀行存款、銷售商品或提供勞務形成的應收款項、持有的其他企

業的債權（不包括在活躍市場上有報價的債務工具）等，只要符合貸款和應收款項的定義，可以劃分為這一類。劃分為貸款和應收款項的金融資產，與劃分為持有至到期投資的金融資產，其主要區別在於前者不是在活躍市場上有報價的金融資產。

由於本教材主要針對非金融企業，因此下面主要介紹非金融企業應收票據和應收款項的會計處理。

(二) 應收票據

應收票據是指企業因銷售商品、提供勞務等收到的、尚未到期兌現的商業匯票。

商業匯票按其承兌人不同分為商業承兌匯票和銀行承兌匯票，按其是否帶息分為帶息商業匯票和不帶息商業匯票。帶息票據指票據上註明了利率，到期除按票據面額收款外，還要收取利息；不帶息票據是指票據上沒有註明利率，票據到期時只能按面額收回款項。

應收票據入帳價值的確定有兩種方法：一種是按照票據的面值確定，另一種是按照票據的未來現金流量的現值確定。由於中國目前允許使用的商業匯票的期限一般較短（最長6個月），利息金額相對來說不大，為了簡化核算，應收票據一般按其面值計價入帳。對於帶息票據，應於期末（主要指中期期末和年度終了）按應收票據的票面價值和確定的利率計提利息，計提的利息應增加應收票據的帳面價值。

1. 應收票據利息及到期日的計算

應收票據利息的計算公式為：

票據利息＝票據面值×票面利率×時間

在計算票據利息時，應注意利率和時間要一致。利率一般為年利率，時間如果是按月或按天表示的，應將其調整為一致。按月表示的除以12換算成月利率，按天表示的除以360換算成日利率。

應收票據到期日的確定，如果票據期限是按月表示的，應以到期月份中與出票日的同日為到期日。如5月10日簽發的兩月期票據，到期日為7月10日。月末簽發的票據，到期月份的天數少於出票月份，應以到期月份的末日為到期日。如果票據期限是按天表示的，應按實際天數計算，出票日和到期日只能算其中一天，通常「算尾不算頭」。如5月10日簽發的60天票據，到期日為7月9日。

2. 應收票據一般業務的會計處理

為了反應企業的應收票據的取得和收回情況，企業應設置「應收票據」帳戶。該帳戶的借方登記企業因銷售商品、提供勞務等收到的商業匯票的面值及期末（中期或年終）計提的帶息票據的利息；貸方登記商業匯票的到期收回、背書轉讓以及貼現的金額；借方餘額表示尚未收回的票據價值。

(1) 銷售商品，收到票據

【例4-2】柳林公司銷售一批商品給光華公司，貨已發出，增值稅專用發票上註明的商品價款為100,000元，增值稅銷項稅額為17,000元，當日收到光華公司簽發的不帶息商業承兌匯票一張，該票據期限為3個月。

借：應收票據　　　　　　　　　　　　　　　　　　　117,000
　　貸：主營業務收入　　　　　　　　　　　　　　　100,000
　　　　應交稅費——應交增值稅（銷項稅額）　　　　17,000
（2）票據到期，收到票款
【例4-3】續【例4-2】，3個月後柳林公司持有的光華公司票據到期，如期收回票款存入銀行。
借：銀行存款　　　　　　　　　　　　　　　　　　117,000
　　貸：應收票據　　　　　　　　　　　　　　　　　117,000

3. 應收票據貼現

（1）應收票據貼現的性質

企業持有的應收票據在到期前，如果出現資金短缺，可以向銀行申請貼現，以獲得所需資金。所謂應收票據貼現，是指票據持有人將未到期的票據在背書後轉讓給銀行，銀行受理後，從票據中扣除按銀行貼現率計算的貼現利息，然後將餘款付給持票人的行為。貼現實質上是融通資金的一種形式。

（2）應收票據貼現的計算和帳務處理

應收票據貼現的計算步驟為：第一步，計算票據的到期值。不帶息票據到期值等於其面值。帶息票據到期值＝票據面值＋利息。第二步，計算貼現期。貼現期是指從貼現日起至票據到期日止實際經過的天數。第三步，計算貼現息。貼現息＝票據到期值×貼現率×貼現期。第四步，計算貼現淨額。貼現淨額＝票據到期值－貼現息。

（三）應收帳款

1. 應收帳款概述

應收帳款指企業因銷售商品或提供勞務而應向購貨單位或接受勞務單位收取的款項，它代表企業獲得未來經濟利益（未來現金流入）的權利。

在市場經濟條件下，商業信用日趨發達，企業發生的應收帳款越來越多。應收帳款是由於企業賒銷而形成的，賒銷雖然能擴大銷售量，給企業帶來更多的利潤，但同時也存在著一部分貨款不能收回的風險。因此，在應收帳款的管理上，企業應採用全過程的管理方式：事前應調查客戶的信用狀況，合理制定賒銷額度；事中應按一定比例提取壞帳準備；事後應加強應收帳款的催收。

2. 應收帳款入帳價值的確定

應收帳款作為一種在未來能夠收取的債權，應該按照未來現金流量的現值入帳，但由於應收帳款轉化為現金的期限一般不會超過一年，其現值與交易發生時的金額不會有很大差別，因此在實際工作中，對應收帳款都是以交易日的實際發生額計價入帳。

在確定應收帳款的入帳價值時，應注意商業折扣和現金折扣。

商業折扣是指企業可以從貨品價目單上規定的價格中扣減的一定金額，它是企業的一種促銷手段。商業折扣通常用百分比來表示，如折扣10%、15%、20%等，從貨品價目單中扣減商業折扣後的淨額才是發票金額即實際銷售價格。因此，在存在商業折扣的情況下，企業應收帳款的入帳金額應按扣除商業折扣以後的實際售價加以確認。

現金折扣是指企業為了鼓勵客戶在一定時期內早日償還貨款而給予的一種折扣優待。現金折扣通常表示為：2/10，1/20，N/30 等。其含義為：10 天內付款折扣 2%，20 天內付款折扣 1%，30 天內全價付款。

在現金折扣的情況下，應收帳款入帳價值的確定有兩種方法：總價法和淨價法。所謂總價法，是指將未減除現金折扣前的金額作為應收帳款的入帳金額，把銷售方給予客戶的現金折扣看作是一種理財費用；所謂淨價法，則是將扣減最優現金折扣後的金額作為應收帳款的入帳金額，而把由於客戶超過折扣期付款而多收入的金額，視為理財收入，衝減財務費用。在中國目前的會計實務中，所採用的是總價法。

3. 應收帳款的會計處理

企業因銷售商品、提供勞務等經營活動應收取的款項，應設置「應收帳款」帳戶核算。

該帳戶借方登記企業因銷售商品、提供勞務等應收取的各種款項；貸方登記企業已收回或已轉銷的壞帳損失；期末餘額在借方，反應企業尚未收回的應收帳款。

【例 4-4】柳林公司銷售一批產品給光華公司，價值 20,000 元，規定的現金折扣條件為：2/10，1/20，n/30，適用的增值稅率為 17%，產品交付並辦妥托收手續（現金折扣核算採用總價法）。

（1）銷售實現時：

借：應收帳款　　　　　　　　　　　　　　　　　　　　23,400
　　貸：主營業務收入　　　　　　　　　　　　　　　　　20,000
　　　　應交稅費——應交增值稅（銷項稅額）　　　　　　3,400

（2）如果上述貨款在 10 天內收到，會計分錄如下：

借：銀行存款　　　　　　　　　　　　　　　　　　　　22,932
　　財務費用　　　　　　　　　　　　　　　　　　　　　　468
　　貸：應收帳款　　　　　　　　　　　　　　　　　　　23,400

（3）如果上述貨款在 20 天內收到，會計分錄如下：

借：銀行存款　　　　　　　　　　　　　　　　　　　　23,166
　　財務費用　　　　　　　　　　　　　　　　　　　　　　234
　　貸：應收帳款　　　　　　　　　　　　　　　　　　　23,400

（4）如果超過了現金折扣的最後期限收到貨款，會計分錄如下：

借：銀行存款　　　　　　　　　　　　　　　　　　　　23,400
　　貸：應收帳款　　　　　　　　　　　　　　　　　　　23,400

4. 應收款項的減值

在市場經濟條件下，企業的經營活動存在著大量風險，應收款項在未來是否能夠收回存在著不確定性。當企業應收款項無法收回或收回的可能性極小時意味著應收款項發生了減值即壞帳，由於產生壞帳而給企業造成的損失稱為壞帳損失。根據企業會計準則的規定，企業應在資產負債表日對應收款項的帳面價值進行檢查，有客觀證據表明該應收款項發生減值的，應當確認減值損失，計提減值（壞帳）準備。

(1) 應收款項減值損失的計量

企業應在資產負債表日對應收款項進行減值測試，根據本單位的實際情況分為單項金額重大和非重大的應收款項，分別進行減值測試，計算確定減值損失，計提壞帳準備。

對於單項金額重大的應收款項，應當單獨進行減值測試，有客觀證據表明其發生了減值的，應當根據其未來現金流量現值低於其帳面價值的差額，確認減值損失，計提壞帳準備。

對於單項金額非重大的應收款項以及單獨測試後未發生減值的應收款項，可以採用組合方式進行減值測試，將這些應收款項按類似信用風險特徵劃分為若干組合，再按這些應收款項組合在資產負債表日餘額的一定比例計算確定減值損失，計提壞帳準備。

企業應當根據以前年度與之相同或相類似的、具有類似信用風險特徵的應收款項組合的實際損失率為基礎，結合現時情況確定本期各項組合計提壞帳準備的比例。

(2) 應收款項減值損失的會計處理

對於壞帳損失的會計處理，會計核算上有直接轉銷法和備抵法兩種方法。

直接轉銷法是指在實際發生壞帳時，確認壞帳損失，計入期間費用，同時註銷該筆應收款項，其帳務處理為借記「資產減值損失」，貸記應收款項類帳戶。但這種方法不符合權責發生制，會造成虛增企業利潤和誇大應收款項可變現淨值。

備抵法則是按期估計壞帳損失，計入期間費用，同時提取壞帳準備，待實際發生壞帳損失時，衝減壞帳準備，同時轉銷相應的應收款項金額。採用備抵法核算避免了直接轉銷法的缺點。因此，中國現行會計規範要求企業採用備抵法進行壞帳損失的會計處理。

採用備抵法，企業應當設置「壞帳準備」帳戶，核算應收款項壞帳準備的計提、轉銷等情況。該帳戶貸方登記當期計提的壞帳準備金額，借方登記實際發生的壞帳損失和衝減的壞帳準備金額，期末餘額一般在貸方，反應企業已計提但尚未轉銷的壞帳。

計提壞帳準備的方法主要有餘額百分比法、帳齡分析法等。下面主要以應收帳款為例說明壞帳損失的會計處理。

①餘額百分比法

該方法是按照期末應收帳款餘額的一定百分比估計壞帳損失的方法。採用餘額百分比法計提壞帳準備，可按以下公式計算：

本期應提壞帳準備金額＝應收帳款年末餘額×計提比例

本期實提壞帳準備金額＝本期應提壞帳準備金額－調整前「壞帳準備」貸方餘額

或　本期實提壞帳準備金額＝本期應提壞帳準備金額＋調整前「壞帳準備」借方餘額

相關的會計分錄如下：

A. 計提壞帳準備時

借：資產減值損失

　　貸：壞帳準備

B. 發生壞帳時

借：壞帳準備

　　貸：應收帳款

C. 衝銷的應收帳款又收回時

借：應收帳款

　　貸：壞帳準備

借：銀行存款

　　貸：應收帳款

【例4－5】柳林公司對應收帳款按照餘額百分比法計提壞帳準備，計提比例定為10%。2016年年末應收帳款餘額為250萬元。假設此前沒有計提壞帳準備，則2016年年末計提壞帳準備如下（單位為萬元）：

借：資產減值損失　　　　　　　　　　　　　　　　　250,000

　　貸：壞帳準備　　　　　　　　250,000（2,500,000×10% = 250,000）

2017年12月8日應收帳款中客戶A所欠30萬元無法收回，確認為壞帳，帳務處理如下：

借：壞帳準備　　　　　　　　　　　　　　　　　　　300,000

　　貸：應收帳款——A　　　　　　　　　　　　　　　　300,000

2017年年末，計提壞帳準備前，「壞帳準備」科目為借方餘額5萬元。2017年年末，應收帳款餘額為300萬元，則計提壞帳準備的帳務處理如下：

3,000,000×10% = 300,000（應提額）

300,000 + 50,000 = 350,000（實提額）

借：資產減值損失　　　　　　　　　　　　　　　　　350,000

　　貸：壞帳準備　　　　　　　　　　　　　　　　　　350,000

2018年5月10日，上年已衝銷的壞帳又收回10萬元，帳務處理如下：

借：應收帳款　　　　　　　　　　　　　　　　　　　100,000

　　貸：壞帳準備　　　　　　　　　　　　　　　　　　100,000

借：銀行存款　　　　　　　　　　　　　　　　　　　100,000

　　貸：應收帳款　　　　　　　　　　　　　　　　　　100,000

2018年年末，計提壞帳準備前「壞帳準備」科目為貸方餘額40萬元（30＋10）。2018年年末，應收帳款餘額為450萬元，則計提壞帳準備的帳務處理如下：

4,500,000×10% = 450,000（應提額）

450,000 － 400,000 = 50,000（實提額）

借：資產減值損失　　　　　　　　　　　　　　　　　50,000

　　貸：壞帳準備　　　　　　　　　　　　　　　　　　50,000

②帳齡分析法

帳齡分析法是根據應收帳款帳齡的長短來估計壞帳損失的方法。通常而言，應收帳款的帳齡越長，發生壞帳的可能性越大。為此，將企業的應收帳款按帳齡長短進行

分組，並根據前期壞帳實際發生的有關資料，確定各帳齡組的計提壞帳準備的比例，再將各帳齡組的應收帳款金額乘以對應的計提比例，計算出各組的估計壞帳損失額之和，即為當期的壞帳損失預計金額。

第三節　其他金融資產

一、交易性金融資產

交易性金融資產主要指企業為了近期內出售而持有的金融資產。例如企業以賺取差價為目的從二級市場購入的股票、債券、基金等。

根據企業會計準則對金融資產的分類，交易性金融資產屬於以公允價值計量且其變動計入當期損益的金融資產。

交易性金融資產是以進行交易為目的而持有的，在進行交易前發生的公允價值變動直接影響交易性金融資產的價值。因此，為了使企業會計信息使用者瞭解和掌握交易性金融資產的現有價值，企業應當設置「交易性金融資產」「公允價值變動損益」等帳戶進行核算。

「交易性金融資產」帳戶核算企業為交易目的而持有的股票、債券、基金等交易性金融資產的公允價值。帳戶借方登記交易性金融資產的取得成本、資產負債表日其公允價值高於帳面餘額的差額等；貸方登記資產負債表日其公允價值低於帳面餘額的差額，以及企業出售交易性金融資產時結轉的成本和公允價值變動損益。該帳戶下面分別設置「成本」「公允價值變動」等明細帳戶進行核算。

「公允價值變動損益」帳戶核算企業交易性金融資產等因公允價值變動而形成的應計入當期損益的利得或損失。帳戶貸方登記資產負債表日交易性金融資產公允價值高於帳面餘額的差額，借方登記資產負債表日交易性金融資產公允價值低於帳面餘額的差額。

(一) 交易性金融資產的取得

交易性金融資產應當按照取得時的公允價值作為初始確認金額，相關的交易費用（如印花稅、手續費、佣金等）在發生時計入當期損益。如果實際支付的價款中包含已宣告但尚未發放的現金股利或已到付息期但尚未領取的利息，應當單獨確認為應收項目，不計入交易性金融資產的初始確認金額。

企業取得交易性金融資產時，按取得時的公允價值，借記「交易性金融資產——成本」帳戶；按發生的交易費用，借記「投資收益」帳戶；按實際支付的價款中包含的已宣告但尚未發放的現金股利或已到付息期但尚未領取的利息，借記「應收股利」或「應收利息」帳戶；按實際支付的金額，貸記「銀行存款」帳戶。

【例4-6】2016年3月1日柳林公司從股票市場上購入光華公司股票20,000股作為交易性金融資產，每股買價10元，另支付交易費用1,000元，款項以銀行存款支付。

借：交易性金融資產——成本　　　　　　　　　　　　200,000

投資收益		1,000
貸：銀行存款		201,000

【例4-7】2016年6月30日柳林公司從證券市場上購入光華公司債券，實際支付822,000元，以進行交易為目的，不準備持有至到期。買價中包含已到付息期但尚未領取的利息5,000元，交易費用2,000元，款項以存入證券公司的投資款支付。

借：交易性金融資產——成本		815,000
應收利息		5,000
投資收益		2,000
貸：其他貨幣資金——存出投資款		822,000

(二) 交易性金融資產持有期間的現金股利和利息

　　企業持有交易性金融資產期間，被投資單位宣告發放的現金股利，或在資產負債表日按分期付息、一次還本債券的票面利率計算的利息，應作為交易性金融資產持有期間的投資收益，借記「應收股利」或「應收利息」帳戶，貸記「投資收益」帳戶。

(三) 交易性金融資產的期末計價

　　交易性金融資產在最初取得時，是按取得時的公允價值入帳的，反應企業取得交易性金融資產的實際成本。但交易性金融資產的公允價值是不斷變化的，會計期末的公允價值則代表了交易性金融資產的現時可變現價值。根據會計準則的規定，交易性金融資產的價值應按資產負債表日的公允價值反應，公允價值的變動計入當期損益。

　　資產負債表日，應將交易性金融資產的公允價值與帳面餘額的差額計入當期損益。交易性金融資產的公允價值高於其帳面餘額時，按其差額借記「交易性金融資產——公允價值變動」帳戶，貸記「公允價值變動損益」帳戶；交易性金融資產的公允價值低於其帳面餘額時，應按其差額作相反的分錄。

【例4-8】續【例4-6】，6月30日柳林公司持有的光華公司股票20,000股期末市價為160,000元。

借：公允價值變動損益		40,000
貸：交易性金融資產——公允價值變動		40,000

【例4-9】續【例4-7】，12月31日柳林公司持有的光華公司債券的期末市價為840,000元。

借：交易性金融資產——公允價值變動		25,000
貸：公允價值變動損益		25,000

(四) 交易性金融資產的處置

　　企業處置交易性金融資產時，應按處置後實際收到的價款與交易性金融資產帳面餘額的差額作為處置損益。其中，交易性金融資產的帳面餘額，是指交易性金融資產的初始確認金額加或減公允價值變動的金額。

　　處置交易性金融資產時，企業應按實際收到的金額，借記「銀行存款」等帳戶；按該交易性金融資產的帳面餘額貸記「交易性金融資產」帳戶；按其差額貸記或借記

「投資收益」帳戶。同時，將原計入該交易性金融資產的公允價值變動損益轉出，借記或貸記「公允價值變動損益」帳戶，貸記或借記「投資收益」帳戶。

【例4-10】續【例4-6】、【例4-8】，7月5日柳林公司將光華公司股票20,000股出售，出售淨收入為210,000元，款項已收存銀行。

借：銀行存款	210,000
交易性金融資產——公允價值變動	40,000
貸：交易性金融資產——成本	200,000
投資收益	50,000

同時，將該交易性金融資產持有期間已確認的公允價值變動損益40,000元作為已實現的損益，轉到「投資收益」帳戶。

借：投資收益	40,000
貸：公允價值變動損益	40,000

二、持有至到期投資

持有至到期投資是指到期日固定、回收金額固定或可確定，且企業有明確意圖和能力持有至到期的非衍生金融資產。持有至到期投資通常指債權性的投資，如企業購入的國債、企業債券等。持有至到期投資通常具有長期性質，但期限較短（1年以內）的債券投資，符合持有至到期條件的，也可將其劃分為持有至到期投資。

為了反應企業持有至到期投資的取得、收益、處置等情況，應設置「持有至到期投資」帳戶，該帳戶下面分別設置「成本」「利息調整」「應計利息」等明細帳戶分別進行核算。

（一）持有至到期投資的取得

1. 持有至到期投資的取得方式

企業購入的準備持有至到期投資的債券，其購買方式有三種：按債券面值購入，即平價購入；按高於債券面值的價格購入，即溢價購入；按低於債券面值的價格購入，即折價購入。

債券的溢價、折價，主要是由於債券的票面利率與債券的實際利率不一致造成的。票面利率是債券票面上標明的年利率，是支付利息的標準。實際利率是將金融資產在預計存續期內的未來現金流量，折現為該金融資產當前帳面價值所使用的利率。

當債券票面利率高於實際利率時，債券發行者按債券票面利率會多支付利息，在這種情況下，債券可能會採取溢價發行。這部分溢價差額，相當於債券購買者由於日後會多獲利息而給予債券發行者的利息返還。反之，當債券票面利率低於實際利率時，債券發行者按債券票面利率會少支付利息，在這種情況下，債券可能會採取折價發行，這部分折價差額，相當於債券發行者由於日後會少支付利息而給予債券購買者的利息補償。

2. 持有至到期投資取得的會計處理

取得持有至到期投資時，應當按取得時的公允價值與相關交易費用之和作為初始

確認金額。如果實際支付的價款中包含已到付息期但尚未領取的利息，應當單獨確認為應收項目。

當企業取得持有至到期投資時，應按該投資的面值，借記「持有至到期投資——成本」帳戶；按實際支付的價款中包含的已到付息期但尚未領取的利息，借記「應收利息」帳戶；按實際支付的金額，貸記「銀行存款」帳戶；按其差額，借記或貸記「持有至到期投資——利息調整」帳戶。

【例4-11】柳林公司於2016年1月1日以20,220元的價格購入光華公司當日發行的5年期面值總額為20,000元的公司債券，確認為持有至到期投資，另支付交易費用200元。該債券每年12月31日付息、到期還本，票面年利率為6%。

購入時：

借：持有至到期投資——成本　　　　　　　　　　　　　　　　　20,000
　　　　　　　　　　——利息調整　　　　　　　　　　　　　　　　420
　貸：銀行存款　　　　　　　　　　　　　　　　　　　　　　　20,420

(二) 持有至到期投資持有期間的會計處理

持有至到期投資在持有期間應當按照其攤餘成本和實際利率計算確認各期利息收入，並進行溢價、折價的攤銷。

持有至到期投資如為分期付息、到期一次還本的債券投資，應於資產負債表日按票面利率計算確定應收未收利息，借記「應收利息」帳戶；按持有至到期投資攤餘成本和實際利率計算確定的利息收入，貸記「投資收益」帳戶；按其差額，借記或貸記「持有至到期投資——利息調整」帳戶。

持有至到期投資如為到期一次還本付息的債券投資，應於資產負債表日按票面利率計算確定應收未收利息，借記「持有至到期投資——應計利息」帳戶；按持有至到期投資攤餘成本和實際利率計算確定的利息收入，貸記「投資收益」帳戶；按其差額，借記或貸記「持有至到期投資——利息調整」帳戶。

【例4-12】續【例4-11】，柳林公司對持有的光華公司債券於每年年末採用實際利率法確認利息收入，並進行溢價的攤銷。

該債券的實際利率計算如下：

該債券年利息額 = 20,000 × 6% = 1,200（元）

設實際利率為R，則：

$1,200/(1+R) + 1,200/(1+R)^2 + 1,200/(1+R)^3 + 1,200/(1+R)^4 + 21,200/(1+R)^5 = 20,420$（元）

R的確定可使用插值法計算。

先按5%作為折現率測算。通過查年金現值系數表和複利現值系數表可知，5期、5%的年金現值系數和複利現值系數分別為4.329,5和0.783,5，得出：

R = 5%時，當前帳面價值 = 1,200 × 4.329,5 + 20,000 × 0.783,5 = 20,865.4（元）
　　　　　　　　　　　> 20,420（元）

上式計算結果大於取得光華公司債券的實際成本，說明實際利率大於5%。再按

6%作為折現率測算。通過查表可知，5期、6%的年金現值系數和複利現值系數分別為4.212,4和0.747,3，得出：

$\quad$R＝6%時，當前帳面價值＝1,200×4.212,4＋20,000×0.747,3＝20,000（元）
$$<20,420（元）$$

上式計算結果小於取得光華公司債券的實際成本，說明實際利率小於6%。因此，實際利率介於5%和6%之間。使用插值法計算實際利率如下：

$\quad$R＝5%＋（6%－5%）×（20,865.4－20,420）／（20,865.4－20,000）
＝5.515%

柳林公司持有光華公司債券期間各期投資收益、溢價攤銷和期末攤餘成本見下表。

表4－2 　　　　　　　　　　債券溢價攤銷表

（實際利率法）

計息日期	票面利息 ①＝面值×6%	投資收益 ②＝上一期④×R	溢價攤銷 ③＝①－②	攤餘成本 ④＝上一期④－③
2016.01.01				20,420
2016.12.31	1,200	1,126.16	73.84	20,346.16
2017.12.31	1,200	1,122.09	77.91	20,268.25
2018.12.31	1,200	1,117.79	82.21	20,186.04
2019.12.31	1,200	1,113.26	86.74	20,099.30
2020.12.31	1,200	1,100.7*	99.30	20,000
合計	6,000	5,580	420	—

註：＊含小數點尾差。

根據上表計算結果，柳林公司各年年末編制會計分錄如下：

（1）2016年12月31日，確認利息收入和攤銷溢價：

$\quad$借：應收利息　　　　　　　　　　　　　　　　　　　　　　　1,200
$\quad\quad$貸：投資收益　　　　　　　　　　　　　　　　　　　　　　1,126.16
$\quad\quad\quad$持有至到期投資——利息調整　　　　　　　　　　　　　73.84

（2）收到票面利息：

$\quad$借：銀行存款　　　　　　　　　　　　　　　　　　　　　　　1,200
$\quad\quad$貸：應收利息　　　　　　　　　　　　　　　　　　　　　　1,200

以後各年確認利息收入和攤銷溢價、收取利息的會計分錄以此類推，此略。

（三）持有至到期投資的轉換

企業將持有至到期投資在到期前處置或重分類，通常表明其違背了將投資持有到期的最初意圖。如果處置或重分類的金額占該類投資的金額較大，則企業在處置或重分類後應立即將其剩餘的部分重分類為可供出售金融資產，並以公允價值進行後續計量。重分類日，該投資剩餘部分的帳面價值與其公允價值的差額計入其他綜合收益，在該金融資產發生減值或處置時轉出，計入當期損益（投資收益）。

【例4-13】2016年5月1日，由於利率調整和其他市場因素的影響，柳林公司將持有的原劃分為持有至到期投資的光華公司債券轉換為可供出售金融資產。轉換時，該債券「成本」明細科目2,000萬元，「利息調整」明細科目（借方）37萬元，轉換當日該債券公允價值為2,100萬元。

會計分錄如下：

借：可供出售金融資產——成本　　　　　　　　　　　　　　2,100
　　貸：持有至到期投資——成本　　　　　　　　　　　　　　2,000
　　　　　　　　　　　——利息調整　　　　　　　　　　　　　　37
　　　　　　其他綜合收益　　　　　　　　　　　　　　　　　　63

假設5月20日，柳林公司將持有的光華公司債券全部出售，收取價款2,200萬元，則相關帳務處理為：

借：銀行存款　　　　　　　　　　　　　　　　　　　　　　2,200
　　貸：可供出售金融資產——成本　　　　　　　　　　　　　2,100
　　　　投資收益　　　　　　　　　　　　　　　　　　　　　100
借：其他綜合收益　　　　　　　　　　　　　　　　　　　　　63
　　貸：投資收益　　　　　　　　　　　　　　　　　　　　　63

（四）持有至到期投資的減值

企業應當在資產負債表日對持有至到期投資的帳面價值進行檢查，有客觀證據表明該金融資產發生減值的，應當計提減值準備。持有至到期投資發生減值時，應當將該金融資產的帳面價值減記至預計未來現金流量現值，減記的金額確認為資產減值損失，計入當期損益。按減記的金額，借記「資產減值損失」帳戶，貸記「持有至到期投資減值準備」帳戶。

持有至到期投資確認減值損失後，如有客觀證據表明該金融資產價值已恢復，且客觀上與確認該損失後發生的事項有關，原確認的減值損失應當予以轉回，計入當期損益。但是，該轉回後的帳面價值不應當超過假定不計提減值準備情況下該金融資產在轉回日的攤餘成本。

三、可供出售金融資產

可供出售金融資產是指初始確認時即被指定為可供出售的非衍生金融資產。

金融資產的分類，是企業管理層風險管理、投資決策等意圖的體現。對於在活躍市場上有報價的金融資產，既可劃分為以公允價值計量且其變動計入當期損益的金融資產，也可劃分為可供出售金融資產；如果屬於到期日固定、回收金額固定或可確定的金融資產，則還可劃分為持有至到期投資。

企業應當設置「可供出售金融資產」帳戶，核算持有的可供出售金融資產的公允價值，該帳戶下面分別設置「成本」「利息調整」「應計利息」「公允價值變動」等明細帳戶分別進行核算。

(一) 可供出售金融資產的會計處理

可供出售金融資產的會計處理，與交易性金融資產的會計處理有些類似，例如，均要求按公允價值進行後續計量。但不同之處是：①可供出售金融資產取得時發生的交易費用應當計入初始確認金額；②可供出售金融資產後續計量時公允價值變動計入其他綜合收益。

可供出售金融資產的主要帳務處理如下：

(1) 企業取得可供出售的金融資產，應按其公允價值與交易費用之和，借記「可供出售金融資產——成本」帳戶；按支付的價款中包含的已宣告但尚未發放的現金股利，借記「應收股利」帳戶；按實際支付的金額，貸記「銀行存款」等帳戶。

企業取得可供出售金融資產為債券投資的，應按債券的面值，借記「可供出售金融資產——成本」帳戶；按支付的價款中包含的已到付息期但尚未領取的利息，借記「應收利息」帳戶；按實際支付的金額，貸記「銀行存款」等帳戶；按其差額，借記或貸記「可供出售金融資產——利息調整」帳戶。

(2) 資產負債表日，企業持有的可供出售債券，應按期根據債券票面利率計算確定應收未收利息，借記「應收利息」帳戶（分期付息、一次還本債券）或「可供出售金融資產——應計利息」帳戶（到期一次還本付息債券）；按可供出售債券的攤餘成本和實際利率計算確定的利息收入，貸記「投資收益」帳戶；按其差額，借記或貸記「可供出售金融資產——利息調整」帳戶。

(3) 資產負債表日，可供出售金融資產的公允價值高於其帳面餘額的差額，借記「可供出售金融資產——公允價值變動」帳戶，貸記「其他綜合收益」帳戶；公允價值低於其帳面餘額的差額，做相反的會計分錄。

(4) 出售可供出售金融資產時，應按實際收到的金額，借記「銀行存款」等帳戶；按其帳面餘額，貸記「可供出售金融資產——成本、應計利息」帳戶，貸記或借記「可供出售金融資產——公允價值變動、利息調整」帳戶；按應從其他綜合收益中轉出的公允價值累計變動額，借記或貸記「其他綜合收益」帳戶；按其差額，貸記或借記「投資收益」帳戶。

【例4-14】柳林公司於2016年7月1日購入股票100,000股，每股市價15元，交易費用20,000元。該股票為可供出售金融資產。柳林公司至2016年12月31日仍持有該股票，當時的市價為每股18元。2017年1月21日，柳林公司將該股票出售，售價為每股13元，另支付交易費用10,000元。柳林公司有關帳務處理如下：

(1) 2016年7月1日購入股票

借：可供出售金融資產——成本	1,520,000
貸：銀行存款	1,520,000

(2) 2016年12月31日期末計價

借：可供出售金融資產——公允價值變動	280,000
貸：其他綜合收益	280,000

(3) 2017年1月21日出售股票

借：銀行存款 1,290,000
　　其他綜合收益 280,000
　　投資收益 230,000
　貸：可供出售金融資產——成本 1,520,000
　　　　——公允價值變動 280,000

(二) 可供出售金融資產的減值

按照企業會計準則，企業應當在資產負債表日對以公允價值計量且其變動計入當期損益的金融資產（交易性金融資產）以外的金融資產的帳面價值進行檢查，有客觀證據表明該金融資產發生減值的，應當計提減值準備。交易性金融資產其公允價值的變動已計入持有期間的損益，故不用計提減值準備。

1. 可供出售金融資產減值損失的計量

可供出售金融資產發生減值時，即使該金融資產沒有終止確認，原直接計入其他綜合收益的因公允價值下降形成的累計損失，也應當予以轉出，計入當期損益。該轉出的累計損失，為可供出售金融資產的初始取得成本扣除已收回本金和已攤銷金額、當前公允價值和原已計入損益的減值損失後的餘額。

對於已確認減值損失的可供出售債務工具，在隨後的會計期間公允價值已上升且客觀上與原減值損失確認後發生的事項有關的，原確認的減值損失應當予以轉回，計入當期損益（資產減值損失）。

可供出售權益工具投資發生的減值損失，不得通過損益轉回，但可通過其他綜合收益轉回。但是，在活躍市場中沒有報價且其公允價值不能可靠計量的權益工具投資，或與該權益工具掛鉤並須通過交付該權益工具結算的衍生金融資產發生的減值損失，不得轉回。

可供出售金融資產發生減值後，利息收入應當按照確定減值損失時對未來現金流量進行折現採用的折現率作為利率計算確認。

2. 可供出售金融資產減值損失的會計處理

根據金融工具確認和計量準則確定可供出售金融資產發生減值的，按應減記的金額，借記「資產減值損失」帳戶；同時，按應從所有者權益中轉出的累計損失，貸記「其他綜合收益」帳戶；按其差額，貸記「可供出售金融資產——公允價值變動」帳戶。

【例4-15】柳林公司2016年4月10日通過拍賣方式取得光華公司的法人股100萬股作為可供出售金融資產，每股3元，另支付相關費用2萬元。6月30日每股公允價值為2.8元，9月30日每股公允價值為2.6元。12月31日由於光華公司發生嚴重財務困難，每股公允價值為1元，柳林公司應對光華公司的法人股計提減值準備。2017年光華公司經濟情況好轉，至3月31日，光華公司股票的市價大幅上升到每股售價為1.5元。假設柳林公司按季度對外提供財務報告。

柳林公司有關會計處理如下：

(1) 2016年4月10日

借：可供出售金融資產——成本　　　　3,020,000（3×1,000,000+20,000）
　貸：銀行存款　　　　　　　　　　　　　　　　　　　　3,020,000

(2) 2016 年 6 月 30 日

借：其他綜合收益　　　　　　　　　220,000（3,020,000 - 1,000,000×2.8）
　　貸：可供出售金融資產——公允價值變動　　　　　　　　　　220,000

(3) 2016 年 9 月 30 日

借：其他綜合收益　　　　　　　　　200,000（2,800,000 - 1000,000×2.6）
　　貸：可供出售金融資產——公允價值變動　　　　　　　　　　200,000

(4) 2016 年 12 月 31 日

借：資產減值損失　　　　　　　　　　　　　　　　　　　　2,020,000
　　貸：其他綜合收益　　　　　　　　　　　　　　　　　　　　420,000
　　　　可供出售金融資產——公允價值變動
　　　　　　　　　　　　　　　　1,600,000（2,600,000 - 1,000,000×1）

(5) 2017 年 3 月 31 日

借：可供出售金融資產——公允價值變動　　　　　　　　　　500,000
　　貸：其他綜合收益　　　　　　　　　　　　　　　　　　　500,000

本章小結

　　本章主要闡述了金融資產的分類，金融資產各組成內容的確認、計量和記錄問題。本章主要內容包括：

　　取得的金融資產在初始確認時分為：公允價值計量且其變動計入當期損益的金融資產、持有至到期投資、貸款和應收款項、可供出售金融資產。

　　「公允價值變動損益」帳戶核算企業交易性金融資產等因公允價值變動而形成的應計入當期損益的利得或損失。帳戶貸方登記資產負債表日交易性金融資產公允價值高於帳面餘額的差額；借方登記資產負債表日交易性金融資產公允價值低於帳面餘額的差額。

　　持有至到期投資是指到期日固定、回收金額固定或可確定，且企業有明確意圖和能力持有至到期的非衍生金融資產。持有至到期投資通常是指債權性的投資，比如企業購入的國債、企業債券等。持有至到期投資通常具有長期性質，但期限較短（1 年以內）的債券投資，符合持有至到期條件的，也可將其劃分為持有至到期投資。

　　債券的溢價、折價，主要是由於債券的票面利率與債券的實際利率不一致造成的。票面利率是債券票面上標明的年利率，是支付利息的標準。實際利率是將金融資產在預計存續期內的未來現金流量，折現為該金融資產當前帳面價值所使用的利率。

　　資產負債表日，可供出售金融資產的公允價值高於其帳面餘額的差額，借記「可供出售金融資產——公允價值變動」帳戶，貸記「其他綜合收益」帳戶；公允價值低於其帳面餘額的差額，做相反的會計分錄。

　　按照企業會計準則，企業應當在資產負債表日對以公允價值計量且其變動計入當

期損益的金融資產（交易性金融資產）以外的金融資產的帳面價值進行檢查，有客觀證據表明該金融資產發生減值的，應當計提減值準備。交易性金融資產其公允價值的變動已計入持有期間的損益，故不用計提減值準備。

關鍵詞

　　金融資產　銀行存款　未達帳項　其他貨幣資金　應收票據　應收票據貼現　應收帳款　商業折扣　現金折扣　備抵法　交易性金融資產　持有至到期投資　可供出售金融資產

本章思考題

1. 哪些資產屬於金融資產？
2. 交易性金融資產的特徵有哪些？
3. 要將某項金融資產劃分為持有至到期投資，應滿足的條件是什麼？
4. 何謂實際利率？何謂攤餘成本？如何確定持有至到期投資的攤餘成本？
5. 可供出售金融資產與持有至到期投資在會計處理上有哪些異同？
6. 如何進行應收款項減值的會計處理？

第五章　長期股權投資

【學習目的與要求】

本章主要闡述長期股權投資的種類、初始確認、初始計量、後續計量和處置。本章的學習要求是：

1. 掌握長期股權投資概念及其種類。
2. 掌握長期股權投資的初始計量。
3. 掌握長期股權投資的後續計量。
4. 掌握成本法和權益法的適用範圍及會計處理。
5. 掌握長期股權投資處置的會計處理。

第一節　長期股權投資概述

投資是企業為了獲得收益或實現資本增值向被投資單位投放資金的經濟行為。企業對外進行的投資，可以有不同的分類。從性質上劃分，可以分為債權性投資與權益性投資；從管理層持有意圖劃分，可以分為交易性投資、可供出售投資、持有至到期投資等。①

長期股權投資是投資企業為長期持有目的對被投資單位的權益性資本的投資。具體而言，長期股權投資包括：①投資企業能夠對被投資單位實施控制的權益性投資，即對子公司投資；②投資企業與其他合營方一同對被投資單位實施共同控制的權益性投資，即對合營企業投資；③投資企業對被投資單位具有重大影響的權益性投資，即對聯營企業投資。

一、控制

控制指有權決定一個企業的財務和經營政策，並能據以從該企業的經營活動中獲取利益。中國控制的方式具體如下：

1. 投資企業直接擁有被投資企業半數以上表決權資本

如 A 公司直接擁有 B 公司發行的普通股總數的 51%，在這種情況下，B 公司就成為 A 公司的子公司，A 公司編制合併會計報表時，必須將 B 公司納入其合併範圍。

2. 投資企業雖然直接擁有被投資企業 50% 或以下的表決權資本，但具有實質控

---

① 本章只講解長期股權投資，其他類型的投資見第四章金融資產。

製權

　　判斷標準有：通過與其他投資者的協議，投資企業擁有被投資單位50%以上表決權資本的控制權；根據章程或協議，投資企業有權控制被投資單位的財務和經營政策；有權任命被投資單位董事會等類似權力機構的多數成員；在董事會或類似權力機構會議上有半數以上投票權等。

二、共同控製

　　共同控製是指按照合同約定對某項經濟活動共有的控製。與聯營企業等投資方式不同，其特點在於合營企業的合營各方均受到合營合同的限制和約束。一般在合營企業設立時，合營各方在投資合同或協議中約定在所設立合營企業的重要財務和生產經營決策制定過程中，必須由合營各方均同意才能通過。該約定可能體現為不同的形式，例如可以通過在合營企業的章程中規定，也可以通過制定單獨的合同作出約定。共同控製的實質是通過合同約定建立起來的，合營各方對合營企業共有的控製。在確定是否構成共同控製時，一般可以考慮以下情況：①任何一個合營方均不能單獨控製合營企業的生產經營活動；②涉及合營企業基本經營活動的決策需要各合營方一致同意；③各合營方可能通過合同或協議的形式任命其中的一個合營方對合營企業的日常活動進行管理，但其必須在各合營方已經一致同意的財務和經營政策範圍內行使管理權。

三、重大影響

　　重大影響是指對一個企業的財務和經營政策有參與決策的權力，但並不能夠控製或者與其他方一起共同控製這些政策的制定。實務中，較為常見的重大影響體現為在被投資單位的董事會或類似權力機構中派有代表，通過在被投資單位生產經營決策制定過程中的發言權實施重大影響。投資企業直接或通過子公司間接擁有被投資單位20%以上但低於50%的表決權股份時，一般認為對被投資單位具有重大影響，除非有明確的證據表明該種情況下不能參與被投資單位的生產經營決策，不形成重大影響。

　　此外，雖然投資企業直接擁有被投資單位20%以下的表決權資本，但符合以下條件之一的，也應確認為對被投資單位具有重大影響：

　　（1）在被投資單位的董事會或類似權力機構中派有代表。這種情況下，由於在被投資單位的董事會或類似權力機構中派有代表，並享有相應的實質性的參與決策權，投資企業可以通過該代表參與被投資單位經營政策的制定，對被投資單位施加重大影響。

　　（2）參與被投資單位的政策制定過程，包括股利分配政策等的制定。這種情況下，因可以參與被投資單位的政策制定過程，在制定政策過程中可以為其自身利益提出建議和意見，從而可以對被投資單位施加重大影響。

　　（3）與被投資單位之間發生重要交易。有關的交易因對被投資單位的日常經營具有重要性，進而一定程度上可以影響到被投資單位的生產經營決策。

　　（4）向被投資單位派出管理人員。這種情況下，通過投資企業對被投資單位派出管理人員，管理人員有權力負責被投資單位的財務和經營活動，從而能夠對被投資單

位施加重大影響。

（5）向被投資單位提供關鍵技術資料。因被投資單位的生產經營需要依賴投資企業的技術或技術資料，表明投資企業對被投資單位具有重大影響。

在確定能否對被投資單位施加重大影響時，一方面應考慮投資企業直接或間接持有被投資單位的表決權股份，同時要考慮企業及其他方持有的現行可執行潛在表決權在假定轉換為對被投資單位的股權後產生的影響，如被投資單位發行的現行可轉換的認股權證、股份期權及可轉換公司債券等的影響。

第二節　長期股權投資的初始計量

長期股權投資取得時的初始投資成本，是指取得長期股權投資時支付的全部價款，或放棄非現金資產的公允價值，以及支付的稅金、手續費等相關費用。企業可用現金資產、非現金資產（如存貨、固定資產和無形資產等）或承擔債務的方式取得被投資單位的權益性資本，也可以通過合併的方式取得被投資單位的權益性資本。

一、企業合併形成的長期股權投資

企業合併形成的長期股權投資，應區分企業合併的類型，分為同一控製下的合併與非同一控製下的合併確定其初始投資成本。

(一) 同一控製下企業合併形成的長期股權投資

合併方以支付現金、轉讓非現金資產或承擔債務方式作為合併對價的，應當在合併日按照取得被合併方所有者權益帳面價值的份額作為長期股權投資的初始投資成本。長期股權投資的初始投資成本與支付的現金、轉讓的非現金資產及所承擔債務帳面價值之間的差額，應當調整資本公積（資本溢價或股本溢價）；資本公積（資本溢價或股本溢價）的餘額不足衝減的，調整留存收益。合併方發生的審計、法律服務、評估諮詢等仲介費用以及其他相關管理費用，應當於發生時計入當期管理費用。

具體進行會計處理時，合併方在合併日按取得被合併方所有者權益帳面價值的份額，借記「長期股權投資」科目；按應享有被投資單位已宣告但尚未發放的現金股利或利潤，借記「應收股利」科目；按支付的合併對價的帳面價值，貸記有關資產或借記有關負債科目；按其差額，貸記「資本公積——資本溢價或股本溢價」科目，如為借方差額，應借記「資本公積——資本溢價或股本溢價」科目，資本公積（資本溢價或股本溢價）不足衝減的，借記「盈餘公積」「利潤分配——未分配利潤」科目。

合併方以發行權益性證券作為合併對價的，應按發行股份的面值總額作為股本，長期股權投資的初始投資成本與所發行股份面值總額之間的差額，應當調整資本公積（資本溢價或股本溢價）；資本公積（資本溢價或股本溢價）不足衝減的，調整留存收益。

具體進行會計處理時，在合併日應按取得被合併方所有者權益帳面價值的份額，

借記「長期股權投資」科目；按應享有被投資單位已宣告但尚未發放的現金股利或利潤，借記「應收股利」科目；按發行權益性證券的面值，貸記「股本」科目；按其差額，貸記「資本公積——資本溢價或股本溢價」科目，如為借方差額，應借記「資本公積——資本溢價或股本溢價」科目，資本公積（資本溢價或股本溢價）不足衝減的，借記「盈餘公積」「利潤分配——未分配利潤」科目。

應該關注的是，在上述按照合併日應享有被合併方帳面所有者權益的份額確定長期股權投資的初始投資成本時，前提是合併前合併方與被合併方採用的會計政策一致。企業合併前合併方與被合併方採用的會計政策不同的，在以被合併方帳面所有者權益為基礎確定形成的長期股權投資成本時，首先應基於重要性原則，統一合併方與被合併方的會計政策。在按照合併方的會計政策對被合併方資產、負債的帳面價值進行調整的基礎上，計算確定形成長期股權投資的初始投資成本。

被合併方帳面所有者權益是指被合併方的所有者權益相對於最終控製方面而言的帳面價值。

同一控製下的企業合併形成的長期股權投資，如果子公司按照改制時確定的資產、負債經評估確認的價值調整資產、負債帳面價值的，合併方應當按照取得子公司經評估確認的淨資產的份額作為長期股權投資的初始投資成本。

如果被合併方本身編制合併財務報表的，被合併方的帳面所有者權益的價值應當以其合併財務報表為基礎確定。

【例5-1】2016年6月30日，柳林公司向同一集團內光華公司的原股東定向增發1,000萬股普通股（每股面值為1元，市價為7.8元），取得光華公司100%的股權，並於當日起能夠對光華公司實施控製。合併後光華公司仍維持其獨立法人資格繼續經營。兩公司在企業合併前採用的會計政策相同。合併日，光華公司所有者權益的總額為5,600萬元。

光華公司在合併後維持其法人資格繼續經營，合併日柳林公司應確認對光華公司的長期股權投資，其成本為合併日享有光華公司帳面所有者權益的份額，帳務處理為：

借：長期股權投資　　　　　　　　　　　　　　　　56,000,000
　　貸：股本　　　　　　　　　　　　　　　　　　10,000,000
　　　　資本公積——股本溢價　　　　　　　　　　46,000,000

通過多次交換交易，分步取得股權最終形成企業合併的，在個別財務報表中，應當以持股比例計算的合併日應享有被合併方帳面所有者權益份額作為該項投資的初始投資成本。初始投資成本與其原長期股權投資帳面價值加上合併日取得進一步股份新支付對價的公允價值之和的差額，調整資本公積（資本溢價或股本溢價），資本公積不足衝減的，衝減留存收益。

(二) 非同一控製下企業合併形成的長期股權投資

非同一控製下的控股合併中，購買方應當按照確定的企業合併成本作為長期股權投資的初始投資成本。企業合併成本包括購買方付出的資產、發生或承擔的負債、發行的權益性證券的公允價值之和。

具體進行會計處理時，對於非同一控制下企業合併形成的長期股權投資，應在購買日按企業合併成本（不含應向被投資單位收取的現金股利或利潤），借記「長期股權投資」科目；按享有被投資單位已宣告但尚未發放的現金股利或利潤，借記「應收股利」科目；按支付合併對價的帳面價值，貸記有關資產或借記有關負債科目；按其差額，貸記「營業外收入」或「投資收益」等科目，或借記「營業外支出」「投資收益」等科目；按發生的直接相關費用，借記「管理費用」科目，貸記「銀行存款」等科目。可供出售金融資產持有期間公允價值變動形成的其他綜合收益應一併轉入投資收益，借記「其他綜合收益」科目，貸記「投資收益」科目。

【例5-2】柳林公司於2016年3月31日取得光華公司70%的股權，取得該部分股權後能夠控制光華公司的生產經營決策。為核實光華公司的資產價值，柳林公司聘請專業資產評估機構對光華公司的資產進行評估，支付評估費用100萬元。合併中，柳林公司支付的有關資產在購買日的帳面價值與公允價值如表5-1所示。本例中假定合併前柳林公司與光華公司不存在任何關聯方關係。

表5-1　　　　　　　　　　　2016年3月31日　　　　　　　　　　單位：元

項目	帳面價值	公允價值
土地使用權（自用）	40,000,000	64,000,000
專利技術	16,000,000	20,000,000
銀行存款	16,000,000	16,000,000
合計	72,000,000	100,000,000

註：柳林公司用作合併對價的土地使用權和專利技術原價為6,400萬元，至企業合併發生時已累計攤銷800萬元。

本例中因柳林公司與光華公司在合併前不存在任何關聯方關係，應作為非同一控製下的企業合併處理。柳林公司對於合併形成的對光華公司的長期股權投資，應進行的帳務處理為：

借：長期股權投資　　　　　　　　　　　　　　　　100,000,000
　　管理費用　　　　　　　　　　　　　　　　　　　1,000,000
　　累計攤銷　　　　　　　　　　　　　　　　　　　8,000,000
　貸：無形資產　　　　　　　　　　　　　　　　　　64,000,000
　　　銀行存款　　　　　　　　　　　　　　　　　　17,000,000
　　　營業外收入　　　　　　　　　　　　　　　　　28,000,000

通過多次交換交易，分步取得股權最終形成企業合併的，在個別財務報表中，應當以購買日之前所持被購買方的股權投資的帳面價值與購買日新增投資成本之和，作為該項投資的初始投資成本。其中，達到企業合併前對持有的長期股權投資採用成本法核算的，長期股權投資在購買日的初始投資成本應為原成本法下的帳面價值加上購買日取得進一步股份新支付對價的公允價值之和；達到企業合併前對長期股權投資採用權益法核算的，長期股權投資在購買日的投資成本應為原權益法下的帳面價值加上

購買日取得進一步股份新支付對價的公允價值之和；達到企業合併前對長期股權投資採用公允價值計量的（例如，原分類為可供出售金融資產的股權投資），長期股權投資在購買日的初始投資成本為原公允價值計量的帳面價值加上購買日取得進一步股份新支付對價的公允價值之和。購買日之前所持有的被購買方的股權涉及其他綜合收益的，應當在處置該項投資時將與其相關的其他綜合收益（例如，可供出售金融資產公允價值變動計入其他綜合收益的部分）轉入當期投資收益。

【例5－3】柳林公司於2016年3月以8,000萬元取得光華公司30%的股權，因能夠對光華公司施加重大影響，對所取得的長期股權投資採用權益法核算，於2016年確認對光華公司的投資收益200萬元。2017年4月，柳林公司又斥資12,000萬元取得光華公司另外30%的股權。本例中假定柳林公司在取得對光華公司的長期股權投資以後，光華公司並未宣告發放現金股利或利潤，柳林公司按淨利潤的10%提取盈餘公積。柳林公司對該項長期股權投資未計提任何減值準備。本例中柳林公司是通過分步購買最終達到對光華公司實施控製，形成企業合併。在2017年購買日，柳林公司應進行以下會計處理（假定不考慮所得稅影響）：

借：長期股權投資　　　　　　　　　　　　　　　120,000,000
　　貸：銀行存款　　　　　　　　　　　　　　　　120,000,000

購買日柳林公司對光華公司長期股權投資的帳面餘額 ＝（8,000＋200）＋12,000＝20,200萬元。

二、企業合併以外的其他方式取得的長期股權投資

長期股權投資可以通過不同的方式取得，除企業合併形成的長期股權投資外，其他方式取得的長期股權投資初始投資成本的確定應遵循以下規定。

（一）以支付現金取得的長期股權投資

以支付現金取得的長期股權投資，應當按照實際支付的購買價款作為初始投資成本，包括購買過程中支付的手續費等必要支出，但所支付價款中包含的被投資單位已宣告但尚未發放的現金股利或利潤應作為應收項目核算，不構成取得長期股權投資的成本。

【例5－4】柳林公司於2016年2月10日自公開市場中買入光華公司20%的股份，實際支付價款12,000萬元。另外，在購買過程中支付手續費等相關費用300萬元。柳林公司取得該部分股權後能夠對光華公司的生產經營決策施加重大影響。

柳林公司應當按照實際支付的購買價款作為取得長期股權投資的成本，其帳務處理為：

借：長期股權投資　　　　　　　　　　　　　　　123,000,000
　　貸：銀行存款　　　　　　　　　　　　　　　　123,000,000

（二）以發行權益性證券方式取得的長期股權投資

以發行權益性證券方式取得的長期股權投資，其成本為所發行權益性證券的公允

價值。發行權益性證券支付給有關證券承銷機構等的手續費、佣金等與權益性證券發行直接相關的費用，不構成取得長期股權投資的成本。該部分費用應從權益性證券的溢價發行收入中扣除，權益性證券的溢價收入不足衝減的，應衝減盈餘公積和未分配利潤。

【例5-5】2016年3月，柳林公司通過增發5,000萬股本公司普通股（每股面值1元）取得光華公司20%的股權，按照增發前後的平均股價計算，該5,000萬股股份的公允價值為10,400萬元。為增發該部分股份，柳林公司向證券承銷機構等支付了300萬元的佣金和手續費。假定柳林公司取得該部分股權後能夠對光華公司的生產經營決策施加重大影響。

本例中柳林公司應當以所發行股份的公允價值作為取得長期股權投資的成本：

借：長期股權投資　　　　　　　　　　　　　　　　　　104,000,000
　　貸：股本　　　　　　　　　　　　　　　　　　　　　 50,000,000
　　　　資本公積——股本溢價　　　　　　　　　　　　　 54,000,000

發行權益性證券過程中支付的佣金和手續費，應衝減權益性證券的溢價發行收入：

借：資本公積——股本溢價　　　　　　　　　　　　　　　3,000,000
　　貸：銀行存款　　　　　　　　　　　　　　　　　　　 3,000,000

（三）投資者投入的長期股權投資

投資者投入的長期股權投資，應當按照投資合同或協議約定的價值作為初始投資成本，但合同或協議約定的價值不公允的除外。

投資者投入的長期股權投資，是指投資者以其持有的對第三方的投資作為出資投入企業，接受投資的企業原則上應當按照投資各方在投資合同或協議中約定的價值作為取得投資的初始投資成本，但有明確證據表明合同或協議中約定的價值不公允的除外。

在確定投資者投入的長期股權投資的公允價值時，有關權益性投資存在活躍市場的，應當參照活躍市場中的市價確定其公允價值；不存在活躍市場，無法按照市場信息確定其公允價值的情況下，應當將按照一定的估值技術等合理的方法確定的價值作為其公允價值。

【例5-6】柳林公司設立時，其主要出資方之一華新公司以其持有的對光華公司的長期股權投資作為出資投入柳林公司。投資各方在投資合同中約定，作為出資的該項長期股權投資作價4,000萬元，該作價是按照光華公司股票的市價經考慮相關調整因素後確定的。柳林公司註冊資本為16,000萬元。華新公司出資占柳林公司註冊資本的20%，取得該項投資後，柳林公司根據其持股比例，能夠派人參與光華公司的財務和生產經營決策。

本例中，柳林公司對於投資者投入的該項長期股權投資，應進行的帳務處理為：

借：長期股權投資　　　　　　　　　　　　　　　　　　 40,000,000
　　貸：實收資本　　　　　　　　　　　　　　　　　　　 32,000,000
　　　　資本公積——資本溢價　　　　　　　　　　　　　　8,000,000

（四）其他方式

以債務重組、非貨幣性資產交換等方式取得的長期股權投資，其初始投資成本應按照《企業會計準則第12號——債務重組》和《企業會計準則第7號——非貨幣性資產交換》規定的原則確定。

三、投資成本中包含的已宣告尚未發放現金股利或利潤的處理

企業無論是以何種方式取得長期股權投資，取得投資時對於支付對價中包含的應享有被投資單位已經宣告但尚未發放的現金股利或利潤應作為應收項目單獨核算，不構成取得長期股權投資的初始投資成本。即企業在支付對價取得長期股權投資時，實際支付的價款中包含的對方已經宣告但尚未發放的現金股利或利潤，應作為應收款，構成企業的一項債權。

【例5-7】假定柳林公司以1,520萬元取得光華公司投資時，光華公司已經宣告但尚未發放現金股利，柳林公司按其持股比例計算確定可分得20萬元。則柳林公司在確認該長期股權投資時，應將包含的現金股利部分單獨核算：

借：長期股權投資　　　　　　　　　　　　　　　　　15,000,000
　　應收股利　　　　　　　　　　　　　　　　　　　　　 200,000
　貸：銀行存款　　　　　　　　　　　　　　　　　　　15,200,000

第三節　長期股權投資的後續計量

長期股權投資在持有期間，根據投資企業對被投資單位的影響程度進行劃分，應當分別採用成本法及權益法進行核算。

一、長期股權投資的成本法

（一）成本法的適用範圍

成本法，是指投資按成本計價的方法。長期股權投資成本法的核算適用於企業持有的、能夠對被投資單位實施控製的長期股權投資，即企業持有的對子公司的投資。

（二）成本法核算下長期股權投資帳面價值的調整及投資損益的確認

採用成本法核算的長期股權投資，初始投資或追加投資時按照初始投資或追加投資的成本增加長期股權投資的帳面價值。根據《企業會計準則解釋第3號》，採用成本法核算的長期股權投資，除取得投資時實際支付的價款或對價中包含的已宣告但尚未發放的現金股利或利潤外，投資企業應當按照享有被投資單位宣告發放的現金股利或利潤確認投資收益。

【例5-8】柳林公司2016年1月1日以2,000萬元購買光華公司10%的股份，另支付相關費用20萬元。光華公司為一家非上市公司，其股票不存在活躍的交易市場。

柳林公司取得股權後對光華公司不具有重大影響。取得投資後，光華公司2016年實現淨利潤1,000萬，2017年3月10日宣告分配2016年利潤800萬。

在本例中，依據《企業會計準則解釋第3號》應做的會計處理：

借：應收股利　　　　　　　　　　　　　　　　　　　　　800,000
　　貸：投資收益　　　　　　　　　　　　　　　　　　　　　800,000

二、長期股權投資的權益法

權益法是指投資以初始成本計量後，在投資持有期間根據投資企業享有被投資單位所有者權益份額的變動對投資的帳面價值進行調整的方法。長期股權投資準則規定，應當採用權益法核算的長期股權投資包括兩類：一是對合營企業投資；二是對聯營企業投資。

長期股權投資採用權益法核算的情況下，進行初始投資或追加投資時，按照初始投資或追加投資後的初始投資成本作為長期股權投資的帳面價值；投資後，隨著被投資單位所有者權益的變動而相應增加或減少長期股權投資的帳面價值。長期股權投資採用權益法核算，在會計核算上需要解決的問題有：初始投資成本與應享有被投資單位所有者權益份額差額的處理，即初始投資成本的調整；投資企業在投資後被投資單位實現淨利潤或發生淨虧損的處理，即投資收益的確認；被投資單位除淨損益以外其他所有者權益變動的處理。

（一）初始投資成本的調整

投資企業取得對聯營企業或合營企業的投資以後，對於取得投資時初始投資成本與應享有被投資單位可辨認淨資產公允價值份額之間的差額，應區別情況處理。

（1）初始投資成本大於取得投資時應享有被投資單位可辨認淨資產公允價值份額的，該部分差額是投資企業在取得投資過程中通過作價體現出的與所取得股權份額相對應的商譽及不符合確認條件的資產價值，這種情況下不要求對長期股權投資的成本進行調整。

（2）初始投資成本小於取得投資時應享有被投資單位可辨認淨資產公允價值份額的，該部分差額體現為雙方在交易作價過程中轉讓方的讓步，或是出於其他方面的考慮，被投資單位的原有股東無償贈與投資企業的價值，因而應確認為當期收益處理，計入取得投資當期的營業外收入，同時調整增加長期股權投資的帳面價值。

【例5-9】柳林企業於2016年1月取得光華公司30%的股權，支付價款5,000萬元。取得投資時，被投資單位淨資產帳面價值為12,000萬元（假定被投資單位各項可辨認資產、負債的公允價值與其帳面價值相同）。

柳林企業在取得光華公司的股權後，能夠對光華公司施加重大影響，對該投資採用權益法核算。取得投資時，柳林企業應進行以下帳務處理：

借：長期股權投資——投資成本　　　　　　　　　　　　50,000,000
　　貸：銀行存款　　　　　　　　　　　　　　　　　　　50,000,000

長期股權投資的初始投資成本5,000萬元大於取得投資時應享有被投資單位可辨

認淨資產公允價值的份額3,600萬元（12,000×30%），該差額不調整長期股權投資的帳面價值。

假定本例中取得投資時被投資單位可辨認淨資產的公允價值為18,000萬元，柳林企業按持股比例30%計算確定應享有5,400萬元，則初始投資成本與應享有被投資單位可辨認淨資產公允價值份額之間的差額400萬元應計入取得投資當期的營業外收入。有關帳務處理為：

借：長期股權投資——投資成本　　　　　　　　　　54,000,000
　　貸：銀行存款　　　　　　　　　　　　　　　　　50,000,000
　　　　營業外收入　　　　　　　　　　　　　　　　 4,000,000

（二）投資損益的確認

持有長期股權投資期間，投資企業根據被投資單位實現的淨利潤計算應享有的份額，借記「長期股權投資（損益調整）」科目，貸記「投資收益」科目，被投資單位發生淨虧損作相反的會計分錄，但以本科目的帳面價值減記至零為限（後面單獨說明），借記「投資收益」科目，貸記「長期股權投資（損益調整）」科目。

採用權益法核算的長期股權投資，在確認應享有或應分擔被投資單位的淨利潤或淨虧損時，在被投資單位帳面淨利潤的基礎上，應考慮以下因素的影響進行適當調整：

（1）被投資單位採用的會計政策及會計期間與投資企業不一致的，應按投資企業的會計政策及會計期間對被投資單位的財務報表進行調整。

權益法下，是將投資企業與被投資單位作為一個整體對待，作為一個整體其所產生的損益，應當在一致的會計政策基礎上確定，被投資企業採用的會計政策與投資企業不同的，投資企業應當基於重要性原則，按照本企業的會計政策對被投資單位的損益進行調整。另外，投資企業與被投資單位採用的會計期間不同的，也應進行相關調整。

（2）以取得投資時被投資單位固定資產、無形資產的公允價值為基礎計提的折舊額或攤銷額，以及以投資企業取得投資時有關資產的公允價值為基礎計算確定的資產減值準備金額等對被投資單位淨利潤的影響。

被投資單位個別利潤表中的淨利潤是以其持有的資產、負債帳面價值為基礎持續計算的，而投資企業在取得投資時，是以被投資單位有關資產、負債的公允價值為基礎確定投資成本，取得投資後應確認的投資收益代表的是被投資單位資產、負債在公允價值計量的情況下在未來期間通過經營產生的損益中歸屬於投資企業的部分。取得投資時有關資產、負債的公允價值與其帳面價值不同的未來期間，在計算歸屬於投資企業應享有的淨利潤或應承擔的淨虧損時，應考慮對被投資單位計提的折舊額、攤銷額以及資產減值準備金額等進行調整。

應予關注的是，在對被投資單位的淨利潤進行調整時，應考慮重要性原則，不具有重要性的項目可不予調整。符合下列條件之一的，投資企業可以被投資單位的帳面淨利潤為基礎，計算確認投資損益，同時應在附註中說明不能按照準則中規定進行核算的原因：

（1）投資企業無法合理確定取得投資時被投資單位各項可辨認資產等的公允價值。

某些情況下，投資的作價可能因為受到一些因素的影響，不是完全以被投資單位可辨認淨資產的公允價值為基礎，或者因為被投資單位持有的可辨認資產相對比較特殊，無法取得其公允價值。這種情況下，因被投資單位可辨認資產的公允價值無法取得，則無法以公允價值為基礎對被投資單位的淨損益進行調整。

（2）投資時被投資單位可辨認資產的公允價值與其帳面價值相比，兩者之間的差額不具重要性的。該種情況下，因為被投資單位可辨認資產的公允價值與其帳面價值差額不大，要求進行調整不符合重要性原則及成本效益原則。

（3）其他原因導致無法取得被投資單位的有關資料，不能按照準則中規定的原則對被投資單位的淨損益進行調整的。例如，要對被投資單位的淨利潤按照準則中規定進行調整，需要瞭解被投資單位的會計政策以及對有關資產價值量的判斷等信息，在無法獲得被投資單位相關信息的情況下，則無法對淨利潤進行調整。

【例 5－10】沿用【例 5－9】中的有關資料，假定長期股權投資的成本大於取得投資時被投資單位可辨認淨資產公允價值份額的情況下，取得投資當年被投資單位實現淨利潤 1,700 萬元。投資企業與被投資單位均以公曆年度作為會計年度，兩者之間採用的會計政策相同。由於投資時被投資單位各項資產、負債的帳面價值與其公允價值相同，不需要對被投資單位實現的淨損益進行調整，投資企業應確認的投資收益為 510 萬元（1,700×30%）。

【例 5－11】柳林公司於 2016 年 1 月 10 日購入光華公司 30% 的股份，購買價款為 2,200 萬元，並自取得投資之日起派人參與光華公司的生產經營決策。取得投資當日，光華公司可辨認淨資產公允價值為 6,000 萬元，除表 5－2 所列項目外，光華公司其他資產、負債的公允價值與帳面價值相同。

表 5－2 單位：萬元

	帳面原價	已提折舊或攤銷	公允價值	光華公司預計使用年限	柳林公司取得投資後剩餘使用年限
存貨	500		700		
固定資產	1,200	240	1,600	20	16
無形資產	700	140	800	10	8
小計	2,400	380	3,100		

假定光華公司於 2015 年實現淨利潤 600 萬元，其中在柳林公司取得投資時的帳面存貨有 80% 對外出售，柳林公司與光華公司的會計年度及採用的會計政策相同。固定資產、無形資產均按直線法提取折舊或攤銷，預計淨殘值均為 0。

柳林公司在確定其應享有的投資收益時，應在光華公司實現淨利潤的基礎上，根據取得投資時光華公司有關資產的帳面價值與其公允價值差額的影響進行調整（假定不考慮所得稅影響）：

存貨帳面價值與公允價值的差額應調整的利潤 =（700－500）×80% = 160（萬元）

固定資產公允價值與帳面價值差額應調整增加的折舊額 = 1,600/16－1,200/20 = 40

（萬元）

無形資產公允價值與帳面價值差額應調整增加的攤銷額＝800/8－700/10＝30（萬元）

調整後的淨利潤＝600－160－40－30＝370（萬元）

柳林公司應享有份額＝370×30%＝111（萬元）

確認投資收益的帳務處理為：

借：長期股權投資——損益調整　　　　　　　　　　1,110,000
　　貸：投資收益　　　　　　　　　　　　　　　　　　　1,110,000

（三）取得現金股利或利潤的處理

被投資單位宣告分派現金股利或利潤時，投資企業計算應分得的部分，借記「應收股利」科目，貸記「長期股權投資（損益調整）」科目。

（四）超額虧損的確認

長期股權投資準則規定，投資企業確認應分擔被投資單位發生的損失，原則上應以長期股權投資及其他實質上構成對被投資單位淨投資的長期權益減記至零為限，投資企業負有承擔額外損失義務的除外。

投資企業在確認應分擔被投資單位發生的虧損時，應將長期股權投資及其他實質上構成對被投資單位淨投資的長期權益項目的帳面價值綜合起來考慮，在長期股權投資的帳面價值減記至零的情況下，如果仍有未確認的投資損失，應以其他長期權益的帳面價值為基礎繼續確認。另外，投資企業在確認應分擔被投資單位的淨損失時，除應考慮長期股權投資及其他長期權益的帳面價值以外，如果在投資合同或協議中約定將履行其他額外的損失補償義務，還應按照《企業會計準則第13號——或有事項》的規定確認預計將承擔的損失金額。

企業在實務操作過程中，在發生投資損失時，應借記「投資收益」科目，貸記「長期股權投資（損益調整）」科目。在長期股權投資的帳面價值減記至零以後，考慮其他實質上構成對被投資單位淨投資的長期權益，繼續確認的投資損失應借記「投資收益」科目，貸記「長期應收款」科目，因投資合同或協議約定導致投資企業需要承擔額外義務的，按照或有事項準則的規定，對於符合確認條件的義務，應確認為當期損失，同時確認預計負債，借記「投資收益」科目，貸記「預計負債」科目。

在確認了有關的投資損失以後，被投資單位於以後期間實現盈利的，應按以上相反順序分別減記已確認的預計負債、恢復其他長期權益及長期股權投資的帳面價值，同時確認投資收益。即應當按順序分別借記「預計負債」「長期應收款」「長期股權投資」科目，貸記「投資收益」科目。

【例5-12】柳林企業持有光華企業40%的股權，能夠對光華企業施加重大影響。2015年12月31日該項長期股權投資的帳面價值為4,000萬元。光華企業2016年由於一項主要經營業務市場條件發生變化，當年度虧損6,000萬元。假定柳林企業在取得該投資時，光華企業各項可辨認資產、負債的公允價值與其帳面價值相等，雙方所採用的會計政策及會計期間也相同，則柳林企業當年度應確認的投資損失為2,400萬元。

確認上述投資損失後，長期股權投資的帳面價值變為 1,600 萬元。

如果光華企業 2016 年的虧損額為 12,000 萬元，柳林企業按其持股比例確認應分擔的損失為 4,800 萬元，但長期股權投資的帳面價值僅為 4,000 萬元，如果沒有其他實質上構成對被投資單位淨投資的長期權益項目，則柳林企業應確認的投資損失僅為 4,000 萬元，超額損失在帳外進行備查登記。在確認了 4,000 萬元的投資損失，長期股權投資的帳面價值減記至零以後，如果柳林企業帳上仍有應收光華企業的長期應收款 1,600 萬元，該款項從目前情況看，沒有明確的清償計劃（並非產生於商品購銷等日常活動），則柳林企業應進行的帳務處理為：

借：投資收益　　　　　　　　　　　　　　　　　40,000,000
　　貸：長期股權投資——損益調整　　　　　　　　　40,000,000
借：投資收益　　　　　　　　　　　　　　　　　8,000,000
　　貸：長期應收款　　　　　　　　　　　　　　　8,000,000

（五）其他綜合收益的處理

在權益法核算下，被投資單位確認的其他綜合收益及其變動，也會影響被投資單位所有者權益總額，進而影響投資企業應享有被投資單位所有者權益的份額。因此，當被投資單位其他綜合收益發生變動時，投資企業應當按照歸屬於本企業的部分，相應調整長期股權投資的帳面價值，同時增加或減少其他綜合收益。

【例 5-13】柳林企業持有光華企業 20% 的股份，並能對光華企業施加重大影響。當期，光華企業將作為存貨的房地產轉換為以公允價值模式計量的投資性房地產，轉換日公允價值大於帳面價值 1,000 萬元，計入了其他綜合收益。不考慮其他因素，柳林企業當期按照權益法核算應確認的其他綜合收益的會計處理如下：

按權益法核算柳林企業應確認的其他綜合收益 = 1,000 × 20% = 200（萬元）

借：長期股權投資——其他綜合收益　　　　　　　2,000,000
　　貸：其他綜合收益　　　　　　　　　　　　　2,000,000

（六）被投資單位所有者權益其他變動的處理

採用權益法核算時，投資企業對於被投資單位除淨損益、其他綜合收益以及利潤分配以外所有者權益的其他變動，應按照持股比例與被投資單位所有者權益的其他變動計算的歸屬於本企業的部分，相應調整長期股權投資的帳面價值，同時增加或減少資本公積（其他資本公積）。被投資單位除淨損益、其他綜合收益以及利潤分配以外的所有者權益的其他變動，主要包括：被投資單位接受其他股東的資本性投入、被投資單位發行可分離交易的可轉換公司債券中包含的權益成分、以權益結算的股份支付等。

【例 5-14】柳林企業持有光華企業 20% 的股份，能夠對光華企業施加重大影響。光華企業為上市公司。當期光華企業的母公司向光華企業捐贈 1,200 萬元，該捐贈實質上屬於資本性投入，光華企業將其計入資本公積（資本溢價）。不考慮其他因素，柳林企業按照權益法作如下會計處理：

借：長期股權投資——其他權益其他變動　　　　　2,400,000
　　貸：資本公積——其他資本公積　　　　　　　　2,400,000

(七) 股票股利的處理

被投資單位分派的股票股利，投資企業不作帳務處理，但應於除權日註明所增加的股數，以反應股份的變化情況。

三、長期股權投資的減值

長期股權投資在按照規定進行核算確定其帳面價值的基礎上，如果存在減值跡象的，應當按照相關準則的規定計提減值準備。其中對於公司、聯營企業及合營企業的投資，應當按照《企業會計準則第 8 號——資產減值》的相關內容確定其可收回金額及應予計提的減值準備；企業持有的對被投資單位不具有共同控製或重大影響、在活躍市場中沒有報價、公允價值不能可靠計量的長期股權投資，應當按照《企業會計準則第 22 號——金融工具確認和計量》的規定確定其可收回金額及應予計提的減值準備。

企業按照《企業會計準則解釋第 3 號》規定採用成本法核算的長期股權投資，投資企業取得被投資單位宣告發放的現金股利或利潤，確認自被投資單位應分得的現金股利或利潤後，應當考慮長期股權投資是否發生減值。在判斷該類長期股權投資是否存在減值跡象時，應當關注長期股權投資的帳面價值是否大於享有被投資單位淨資產（包括相關商譽）帳面價值的份額等類似情況。出現類似情況時，企業應當按照《企業會計準則第 8 號——資產減值》對長期股權投資進行減值測試，可收回金額低於長期股權投資帳面價值的，應當計提減值準備。

第四節　長期股權投資的處置

企業持有長期股權投資的過程中，由於各方面的考慮，決定將所持有的對被投資單位的股權全部或部分對外出售時，應相應結轉與所售股權相對應的長期股權投資的帳面價值，出售所得價款與處置長期股權投資帳面價值之間的差額，應確認為處置損益。

採用權益法核算的長期股權投資，原計入其他綜合收益（不能結轉損益的除外）或資本公積（其他資本公積）中的金額，在處置時亦應進行結轉，將與所出售股權相對應的部分在處置時自其他綜合收益或資本公積轉入當期損益。

【例 5-15】柳林企業原持有光華企業 40% 的股權，2016 年 12 月 20 日，柳林企業決定出售其持有的光華企業股權的 1/4，出售時柳林企業帳面上對光華企業長期股權投資的構成為：投資成本 1,000 萬元，損益調整 320 萬元，可轉入損益的其他綜合收益 150 萬元，其他權益變動 50 萬元，出售取得價款 470 萬元。

柳林企業應確認的處置損益為：

借：銀行存款　　　　　　　　　　　　　　　　　　　　4,700,000
　　貸：長期股權投資　　　　　　　　　　　　　　　　　3,800,000

投資收益	900,000

同時，還應將原計入其他綜合收益或資本公積的部分按比例轉入當期損益：

借：資本公積——其他資本公積	125,000
其他綜合收益	375,000
貸：投資收益	500,000

本章小結

本章首先對長期股權投資的概念和內容種類進行了描述，細緻地講解了長期股權投資的初始確認和計量、後續計量和處置。本章的主要內容有：

同一控制下企業合併形成的長期股權投資，合併方以支付現金、轉讓非現金資產或承擔債務方式作為合併對價的，應當在合併日按照取得被合併方所有者權益帳面價值的份額作為長期股權投資的初始投資成本。長期股權投資的初始投資成本與支付的現金、轉讓的非現金資產及所承擔債務帳面價值之間的差額，應當調整資本公積（資本溢價或股本溢價）；資本公積（資本溢價或股本溢價）的餘額不足沖減的，調整留存收益。合併方發生的審計、法律服務、評估諮詢等仲介費用以及其他相關管理費用，應當於發生時計入當期管理費用。

非同一控制下的控股合併中，購買方應當按照確定的企業合併成本作為長期股權投資的初始投資成本。企業合併成本包括購買方付出的資產、發生或承擔的負債、發行的權益性證券的公允價值之和。以支付現金取得的長期股權投資，應當按照實際支付的購買價款作為初始投資成本，包括購買過程中支付的手續費等必要支出，但所支付價款中包含的被投資單位已宣告但尚未發放的現金股利或利潤應作為應收項目核算，不構成取得長期股權投資的成本。

長期股權投資在按照規定進行核算確定其帳面價值的基礎上，如果存在減值跡象的，應當按照相關準則的規定計提減值準備。

企業持有長期股權投資的過程中，由於各方面的考慮，決定將所持有的對被投資單位的股權全部或部分對外出售時，應相應結轉與所售股權相對應的長期股權投資的帳面價值，出售所得價款與處置長期股權投資帳面價值之間的差額，應確認為處置損益。採用權益法核算的長期股權投資，原計入其他綜合收益或資本公積中的金額，在處置時亦應進行結轉，將與所出售股權相對應的部分在處置時自其他綜合收益或資本公積轉入當期損益。

關鍵詞

長期股權投資　控製　共同控製　重大影響　無控製、無共同控製且無重大影響　初始投資成本　投資者投入的長期股權投資　成本法　權益法

本章思考題

1. 同一控製與非同一控製下企業合併形成的長期股權投資取得成本的確定有何區別？
2. 舉例說明成本法的適用範圍及具體運用。
3. 舉例說明權益法的適用範圍及具體運用。

第六章　資產減值

【學習目的與要求】

本章主要闡述資產減值準則中規範的資產減值的確認、計量和記錄問題。本章的學習要求是：

1. 掌握資產減值的概念及其範圍。
2. 掌握資產可收回金額的計量。
3. 掌握資產減值損失的確認原則。
4. 掌握商譽減值測試及其減值的處理。

按照資產的定義，資產是指企業過去的交易或者事項形成的、由企業擁有或者控製的，預期會給企業帶來經濟利益的資源。資產的主要特徵之一是它必須能夠為企業帶來經濟利益的流入。如果資產不能夠為企業帶來經濟利益或者帶來的經濟利益低於其帳面價值，那麼，該資產就不能再予以確認，或者不能再以原帳面價值予以確認，否則將不符合資產的定義，也無法反應資產的實際價值，其結果會導致企業資產虛增和利潤虛增。因此，當企業資產的實際價值低於其帳面價值時，即表明資產發生了減值，企業應當確認資產減值損失，並把資產的帳面價值減記至可收回金額，即計提資產減值準備。

第一節　資產減值概述

一、資產減值的含義

資產減值，是指資產的可收回金額低於其帳面價值的情形。本章所指資產除特別說明外，包括單項資產和資產組。從傳統會計學的觀點，資產是未來的經濟利益，但用於會計確認，有些問題就不好解決了。因而，在對資產進行會計定義時，應結合考慮資產的量化即資產的計量問題。正因為如此，在會計學家看來，資產減值是歷史成本與可收回金額這兩種計量屬性對同一資產計量所產生的計量差異。當然，隨著對會計目標的不斷認識，會計學的著眼點已從單純的「記錄」轉到了新興的「計價」之上。對於資產的描述也轉向了強調對「未來經濟利益」流入的重視，因而這種對資產減值的理解顯然是滯後的。會計學家如斯普瑞格（Sprague）、坎寧（Canning）、斯普路斯（Sprouse）、莫尼茨（Moonizt）等引入了經濟學的思想，將資產減值的定義概括為

資產帳面價值與預期未來經濟利益估計的差額。雖然，這一定義仍然存在爭議，但是它概括了資產減值的本質，也符合財務報表有助於使用者做出決策的會計目標。

從經濟學的角度看，資產意味著「未來經濟利益」，企業只有在預期資產帶來的未來經濟利益高於或等於其市場價格時，才會作出資產購置的決策。在有效市場下，供需雙方的互動往往會導致商品的預期收益等於商品的生產支出，亦等於其市場價格，因而，資產購入時記錄於財務報表中的資金即是對資產在其壽命期內經濟利益的評價。在資產持有期間，由於各種內、外部因素的影響，可能使資產真實價值的運行軌跡偏離了預期的估計，由此產生的價值偏離正是資產的減值。

二、資產減值的範圍及其規範

企業所有的資產在發生減值時，原則上都應當及時加以確認和計量，因此，資產減值包括所有資產的減值。但是由於有關資產特性不同，其減值會計處理也有所差別，因而所適用的具體準則不盡相同。《企業會計準則第 8 號——資產減值》主要規範了企業非流動資產的減值會計問題，具體包括以下資產的減值：①對子公司、聯營企業和合營企業的長期股權投資；②採用成本模式進行後續計量的投資性房地產；③固定資產；④生產性生物資產；⑤無形資產；⑥商譽；⑦探明石油天然氣礦區權益和井及相關設施等。至於存貨、消耗性生物資產、建造合同形成的資產、遞延所得稅資產、融資租賃中出租人未擔保餘值、採用公允價值後續計量的投資性房地產、金融資產等的減值分別適用相應的規範。

三、資產減值跡象的判斷

企業應當在資產負債表日判斷資產是否存在可能發生減值的跡象，對於存在減值跡象的資產，應當進行減值測試，計算可收回金額，可收回金額低於帳面價值的，應當按照可收回金額低於帳面價值的金額，計提減值準備。

資產可能發生減值的跡象可從企業外部和企業內部進行分析，主要包括以下方面：

（1）資產的市價當期大幅度下跌，其跌幅明顯高於因時間的推移或者正常使用而預計的下跌。

（2）企業經營所處的經濟、技術或法律等環境以及資產所處的市場在當期或將在近期發生重大變化，從而對企業產生不利影響。

（3）市場利率或者其他市場投資回報率在當期已經提高，從而影響企業計算資產預計未來現金流量現值的折現率，導致資產可收回金額大幅度降低。

（4）有證據表明資產已經陳舊過時或其實體已經損壞。

（5）資產已經或者將被閒置、終止使用或者計劃提前處置。

（6）企業內部報告的證據表明資產的經濟績效已經低於或者將低於預期，如資產所創造的淨現金流量或者實現的營業利潤（或者損失）遠遠低於（或者高於）預計金額等。

（7）其他表明資產可能已經發生減值的跡象。

四、資産減值的測試

企業在資產負債表日判斷資產是否存在減值的跡象。如果有確鑿證據表明資產存在減值跡象的，應當進行減值測試，估計資產的可收回金額。但因企業合併形成的商譽和使用壽命不確定的無形資產，無論是否存在減值跡象，都應當至少於每年年度終了進行減值測試。另外，對於尚未達到可使用狀態的無形資產由於其價值具有較大的不確定性，也應當每年進行減值測試。

企業在判斷資產減值跡象以決定是否需要估計資產可收回金額時，應當遵循重要性要求。根據這一要求，企業資產存在下列情況的，可以不估計其可收回金額：

（1）以前報告期間的計算結果表明，資產可收回金額遠高於其帳面價值，之後又沒有發生消除這一差異的交易或事項的，企業在資產負債表日可以不需重新估計該資產的可收回金額。

（2）以前報告期間的計算與分析表明，資產可收回金額對於資產減值準則中所列示的一種或者多種減值跡象反應不敏感，在本報告期間又發生了這些減值跡象的，在資產負債表日企業可以不需因為上述減值跡象的出現而重新估計資產的可收回金額。

第二節　資産可收回金額的計量

一、可收回金額定義

企業在估計可收回金額時，原則上應當以單項資產為基礎，如果企業難以對單項資產的可收回金額進行估計的，應當以資產所屬的資產組為基礎確定資產的可收回金額。資產組是指企業可以認定的最小資產組合，其產生的現金流入應當基本上獨立於其他資產或資產組。資產組應當由創造現金流入的相關資產組成。

可收回金額的估計，應當根據資產的公允價值減去處置費用後的淨額與資產預計未來現金流量的現值兩者之間較高者確定。

二、估計資産可收回金額的基本方法

根據資產減值準則的規定，資產存在減值跡象的，應當估計其可收回金額，然後將所估計的資產可收回金額與其帳面價值相比較，以確定資產是否發生了減值，以及是否需要計提資產減值準備並確認相應的減值損失。

資產可收回金額的估計，應當根據其公允價值減去處置費用後的淨額與資產預計未來現金流量的現值兩者之間較高者確定。因此，計算確定資產可收回金額應當經過以下步驟：

第一步，計算確定資產的公允價值減去處置費用後的淨額；

第二步，計算確定資產預計未來現金流量的現值；

第三步，資產的公允價值減去處置費用後的淨額和資產預計未來現金流量的現值，

取其較高者作為資產可收回金額。

一般而言，要估計資產的可收回金額，通常需要同時估計該資產的公允價值減去處置費用後的淨額和資產預計未來現金流量的現值，但是在下列情況下，可以有例外或者特殊考慮：

（1）資產的公允價值減去處置費用後的淨額與資產預計未來現金流量的現值，只要有一項超過了資產的帳面價值，就表明資產沒有發生減值，不需再估計另一項金額。

（2）沒有確鑿證據或者理由表明，資產預計未來現金流量現值顯著高於其公允價值減去處置費用後的淨額的，可以將資產的公允價值減去處置費用後的淨額視為資產的可收回金額。企業持有待售的資產往往屬於這種情況，即該資產在持有期間（處置之前）所產生的現金流量可能很少，其最終取得的未來現金流量往往就是資產的處置淨收入，在這種情況下，以資產公允價值減去處置費用後的淨額作為其可收回金額是適宜的，因為資產的未來現金流量現值不大會顯著高於其公允價值減去處置費用後的淨額。

（3）資產的公允價值減去處置費用後的淨額如果無法可靠估計的，應當以該資產預計未來現金流量的現值作為其可收回金額。

三、資產的公允價值減去處置費用後的淨額的估計

資產的公允價值減去處置費用後的淨額，通常反應的是資產如果被出售或者處置時可以收回的淨現金收入。其中，資產的公允價值是指在公平交易中，熟悉情況的交易雙方自願進行資產交換的金額；處置費用是指可以直接歸屬於資產處置的增量成本，包括與資產處置有關的法律費用、相關稅費、搬運費以及為使資產達到可銷售狀態所發生的直接費用等，但是財務費用和所得稅費用等不包括在內。

企業在估計資產的公允價值減去處置費用後的淨額時，應當分別是否存在資產銷售協議和活躍市場進行處理：

1. 存在資產銷售協議

對於存在資產銷售協議的，應當根據公平交易中資產的銷售協議價格減去可直接歸屬於該資產處置費用的金額確定資產的公允價值減去處置費用後的淨額。這是估計資產的公允價值減去處置費用後的淨額的最佳方法，企業應當優先採用這一方法。但是，在實務中，企業的資產往往都是內部持續使用的，取得資產的銷售協議價格並不容易，為此，需要採用其他方法估計資產的公允價值減去處置費用後的淨額。

【例6-1】柳林公司的某項固定資產在公平交易中的銷售協議價格為300萬元，可直接歸屬於該資產的處置費用（包括有關的法律費用、相關稅費、搬運費等直接費用）為20萬元。則該固定資產的公允價值減去處置費用後的淨額＝300－20＝280（萬元）。

2. 不存在銷售協議但存在資產活躍市場

對於不存在銷售協議但存在資產活躍市場的，應當根據該資產的市場價格減去處置費用後的金額確定。資產的市場價格通常應當按照資產的買方出價確定。但是如果難以獲得資產在估計日的買方出價的，企業可以以資產最近的交易價格作為其公允價值減去處置費用後的淨額確定，其前提是資產的交易日和估計日之間，有關經濟、市

場環境等沒有發生重大變化。

【例6-2】柳林公司的某項固定資產不存在銷售協議但存在活躍市場，市場價格為500萬元，估計的處置費用為25萬元。則該固定資產的公允價值減去處置費用後的淨額＝500－25＝475（萬元）。

3. 既不存在資產銷售協議又不存在資產活躍市場

對於既不存在資產銷售協議又不存在資產活躍市場的情況，企業應當以可獲取的最佳信息為基礎，熟悉情況的交易雙方自願進行公平交易願意提供的交易價格減去資產處置費用後的金額，估計資產的公允價值減去處置費用後的淨額。在實務中，該金額可以參考同行業類似資產的最近交易價格或者結果進行估計。

【例6-3】柳林公司的某項固定資產不存在銷售協議，也不存在活躍市場。甲公司通過調查同行業類似資產最近的交易價格估計的該固定資產的公允價值為200萬元，可直接歸屬於該固定資產的處置費用為5萬元。則該固定資產的公允價值減去處置費用後的淨額＝200－5＝195（萬元）。

如果企業按照上述要求仍然無法可靠估計資產的公允價值減去處置費用後的淨額的，應當以該資產預計未來現金流量的現值作為其可收回金額。

四、資產預計未來現金流量的現值的估計

資產預計未來現金流量的現值，應當按照資產在持續使用過程中和最終處置時所產生的預計未來現金流量，選擇恰當的折現率對其進行折現後的金額加以確定。預計資產未來現金流量的現值，主要應當綜合考慮以下因素：①資產的預計未來現金流量；②資產的使用壽命；③折現率。其中，資產使用壽命的預計與《企業會計準則第4號——固定資產》《企業會計準則第6號——無形資產》等規定的使用壽命預計方法相同。以下重點闡述資產未來現金流量和折現率的預計方法。

（一）資產未來現金流量的預計

1. 預計資產未來現金流量的基礎

為了估計資產未來現金流量的現值，需要首先預計資產的未來現金流量，為此，企業管理層應當在合理和有依據的基礎上對資產剩餘使用壽命內整個經濟狀況進行最佳估計，並將資產未來現金流量的預計建立在經企業管理層批准的最近財務預算或者預測數據之上。但是出於數據可靠性和便於操作等方面的考慮，建立在該預算或者預測基礎上的預計現金流量最多涵蓋5年，企業管理層如能證明更長的期間是合理的，可以涵蓋更長的期間。

如果資產未來現金流量的預計還包括最近財務預算或者預測期之後的現金流量，企業應當以該預算或者預測期之後年份穩定的或者遞減的增長率為基礎進行估計。但是，企業管理層如能證明遞增的增長率是合理的，可以以遞增的增長率為基礎進行估計。同時，所使用的增長率除了企業能夠證明更高的增長率是合理的之外，不應當超過企業經營的產品、市場、所處的行業或者所在國家或者地區的長期平均增長率，或者該資產所處市場的長期平均增長率。在恰當、合理的情況下，該增長率可以是零或

者負數。

由於經濟環境隨時都在變化，資產的實際現金流量往往會與預計數有出入，而且預計資產未來現金流量時的假設也有可能發生變化，因此，企業管理層在每次預計資產未來現金流量時，應當分析以前期間現金流量預計數與現金流量實際數出現差異的情況，以評判當期現金流量預計所依據的假設的合理性。通常情況下，企業管理層應當確保當期現金流量預計所依據的假設與前期實際結果相一致。

2. 預計資產未來現金流量應當包括的內容

預計的資產未來現金流量應當包括下列各項：

(1) 資產持續使用過程中預計產生的現金流入。

(2) 為實現資產持續使用過程中產生的現金流入所必需的預計現金流出（包括為使資產達到預定可使用狀態所發生的現金流出）。該現金流出應當是可直接歸屬於或者可通過合理和一致的基礎分配到資產中的現金流出，後者通常是指那些與資產直接相關的間接費用。對於在建工程、開發過程中的無形資產等，企業在預計其未來現金流量時，就應當包括預期為使該類資產達到預定可使用（或者可銷售）狀態而發生的全部現金流出數。

本期淨現金流量 = 本期現金流入 – 本期現金流出

(3) 資產使用壽命結束時，處置資產所收到或者支付的淨現金流量。該現金流量應當是在公平交易中，熟悉情況的交易雙方自願進行交易時，企業預期可從資產的處置中獲取或者支付的減去預計處置費用後的金額。

3. 預計資產未來現金流量應當考慮的因素

企業在預計資產未來現金流量時，應當綜合考慮下列因素：

(1) 以資產的當前狀況為基礎預計資產未來現金流量。企業資產在使用過程中有時會因為修理、改良、重組等原因而發生變化，因此，在預計資產未來現金流量時，企業應當以資產的當前狀況為基礎，不應當包括與將來可能會發生的、尚未作出承諾的重組事項或者與資產改良有關的預計未來現金流量。

(2) 預計資產未來現金流量不應當包括籌資活動和所得稅收付產生的現金流量。企業預計的資產未來現金流量，不應當包括籌資活動產生的現金流入或者流出以及與所得稅收付有關的現金流量。其原因：一是所籌集資金的貨幣時間價值已經通過折現因素予以考慮；二是折現率要求是以稅前基礎計算確定的，因此，現金流量的預計也必須建立在稅前基礎之上，這樣可以有效避免在資產未來現金流量現值的計算過程中可能出現的重複計算等問題，以保證現值計算的正確性。

(3) 對通貨膨脹因素的考慮應當和折現率相一致。企業在預計資產未來現金流量和折現率時，考慮因一般通貨膨脹而導致物價上漲的因素，應當採用一致的基礎。如果折現率考慮了因一般通貨膨脹而導致的物價上漲影響因素，資產預計未來現金流量也應予以考慮；反之，如果折現率沒有考慮因一般通貨膨脹而導致的物價上漲影響因素，資產預計未來現金流量也應當剔除這一影響因素。總之，在考慮通貨膨脹因素的問題上，資產未來現金流量的預計和折現率的預計，應當保持一致。

(4) 涉及內部轉移價格的需要作調整。在一些企業集團裡，出於集團整體戰略發

展的考慮，某些資產生產的產品或者其他產出可能是供其集團內部其他企業使用或者對外銷售的，所確定的交易價格或者結算價格基於內部轉移價格，而內部轉移價格很可能與市場交易價格不同，在這種情況下，為了如實測算企業資產的價值，就不應當簡單地以內部轉移價格為基礎預計資產未來現金流量，而應當採用在公平交易中企業管理層能夠達成的最佳的未來價格估計數進行預計。

4. 預計資產未來現金流量的方法

預計資產未來現金流量，通常應當根據資產未來每期最有可能產生的現金流量進行預測。它使用單一的未來每期預計現金流量和單一的折現率計算資產未來現金流量的現值。

【例6-4】柳林公司擁有甲固定資產，該固定資產剩餘使用年限為3年，公司預計未來3年內，該資產每年可為公司產生的淨現金流量分別為：第一年150萬元，第二年75萬元，第三年15萬元。該現金流量通常即為最有可能產生的現金流量，公司應以該現金流量的預計數為基礎計算資產的現值。

如果影響資產未來現金流量的因素較多，情況較為複雜，帶有很大的不確定性，使用單一的現金流量可能並不會如實地反應資產創造現金流量的實際情況。在這種情況下，採用期望現金流量法預計資產未來現金流量更為合理。在期望現金流量法下，資產未來現金流量應當根據每期現金流量期望值進行預計，每期現金流量期望值按照各種可能情況下的現金流量與其發生概率加權計算。

(二) 折現率的預計

為了資產減值測試的目的，計算資產未來現金流量現值時所使用的折現率應當是反應當前市場貨幣時間價值和資產特定風險的稅前利率。該折現率是企業在購置或者投資資產時所要求的必要報酬率。

確定折現率時應注意：

(1) 在預計資產的未來現金流量時已經對資產特定風險的影響作了調整的，估計折現率不需要考慮這些特定風險。

(2) 如果用於估計折現率的基礎是稅後的，應當將其調整為稅前的折現率，以便於與資產未來現金流量的估計基礎相一致。

(3) 企業在確定折現率時，應當以該資產的市場利率為依據。如果特定資產的報酬率難以從市場上直接獲得，企業應當採用替代報酬率以估計折現率。在估計替代利率時，企業應當充分考慮資產剩餘壽命期間的貨幣時間價值和其他相關因素，比如資產未來現金流量金額及其時間的預計離散程度、資產內在不確定性的定價等，如果資產預計未來現金流量已經對這些因素作了有關調整的，應當予以剔除。

替代利率在估計時，可以根據企業加權平均資金成本、增量借款利率或者其他相關市場借款利率作適當調整後確定。調整時，應當考慮與資產預計現金流量有關的特定風險以及其他有關政治風險、貨幣風險和價格風險等。

企業在估計資產未來現金流量現值時，通常應當使用單一的折現率。但是，如果資產未來現金流量的現值對未來不同期間的風險差異或者利率的期間結構反應敏感的，

財務會計

企業應當在未來各不同期間採用不同的折現率。

(三) 資產未來現金流量現值的預計

在預計資產未來現金流量和折現率的基礎之上，資產未來現金流量的現值只需將該資產的預計未來現金流量按照預計的折現率在預計期限內加以折現即可確定。

其計算公式如下：

資產未來現金流量的現值(PV) = $\sum$ [預計第 t 年資產未來現金流量(NCF_t)/(1 + 折現率 R)^t]

【例 6-5】柳林航運公司於 2010 年末對一艘遠洋運輸船只進行減值測試。該船舶帳面價值為 2.4 億元，預計尚可使用年限為 8 年。該船舶的公允價值減去處置費用後的淨額難以確定，因此，公司需要通過計算其未來現金流量的現值確定資產的可收回金額。假定公司當初購置該船舶用的資金是銀行長期借款資金，借款年利率為 15%，公司認為 15% 是該資產的最低必要報酬率，已考慮了與該資產有關的貨幣時間價值和特定風險。因此在計算其未來現金流量現值時，使用 15% 作為其折現率（稅前）。

公司管理層批准的財務預算顯示：公司將於 2015 年更新船舶的發動機系統，預計為此發生資本性支出 2,250 萬元，這一支出將降低船舶運輸油耗、提高使用效率等，因此將提高資產的營運績效。

為了計算船舶在 2010 年末未來現金流量的現值，公司必須預計其未來現金流量。假定公司管理層批准的 2010 年末的該船舶預計未來現金流量如表 6-1 所示。

表 6-1   單位：萬元

年份	預計未來現金流量 （不包括改良的影響金額）	預計未來現金流量 （包括改良的影響金額）
2011	3,750	
2012	3,690	
2013	3,570	
2014	3,540	
2015	3,585	
2016	3,705	4,935
2017	3,750	4,920
2018	3,765	4,950

根據資產減值準則的規定，在 2010 年末預計資產未來現金流量時，應當以資產當時的狀況為基礎，不應考慮與該資產改良有關的預計未來現金流量，因此，儘管 2015 年船舶的發動機系統將進行更新以改良資產績效，提高資產未來現金流量，但是在 2010 年末對其進行減值測試時，則不應將其包括在內。即在 2010 年末計算該資產未來現金流量的現值時，應當以不包括資產改良影響金額的未來現金流量為基礎加以計算。具體如表 6-2 所示。

表 6-2 單位：萬元

年份	預計未來現金流量 （不包括改良的影響金額）	以折現率為15% 的折現系數	預計未來 現金流量現值
2011	3,750	0.869,6	3,261.00
2012	3,690	0.756,1	2,790.01
2013	3,570	0.657,5	2,347.28
2014	3,540	0.571,8	2,024.17
2015	3,585	0.497,2	1,782.46
2016	3,705	0.432,3	1,601.67
2017	3,750	0.375,9	1,409.63
2018	3,765	0.326,9	1,230.78
			16,446.99

由於在2010年年末船舶的帳面價值（尚未確認減值損失）為24,000萬元，而其可收回金額為16,446.99萬元，帳面價值高於其可收回金額，因此，應當確認減值損失，並計提相應的資產減值準備。

應確認的減值損失＝24,000－16,446.99＝7,553.01（萬元）

假定在2011—2014年間該船舶沒有發生進一步減值的跡象，因此不必再進行減值測試，無須計算其可收回金額。2015年發生了2,250萬元的資本性支出，改良了資產績效，導致其未來現金流量增加，但由於中國資產減值準則不允許將以前期間已經確認的資產減值損失予以轉回，因此，在這種情況下，也不必計算其可收回金額。

【例6-6】2016年12月31日，柳林公司對一輛貨運汽車進行檢查時發現，該貨運汽車因市場環境變化可能發生減值。此貨運汽車的公允價值為10萬元，可歸屬於該貨運汽車的處置費用為0.5萬元；預計尚可使用3年，預計其在未來2年內每年年末產生的現金流量分別為：4.8萬元、4萬元；第3年產生的現金流量以及使用壽命結束時處置形成的現金流量合計為4.5萬元。綜合考慮貨幣時間價值及相關風險確定折現率為10%，則可收回金額計算如下：

①貨運汽車的公允價值減去處置費用後的淨額＝10－0.5＝9.5（萬元）

②貨運汽車預計未來現金流量現值 $= \dfrac{4.8}{(1+10\%)} + \dfrac{4}{(1+10\%)^2} + \dfrac{4.5}{(1+10\%)^3}$

$= 4.36 + 3.31 + 3.38$

$= 11.05$（萬元）

③根據孰高原則，該貨運汽車的可收回金額為11.05萬元。

第三節　資產減值損失的確認與計量

一、資產減值損失確認與計量的一般原則

企業在對資產進行減值測試並計算了資產的可收回金額後，如果資產的可收回金額低於其帳面價值的，應當將資產的帳面價值減記至可收回金額，減記的金額確認為資產減值損失，計入當期損益，同時計提相應的資產減值準備。這樣，企業當期確認的減值損失應當反應在其利潤表中，而計提的資產減值準備應當作為相關資產的備抵項目，反應於資產負債表中，從而夯實企業資產價值，避免利潤虛增，如實反應企業的財務狀況和經營成果。資產的帳面價值是指資產成本扣減累計折舊（或累計攤銷）和累計減值準備後的金額。

資產減值損失確認後，減值資產的折舊或者攤銷費用應當在未來期間作相應調整，以使該資產在剩餘使用壽命內，系統地分攤調整後的資產帳面價值（扣除預計淨殘值）。比如，固定資產計提了減值準備後，固定資產帳面價值將根據計提的減值準備相應抵減，因此，固定資產在未來計提折舊時，應當按照新的固定資產帳面價值為基礎計提每期折舊。

一方面，固定資產、無形資產、商譽等資產發生減值後，價值回升的可能性比較小，通常屬於永久性減值；另一方面，從會計信息謹慎性要求考慮，為了避免確認資產重估增值和操縱利潤，資產減值準則規定，資產減值損失一經確認，在以後會計期間不得轉回。以前期間計提的資產減值準備，在資產處置、出售、對外投資、以非貨幣性資產交換方式換出、在債務重組中抵償債務等時，才可予以轉出。

二、資產減值損失的帳務處理

為了正確核算企業確認的資產減值損失和計提的資產減值準備，企業應當設置「資產減值損失」科目，按照資產類別進行明細核算，反應各類資產在當期確認的資產減值損失金額；同時，應當根據不同的資產類別，分別設置「固定資產減值準備」「在建工程減值準備」「投資性房地產減值準備」「無形資產減值準備」「商譽減值準備」「長期股權投資減值準備」「生產性生物資產減值準備」等科目。

當企業根據資產減值準則規定確定資產發生了減值時，應當根據所確認的資產減值金額，借記「資產減值損失」科目，貸記「固定資產減值準備」「在建工程減值準備」「投資性房地產減值準備」「無形資產減值準備」「商譽減值準備」「長期股權投資減值準備」「生產性生物資產減值準備」等科目。在期末，企業應當將「資產減值損失」科目餘額轉入「本年利潤」科目，結轉後該科目應當沒有餘額。各資產減值準備科目累積每期計提的資產減值準備，直至相關資產被處置時才予以轉出。

【例6-7】柳林公司有關貨運汽車的購入和使用情況如下：

①2016年12月20日柳林公司購入一輛貨運汽車，用銀行存款支付的買價和相關

稅費為 20.8 萬元。

  借：固定資產   208,000
   貸：銀行存款   208,000

②從 2017 年 1 月起計提折舊。假設該貨運汽車的預計使用年限 5 年，預計淨殘值 0.8 萬元，按直線法計提折舊。為簡化，2017 年年末計提折舊如下：

2017 年計提折舊額 =（20.8－0.8）/5 = 4（萬元）

  借：其他業務成本   40,000
   貸：累計折舊   40,000

註：假設貨運收入計入其他業務收入。

③2017 年年末計提減值準備。假設 2017 年年末該貨運汽車未出現減值的跡象，不計提固定資產減值準備。

④2018 年年末計提 2018 年折舊：

  借：其他業務成本   40,000
   貸：累計折舊   40,000

⑤2018 年年末計提減值

2018 年 12 月 31 日，柳林公司對該貨運汽車進行檢查時發現該貨運汽車因市場環境變化可能發生減值。經測算該貨運汽車的可收回金額為 11.05 萬元。因該貨運汽車的帳面價值為 12.8 萬元（20.8－4×2），高於其可收回金額 11.05 萬元，應計提固定資產減值準備 1.75 萬元（12.8－11.05）：

  借：資產減值損失   17,500
   貸：固定資產減值準備   17,500

⑥2019 年年末計提 2019 年折舊

計提固定資產減值準備後，2009 年年初固定資產淨額為 11.05 萬元，假設預計使用年限為 3 年，預計淨殘值為 0.01 萬元，則 2009 年應計提折舊額 =（11.05－0.01）/3 = 3.68（萬元）。

  借：其他業務成本   36,800
   貸：累計折舊   36,800

如果以後年度造成固定資產減值的因素消失，固定資產價值回升，按照新準則規定，已計提的減值也不得轉回。

第四節　商譽減值測試與處理

一、商譽減值測試的基本要求

  企業合併所形成的商譽，至少應當在每年年度終了進行減值測試。由於商譽難以獨立產生現金流量，因此，商譽應當結合與其相關的資產組或者資產組組合進行減值測試。為了資產減值測試的目的，對於因企業合併形成的商譽的帳面價值，應當自購

買日起按照合理的方法分攤至相關的資產組；難以分攤至相關的資產組的，應當將其分攤至相關的資產組組合。企業因重組等原因改變了其報告結構，從而影響到已分攤商譽的一個或者若干個資產組或者資產組組合構成的，應當按照合理的方法，將商譽重新分攤至受影響的資產組或者資產組組合。這些相關的資產組或者資產組組合應當是能夠從企業合併的協同效應中受益的資產組或者資產組組合，但不應當大於按照《企業會計準則第35號——分部報告》所確定的報告分部。

二、商譽減值測試的方法與會計處理

企業在對包含商譽的相關資產組或者資產組組合進行減值測試時，如與商譽相關的資產組或者資產組組合存在減值跡象的，應當首先對不包含商譽的資產組或者資產組組合進行減值測試，計算可收回金額，並與相關帳面價值相比較，確認相應的減值損失。然後再對包含商譽的資產組或者資產組組合進行減值測試，比較這些相關資產組或者資產組組合的帳面價值（包括所分攤的商譽的帳面價值部分）與其可收回金額，如相關資產組或者資產組組合的可收回金額低於其帳面價值的，應當就其差額確認減值損失，減值損失金額應當首先抵減分攤至資產組或者資產組組合中商譽的帳面價值；再根據資產組或者資產組組合中除商譽之外的其他各項資產的帳面價值所占比重，按比例抵減其他各項資產的帳面價值。和資產減值測試的處理一樣，以上資產帳面價值的抵減，也都應當作為各單項資產（包括商譽）的減值損失處理，計入當期損益。抵減後的各資產的帳面價值不得低於以下三者之中最高者：該資產的公允價值減去處置費用後的淨額（可確定的）、該資產預計未來現金流量的現值（可確定的）和零。因此而導致的未能分攤的減值損失金額，應當按照相關資產組或者資產組組合中其他各項資產的帳面價值所占比重進行分攤。

由於按照《企業會計準則第20號——企業合併》的規定，因企業合併所形成的商譽是母公司根據其在子公司所擁有的權益而確認的商譽，子公司中歸屬於少數股東的商譽並沒有在合併財務報表中予以確認。因此，在對與商譽相關的資產組或者資產組組合進行減值測試時，由於其可收回金額的預計包括歸屬於少數股東的商譽價值部分，因此為了使減值測試建立在一致的基礎上，企業應當調整資產組的帳面價值，將歸屬於少數股東權益的商譽包括在內，然後根據調整後的資產組帳面價值與其可收回金額進行比較，以確定資產組（包括商譽）是否發生了減值。

上述資產組如發生減值的，應當首先抵減商譽的帳面價值，但由於根據上述方法計算的商譽減值損失包括了應由少數股東權益承擔的部分，而少數股東權益擁有的商譽價值及其減值損失都不在合併財務報表中反應，合併財務報表只反應歸屬於母公司的商譽減值損失，因此應當將商譽減值損失在可歸屬於母公司和少數股東權益部分之間按比例進行分攤，以確認歸屬於母公司的商譽減值損失。

【例6-8】柳林公司在2016年1月1日以2,480萬元的價格收購了乙公司80%股權。在購買日，乙公司可辨認資產的公允價值為2,325萬元，沒有負債和或有負債。因此，柳林公司在購買日編制的合併資產負債表中確認商譽620萬元（2,480－2,325×80%）、乙公司可辨認淨資產2,325萬元和少數股東權益465萬元（2,325×20%）。

假定乙公司的所有資產被認定為一個資產組。由於該資產組包括商譽,因此,它至少應當於每年年度終了進行減值測試。在2016年末,柳林公司確定該資產組的可收回金額為1,550萬元,可辨認淨資產的帳面價值為2,092.50萬元。由於乙公司作為一個單獨的資產組的可收回金額1,550萬元中,包括歸屬於少數股東權益在商譽價值中享有的部分。因此,出於減值測試的目的,在與資產組的可收回金額進行比較之前,必須對資產組的帳面價值進行調整,使其包括歸屬於少數股東權益的商譽價值155萬元〔(2,480/80% - 2,325)×20%〕。然後再據以比較該資產組的帳面價值和可收回金額,確定是否發生了減值損失。其測試過程如表6-3所示。

表6-3　　　　　　　　　　　　　　　　　　　　　　　　　　　　　　單位:萬元

2016年末	商譽	可辨認資產	合計
帳面價值	620.00	2,092.50	2,712.50
未確認歸屬於少數股東權益的商譽價值	155.00	—	155.00
調整後帳面價值	775.00	2,092.50	2,867.50
可收回金額			1,550.00
減值損失			1,317.50

根據上述計算結果,資產組發生減值損失1,317.50萬元,應當首先衝減商譽的帳面價值,然後再將剩餘部分分攤至資產組中的其他資產。在本例中,1,317.50萬元減值損失中有775萬元應當屬於商譽減值損失,其中由於在合併財務報表中確認的商譽僅限於柳林公司持有乙公司80%股權部分,因此,柳林公司只需要在合併報表中確認歸屬於柳林公司的商譽減值損失,即775萬元商譽減值損失的80%,為620萬元。剩餘的542.5萬元(1,317.50 - 775)減值損失應當衝減乙公司的可辨認資產的帳面價值,作為乙公司可辨認資產的減值損失。減值損失的分攤過程如表6-4所示。

表6-4　　　　　　　　　　　　　　　　　　　　　　　　　　　　　　單位:萬元

2016年末	商譽	可辨認資產	合計
帳面價值	620	2,092.50	2,712.50
確認的減值損失	(620)	(542.50)	(1,162.50)
確認減值損失後的帳面價值	—	1,550.00	1,550.00

本章小結

本章首先對資產減值的含義、範圍及規範、減值跡象的判斷以及減值測試等內容進行了介紹,進一步詳細闡述了資產減值的核算方法。主要內容包括:

資產減值,是指資產的可收回金額低於其帳面價值的情形。企業在資產負債表日判斷資產是否存在減值的跡象。如果有確鑿證據表明資產存在減值跡象的,應當進行

減值測試，估計資產的可收回金額。可收回金額的估計，應當根據資產的公允價值減去處置費用後的淨額與資產預計未來現金流量的現值兩者之間較高者確定。如果資產的可收回金額低於其帳面價值的，應當將資產的帳面價值減記至可收回金額，減記的金額確認為資產減值損失，計入當期損益，同時計提相應的資產減值準備。資產減值損失確認後，減值資產的折舊或者攤銷費用應當在未來期間作相應調整。企業合併所形成的商譽和適應壽命不確定的無形資產，至少應當在每年年度終了進行減值測試。

關鍵詞

資產減值　資產組　可收回金額　資產的公允價值減去處置費用後的淨額　資產預計未來現金流量的現值　內部轉移價格　折現率

本章思考題

1. 資產可能發生減值的跡象主要包括哪些？企業應當如何進行判斷？
2. 試說明資產可收回金額的計量方法。
3. 請闡述資產減值損失的確認原則。
4. 何謂商譽？如何進行商譽減值的會計處理？

第七章 負　　債

【學習目的與要求】

本章主要闡述負債的確認、計量、記錄問題。本章的學習要求是：
1. 明確流動負債與非流動負債的性質、分類和計價。
2. 掌握流動負債的會計處理。
3. 掌握非流動負債的會計處理。

第一節　負債概述

一、負債的定義及確認條件

負債是指企業過去的交易或者事項形成的、預期會導致經濟利益流出企業的現時義務。

負債通常具有以下幾個基本特徵：①負債是基於企業過去的交易或事項而產生的，也就是說，導致負債的交易或者事項必須已經發生。②負債是企業承擔的現時義務，一般是由具有約束力的合同或因法定要求等而產生。所謂現時義務，是指企業在現行條件下已承擔的義務。未來發生的交易或者事項形成的義務不屬於現時義務，因此也不屬於負債。③負債的發生往往伴隨著資產或勞務的取得，或者費用或損失的發生；並且負債通常需要在未來某一特定時點用資產或勞務來償付。

負債的確認條件：①與該義務有關的經濟利益很可能流出企業；②未來流出的經濟利益的金額能夠可靠地計量。必須同時滿足以上兩個條件時，才能確認為負債。

二、負債的分類

負債按流動性分類，可分為流動負債和非流動負債。

(一) 流動負債

負債滿足下列條件之一，應當歸為流動負債：
(1) 預計在一個正常營業週期中清償；
(2) 主要為交易目的而持有；
(3) 自資產負債表日起一年內應予以清償；
(4) 企業無權自主地將清償義務推遲至資產負債表日後一年以上。

流動負債的計價：負債是企業在未來償付的債務，從理論上講，應按未來應付金

額的現值計價，流動負債也是負債，從理論上講也不例外。但是，流動負債的償付時間一般不超過一年，未來應付金額與貼現值相差不多，按照重要性原則，其差額往往忽略不計，因而，流動負債一般按照業務發生時的金額計價。

流動負債主要包括：短期借款、應付票據、應付帳款、預收帳款、應付職工薪酬、應付股利、應交稅費、其他應付款等。

(二) 非流動負債

非流動負債是流動負債以外的負債，通常是指償還期限在1年以上的債務。對於在資產負債表日起一年內到期的負債，企業預計能夠自主地將清償義務展期至資產負債表日後一年以上的，應當歸類為非流動負債。

與流動負債相比，非流動負債具有償還期限較長、金額較大的特點。這就決定了其會計處理也具有不同於流動負債的特點。由於非流動負債的償還期限較長且金額較大，未來的現金流出量（未來支付的利息與本金）與其現值之間的差額較大，因而從理論上講，非流動負債宜按其現值入帳，而不宜按其未來應償付金額入帳。且非流動負債的利息額往往較大，因而利息的確認與計量，對於如實反應企業的財務狀況與經營成果就顯得十分重要。此外，非流動負債的利息既可能是分期支付，也可能於到期還本時一次支付。因此，非流動負債的應付未付利息既可能是流動負債，也可能是非流動負債。

非流動負債主要包括長期借款、應付債券、長期應付款等。

第二節　流動負債

一、短期借款

短期借款是指企業向銀行或其他金融機構等借入的期限在一年以內（含一年）的各種借款。企業借入的短期借款無論用於哪方面，只要借入了這筆資金，就構成了一項負債。對於企業發生的短期借款，應設置「短期借款」科目核算；對於短期借款的利息，企業應當按照應計的金額，借記「財務費用」「利息支出（金融企業）」等科目，貸記「應付利息」等科目。

二、應付票據

應付票據是由出票人出票，委託付款人在指定日期無條件支付特定的金額給收款人或者持票人的票據。企業應設置「應付票據」科目進行核算。應付票據按是否帶息分為帶息應付票據和不帶息應付票據兩種。

(一) 帶息應付票據的處理

應付票據如為帶息票據，其票據的面值就是票據的現值。由於中國商業匯票期限較短，因此，通常在期末，對尚未支付的應付票據計提利息，借記當期「財務費用」，貸記

「應付利息」，票據到期支付票款時，尚未計提的利息部分直接計入當期財務費用。

(二) 不帶息應付票據的處理

不帶息應付票據，其面值就是票據到期時的應付金額。

【例7-1】柳林公司為增值稅一般納稅人，採購原材料採用商業匯票方式結算貨款，根據有關發票帳單，購入材料的實際成本為20萬元，增值稅專用發票上註明的增值稅為3.4萬元。材料已經驗收入庫。企業開出期限為三個月的商業承兌匯票。該企業採用實際成本進行材料的日常核算，根據上述資料，企業應作如下會計分錄：

借：原材料　　　　　　　　　　　　　　　　　　　　　　200,000
　　應交稅費——應交增值稅（進項稅額）　　　　　　　　 34,000
　貸：應付票據　　　　　　　　　　　　　　　　　　　　234,000

開出並承兌的商業承兌匯票如果不能如期支付的，應在票據到期時，將「應付票據」帳面價值轉入「應付帳款」科目。待協商後再進行處理，如果重新簽發新的票據以清償原應付票據的，再從「應付帳款」科目轉入「應付票據」科目。銀行承兌匯票如果票據到期，企業無力支付到期票款時，承兌銀行除憑票向持票人無條件付款外，對出票人尚未支付的匯票金額轉作逾期貸款處理，並按照每天萬分之五計收利息。企業無力支付到期銀行承兌匯票，在接到銀行轉來的「xx號匯票無款支付轉入逾期貸款戶」等有關憑證時，借記「應付票據」科目，貸記「短期借款」科目。對計收的利息，按短期借款利息的處理辦法處理。

三、應付職工薪酬

(一) 職工薪酬的內容

職工薪酬，是指企業為獲得職工提供的服務或終止勞動合同關係而給予各種形式的報酬以及其他相關支出。

這裡所稱「職工」比較寬泛，包括三類人員：一是與企業訂立勞動合同的所有人員，含全職、兼職和臨時職工；二是未與企業訂立勞動合同，但由企業正式任命的企業治理層和管理層人員，如董事會成員、監事會成員等；三是在企業的計劃和控製下，雖未與企業訂立勞動合同或未由其正式任命，但為其提供與職工類似服務的人員，包括通過企業與勞務仲介公司簽訂用工合同而向企業提供服務的人員。

職工薪酬主要包括以下內容：

(1) 短期薪酬，是指企業預期在職工提供相關服務的年度報告期間結束後12個月內將全部予以支付的職工薪酬，因解除與職工的勞動關係給予的補償除外。主要包括職工的工資、獎金、津貼和補貼，職工福利費，醫療保險費，住房公積金，工會經費和職工教育經費，短期帶薪缺勤，短期利潤分享計劃，非貨幣福利，其他短期薪酬。

(2) 離職後福利，是指企業為獲得職工提供的服務而在職工退休或與企業解除勞動關係後，提供的各種形式的報酬和福利，屬於短期薪酬和辭退福利的除外。

(3) 辭退福利，是指企業在職工勞動合同到期之前解除與職工的勞動關係，或者為鼓勵職工自願接受裁減而給予的職工的補償。

(4) 其他長期職工福利，是指除短期薪酬、離職後福利、辭退福利之外的職工薪酬，包括長期帶薪缺勤、長期殘疾福利、長期利潤分享計劃等。

(二) 短期薪酬的確認與計量

企業應當在職工為其提供服務的會計期間，將實際發生的短期薪酬確認為負債，並計入當期損益，其他會計準則要求或允許計入資產成本的除外。

1. 貨幣性短期薪酬

職工的工資、獎金、津貼和補貼，大部分的職工福利費、醫療保險費、工傷保險費和生育保險費等社會保險費，住房公積金、工會經費和職工教育經費一般屬於貨幣性短期薪酬。

企業應當根據職工提供服務情況和工資標準計算應計入職工薪酬的工資總額，按照受益對象計入當期損益或相關資產成本，借記「生產成本」「製造費用」「管理費用」等科目，貸記「應付職工薪酬」科目。發放時，借記「應付職工薪酬」，貸記「銀行存款」等科目。企業發生的職工福利費，應當在實際發生時根據實際發生額計入當期損益或相關資產成本。

企業為職工繳納的醫療保險費、工傷保險費、生育保險費等社會保險費和住房公積金，以及按規定提取的工會經費和職工教育經費，應當在職工為其提供服務的會計期間，根據規定的計提基礎和計提比例計算確定相應的職工薪酬金額，並確認相關負債，按照受益對象計入當期損益或相關資產成本。其中：(1) 醫療保險費、工傷保險費、生育保險費和住房公積金。企業應當按照國務院、所在地政府或企業年金計劃規定的標準，計量應付職工薪酬義務和應相應計入成本費用的薪酬金額。(2) 工會經費和職工教育經費。企業應當分別按照職工工資總額的2%和1.5%的計提標準，計量應付職工薪酬（工會經費、職工教育經費）義務金額和應相應計入成本費用的薪酬金額；從業人員技術要求高、培訓任務重、經濟效益好的企業，可根據國家相關規定，按照職工工資總額的2.5%計量應計入成本費用的職工教育經費。按照明確標準計算確定應承擔的職工薪酬義務後，再根據受益對象計入當期損益或相關資產成本。

【例7-2】2016年3月，柳林公司當月應發工資1,560萬元，其中：生產部門直接生產人員工資1,000萬元；生產部門管理人員工資200萬元；公司管理部門人員工資360萬元。

根據所在地政府規定，公司分別按照職工工資總額的10%和8%計提醫療保險費和住房公積金，繳納給當地社會保險經辦機構和住房公積金管理機構。公司分別按照職工工資總額的2%和1.5%計提工會經費和職工教育經費。

假定不考慮所得稅影響。

應計入生產成本的職工薪酬金額

= 1,000 + 1000 × (10% + 8% + 2% + 1.5%) = 1,215（萬元）

應計入製造費用的職工薪酬金額

= 200 + 200 × (10% + 8% + 2% + 1.5%) = 243（萬元）

應計入管理費用的職工薪酬金額

= 360 + 360 × （10% + 8% + 2% + 1.5%）= 437.4（萬元）

柳林公司應根據上述業務，作如下帳務處理：

借：生產成本	12,150,000
製造費用	2,430,000
管理費用	4,374,000
貸：應付職工薪酬——工資	15,600,000
——醫療保險費	1,560,000
——住房公積金	1,248,000
——工會經費	312,000
——職工教育經費	234,000

2. 帶薪缺勤

企業對各種原因產生的缺勤進行補償，比如休假、病假、短期傷殘假、婚假、產假、喪假、探親假等。帶薪缺勤應當分為累積帶薪缺勤和非累積帶薪缺勤兩類。

（1）累積帶薪缺勤

累積帶薪缺勤，是指帶薪權利可以經轉下期的帶薪缺勤，本期尚未用完的帶薪缺勤權利可以在未來期間使用。企業應當在職工提供了服務從而增加了其未來享有的帶薪缺勤權利時，確認與累積帶薪缺勤相關的職工薪酬，並以累積未行使權利而增加的預期支付金額計量。

有些累積帶薪缺勤在職工離開企業時，對未行使的權利職工有權獲得現金支付。如果職工在離開企業時能夠獲得現金支付，企業就應當確認企業必須支付的、職工全部累積未使用權利的金額。如果職工在離開企業時不能獲得現金支付，則企業應當根據資產負債表日因累積未使用權利而導致的預期支付的追加金額，作為累積帶薪缺勤費用進行預計。

【例7-3】柳林公司共有100名職工，從2016年1月1日起，該公司實行累積帶薪缺勤製度。該製度規定，每個職工每年可享受5個工作日帶薪年休假，未使用的年休假只能向後結轉一個日曆年度，超過1年未使用的權利作廢，不能在職工離開公司時獲得現金支付；職工休年休假是以後進先出為基礎，即首先從當年可享受的權利中扣除，再從上年結轉的帶薪年休假餘額中扣除；職工離開公司時，公司對職工未使用的累積帶薪年休假不支付現金。

2016年12月31日，每個職工當年平均未使用帶薪年休假為2天。根據過去的經驗並預期該經驗將繼續適用，柳林公司預計2017年有95名職工將享受不超過5天的帶薪年休假，剩餘5名職工每人將平均享受6天半年休假，假定這5名職工全部為總部各部門經理，該公司平均每名職工每個工作日工資為300元。

分析：柳林公司在2016年12月31日應當預計由於職工累積未使用的帶薪年休假權利而導致預期將支付的工資負債，即相當於7.5天（5×1.5天）的年休假工資2250（7.5×300）元，並作如下帳務處理：

借：管理費用　　　　　　　　　　　　　　　　　　　　　　2,250

貸：應付職工薪酬——累積帶薪缺勤　　　　　　　　　　　　　2,250
　2017年，如果5名職工均未享受累積未使用的帶薪年休假，則衝回上年度確認的費用：
　　借：應付職工薪酬——累積帶薪缺勤　　　　　　　　　　　　　2,250
　　貸：管理費用　　　　　　　　　　　　　　　　　　　　　　　2,250
　2017年，如果5名職工均享受了累積未使用的帶薪年休假，則2017年確認的工資費用應扣除上年度已確認的累積帶薪費用。
　（2）非累積帶薪缺勤
　非累積帶薪缺勤，是指帶薪權利不能結轉下期的帶薪缺勤，本期尚未用完的帶薪缺勤權利將予以取消，並且職工離開企業時也無權獲得現金支付。中國企業職工休婚假、產假、喪假、探親假、病假期間的工資通常屬於非累積帶薪缺勤。由於職工提供服務本身不能增加其能夠享受的福利金額，企業在職工未缺勤時不應當計提相關費用和負債；企業應在職工缺勤時確認職工享有的帶薪權利，即視同職工出勤確認的相關資產成本或當期費用。企業應當在缺勤期間計提應付工資時一併處理。
　企業應當在職工實際發生缺勤的會計期間確認與非累積帶薪缺勤相關的職工薪酬。
　3. 短期利潤分享計劃
　企業制定有利潤分享計劃的，如規定當職工在企業工作了特定期限後，能夠享有按照企業淨利潤的一定比例計算的薪酬，如果職工在企業工作到特定期末，其提供的服務就會增加企業應付職工薪酬金額，或者儘管企業沒有支付這類薪酬的法定義務，但是有支付此類薪酬的慣例，或者說企業除了支付此類薪酬外沒有其他現實的選擇，企業應當及時按照準則的規定，進行有關會計處理。
　利潤分享計劃同時滿足下列條件的，企業應當確認相關的應付職工薪酬，並計入當期損益或者相關資產成本：企業因過去事項導致現在具有支付職工薪酬的法定義務；因利潤分享計劃所產生的應付職工薪酬義務能夠可靠估計。
　屬於以下三種情形之一的，視為義務金額能夠可靠估計：
　（1）在財務報告批准報出之前企業已確定應支付的薪酬金額；
　（2）該利潤分享計劃的正式條款中包括確定薪酬金額的方式；
　（3）過去的慣例為企業確定推定義務金額提供了明顯證據。
　企業根據企業經濟效益增長的實際情況提取的獎金，屬於獎金計劃，應當比照利潤分享計劃進行處理。
　職工只有在企業工作一段特定期間才能分享利潤的，企業在計量利潤分享計劃產生的應付職工薪酬時，應當反應職工因離職而沒有得到利潤分享計劃支付的可能性。
　如果企業在職工為其提供相關服務的年度報告期間結束後12個月內，不需要全部支付利潤分享計劃產生的應付職工薪酬，該利潤分享計劃應當適用準則中其他長期職工福利的有關規定。
　【例7-4】柳林公司有一項利潤分享計劃，要求柳林公司將其至2016年12月31日止會計年度的稅前利潤的指定比例支付給在2016年7月1日至2017年6月30日為柳林公司提供服務的職工。該獎金於2017年6月30日支付。2016年12月31日止財務

年度的稅前利潤為100萬元。如果柳林公司在2016年7月1日至2017年6月30日期間沒有職工離職，則當年的利潤分享支付總額為稅前利潤的3%。柳林公司估計職工離職將使支付額降低至稅前利潤的2.5%（其中，直接參加生產的職工享有1%，總部管理人員享有1.5%），不考慮個人所得稅影響。

分析：儘管支付額是按照截至2016年12月31日止財務年度的稅前利潤的3%計量，但是業績卻是基於職工在2016年7月1日至2017年6月30日期間提供的服務。因此，柳林公司在2016年12月31日應按照稅前利潤的50%的2.5%確認負債和成本及費用，金額為12,500元（1,000,000×50%×2.5%）。餘下的利潤分享金額，連同針對估計金額與實際支付金額之間的差額作出的調整額，在2017年予以確認。

2016年12月31日的帳務處理如下：

借：生產成本　　　　　　　　　　　　　　　　　　　　　　　5,000
　　管理費用　　　　　　　　　　　　　　　　　　　　　　　7,500
　貸：應付職工薪酬——利潤分享計劃　　　　　　　　　　　　12,500

2017年6月30日，柳林公司的職工離職使其支付的利潤分享金額為2016年度稅前利潤的2.8%（直接參加生產的職工享有1.1%，總部管理人員享有1.7%），在2017年確認餘下的利潤分享金額，連同針對估計金額與實際支付金額之間的差額作出的調整額合計為155,000元（1,000,000×2.8%－125,000）。其中，計入生產成本的利潤分享計劃金額6,000元（1,000,000×1.1%－5,000），計入管理費用的利潤分享計劃金額9,500元（1,000,000×1.7%－7,500）。

2017年6月30日的帳務處理如下：

借：生產成本　　　　　　　　　　　　　　　　　　　　　　　6,000
　　管理費用　　　　　　　　　　　　　　　　　　　　　　　9,500
　貸：應付職工薪酬——利潤分享計劃　　　　　　　　　　　　15,500

4. 非貨幣性職工薪酬的計量

非貨幣性職工薪酬是指企業以非貨幣性資產支付給職工的薪酬，也叫非貨幣性福利。應當分別情況處理：

（1）企業以自產的產品或外購商品發放給職工作為福利

為了反應非貨幣性福利的支付與分配情況，應在「應付職工薪酬」科目下設置「非貨幣性福利」明細科目。企業以其生產的產品或外購商品作為非貨幣性福利提供，應當作為正常產品（商品）銷售處理，按照該產品（商品）的公允價值確定非貨幣性福利金額，借記「應付職工薪酬——非貨幣性福利」科目，貸記「主營業務收入」「應交稅費——應交增值稅（銷項稅額）」科目。

【例7－5】柳林公司為一家生產電冰箱的企業，共有職工100名。2016年2月，公司以其生產的成本為5,000元的電冰箱作為春節福利發放給公司職工。該型號的電冰箱售價為每臺7,000元，柳林公司適用的增值稅稅率為17%，假定100名職工中85名為直接參加生產的職工，15名為總部管理人員。

電冰箱售價總額＝7,000×85＋7,000×15＝700,000（元）

電冰箱的增值稅銷項稅額 = 85 × 7,000 × 17% + 15 × 7,000 × 17% = 119,000（元）
公司決定發放非貨幣性福利時，應作如下帳務處理：

借：生產成本	696,150
管理費用	122,850
貸：應付職工薪酬——非貨幣性福利	819,000

實際發放非貨幣性福利時，應作如下帳務處理：

借：應付職工薪酬——非貨幣性福利	819,000
貸：主營業務收入	700,000
應交稅費——應交增值稅（銷項稅額）	119,000
借：主營業務成本	500,000
貸：庫存商品	500,000

（2）企業將擁有的房屋等資產無償提供給職工使用，或租賃住房等供職工無償使用

企業將擁有的房屋等資產無償提供給職工使用的，應當根據受益對象，將住房每期應計提的折舊計入相關資產成本或當期損益，同時確認應付職工薪酬，借記「管理費用」「生產成本」「製造費用」等科目，貸記「應付職工薪酬——非貨幣性福利」科目，並且同時借記「應付職工薪酬——非貨幣性福利」科目，貸記「累計折舊」科目。

租賃住房等資產供職工無償使用的，應當根據受益對象，將每期應付的租金計入相關資產成本或費用，並確認應付職工薪酬。難以認定受益對象的，直接計入當期損益，並確認應付職工薪酬。

【例7-6】柳林公司為總部各部門經理級別以上職工提供汽車免費使用，同時為副總裁以上高級管理人員每人租賃一套住房。該公司總部共有部門經理以上職工20名，每人提供一輛桑塔納汽車免費使用，假定每輛桑塔納汽車每月計提折舊500元；該公司共有副總裁以上高級管理人員5名，公司為其每人租賃一套面積為120平方米帶有家具和電器的公寓，月租金為每套6,000元。柳林公司帳務處理如下：

（1）計提轎車折舊

借：管理費用	10,000
貸：應付職工薪酬——非貨幣性福利	10,000
借：應付職工薪酬——非貨幣性福利	10,000
貸：累計折舊	10,000

（2）確認住房租金費用

借：管理費用	30,000
貸：應付職工薪酬——非貨幣性福利	30,000
借：應付職工薪酬——非貨幣性福利	30,000
貸：銀行存款	30,000

(三) 辭退福利的確認和計量

1. 辭退福利的定義

辭退福利包括兩方面的內容：一是在職工勞動合同尚未到期前，不論職工本人是否願意，企業決定解除與職工的勞動關係而給予的補償；二是在職工勞動合同尚未到期前，為鼓勵職工自願接受裁減而給予的補償，職工有權利選擇繼續在職或接受補償離職。辭退福利通常採取解除勞動關係時一次性支付補償的方式，也有通過提高退休後養老金或其他離職後福利的標準，或者在職工不再為企業帶來經濟利益後，將職工工資部分支付到辭退後未來某一期間。

2. 辭退福利的確認

企業在職工勞動合同到期之前解除與職工的勞動關係，或者為鼓勵職工自願接受裁減而給予補償的建議，同時滿足下列條件的，應當確認因解除與職工的勞動關係給予補償而產生的預計負債，同時計入當期管理費用：

(1) 企業已經制訂正式的解除勞動關係計劃或提出自願裁減建議，並即將實施。

(2) 企業不能單方面撤回解除勞動關係計劃或裁減建議。如果企業能夠單方面撤回解除勞動關係計劃或裁減建議，則表明未來經濟利益流出不是很可能，因而不符合負債確認條件。

由於被辭退的職工不再為企業帶來未來經濟利益，因此，對於滿足負債確認條件的所有辭退福利，均應當於辭退計劃滿足預計負債確認條件的當期計入費用，不計入資產成本。

3. 辭退福利的計量

企業應當嚴格按照辭退計劃條款的規定，合理預計並確認辭退福利產生的負債。辭退福利的計量因辭退計劃中職工有無選擇權而有所不同：

(1) 對於職工沒有選擇權的辭退計劃，應當根據計劃條款規定擬解除勞動關係的職工數量、每一職位的辭退補償等計提應付職工薪酬 (預計負債)。

(2) 對於自願接受裁減建議，因接受裁減的職工數量不確定，企業應當參照或有事項的規定，預計將會接受裁減建議的職工數量，根據預計的職工數量和每一職位的辭退補償等計提應付職工薪酬 (預計負債)。

【例 7-7】柳林公司為一家家用電器製造企業。2016 年 8 月，為了能夠在下一年度順利實施轉產，該公司管理層制訂了一項辭退計劃。計劃規定，從 2017 年 1 月 1 日起，企業將以職工自願方式，辭退其彩電生產車間的職工。辭退計劃的詳細內容，包括擬辭退的職工所在部門、數量、各級別職工能夠獲得的補償以及計劃大體實施的時間等均已與職工溝通，並達成一致意見。辭退計劃已於當年 12 月 10 日經董事會正式批准，辭退計劃將於下一個年度內實施完畢。該項辭退計劃的詳細內容如表 7-1 所示。

表 7－1　　　　　　　　　柳林公司 2017 年辭退計劃一覽表　　　　　　金額單位：萬元

所屬部門	職位	辭退數量	工齡（年）	每個補償
彩電生產車間	車間主任 副主任	10	1～10	10
			11～20	20
			21～30	30
	高級技工	50	1～10	8
			11～20	18
			21～30	28
	一般技工	100	1～10	5
			11～20	15
			21～30	25
小計		160		

2016 年 12 月 31 日，公司預計各級別職工擬接受辭退職工數量的最佳估計數（最可能發生數）及其應支付的補償如表 7－2 所示。

表 7－2　　　　　　柳林公司 2016 年接受辭退及其補償金額一覽表　　　　　　金額單位：萬元

所屬部門	職位	辭退數量	工齡（年）	接受數量	每人補償額	補償金額
彩電生產車間	車間主任 副主任	10	1～10	5	10	50
			11～20	2	20	40
			21～30	1	30	30
	高級技工	50	1～10	20	8	160
			11～20	10	18	180
			21～30	5	28	140
	一般技工	100	1～10	50	5	250
			11～20	20	15	300
			21～30	10	25	250
小計		160		123		1,400

根據表 7－2 的資料，願意接受辭退職工的最可能數量為 123 名，預計補償總額為 1,400 萬元，則公司在 2016 年（辭退計劃 2016 年 12 月 10 日由董事會批准）應作如下帳務處理：

借：管理費用　　　　　　　　　　　　　　　　　　　　　14,000,000
　　貸：應付職工薪酬——辭退福利　　　　　　　　　　　　　　14,000,000

（四）其他長期職工福利的確認與計量

其他長期職工福利，是指除短期薪酬、離職後福利和辭退福利以外的其他所有職工福利。其他長期職工福利包括以下各項（假設預計在職工提供相關服務的年度報告期末以後 12 個月內不會全部結算）：長期帶薪缺勤，如其他長期服務福利、長期殘疾福利、長期利潤分享計劃和長期獎金計劃，以及遞延酬勞等。

企業向職工提供的其他長期職工福利，符合設定提存計劃條件的，應當按照設定提存計劃的有關規定進行會計處理。符合設定受益計劃條件的，企業應當按照設定受益計劃的有關規定，確認和計量其他長期職工福利淨負債或淨資產。在報告期末，企業應當將其他長期職工福利產生的職工薪酬成本確認為下列組成部分：

1. 服務成本。
2. 其他長期職工福利淨負債或淨資產的利息淨額。
3. 重新計量其他長期職工福利淨負債或淨資產所產生的變動。

為了簡化相關會計處理，上述項目的總淨額應計入當期損益或相關資產成本。

長期殘疾福利水平取決於職工提供服務期間長短的，企業應在職工提供服務的期間確認應付長期殘疾福利義務，計量時應當考慮長期殘疾福利支付的可能性和預期支付的期限；與職工提供服務期間長短無關的，企業應當在導致職工長期殘疾的事件發生的當期確認應付長期殘疾福利義務。

遞延酬勞包括按比例分期支付或者經常性定額支付的遞延獎金等。這類福利應當按照獎金計劃的福利公式來對費用進行確認，或者按照直線法在相應的服務期間分攤確認。如果一個企業內部為其長期獎金計劃或者遞延酬勞設立一個帳戶，則這樣的其他長期職工福利不符合設定提存計劃的條件。

【例7-8】2016年初柳林企業為其管理人員設立了一項遞延獎金計劃：將當年利潤的5%提成作為獎金，但要兩年後即2017年末才向仍然在職的員工分發。假設2016年當年利潤為1億元，且該計劃條款中明確規定：員工必須在這兩年內持續為公司服務，如果提前離開將拿不到獎金。具體會計處理如下：

（1）根據預期累計福利單位法，採用無偏且相互一致的精算假設有關人口統計變量和財務變量等作出估計，計量設定受益計劃所產生的義務，並按照同久期同幣種的國債收益率將設定受益計劃所產生的義務予以折現，以確定設定受益計劃義務的現值和當期服務成本。

假設不考慮死亡率和離職率等因素，2016年初預計兩年後企業為此計劃的現金流支出為500萬元，按照預期累計福利單位法歸屬於2016年的福利為500/2＝250（萬元），選取同久期同幣種的國債收益率作為折現率（5%）進行折現，則2016年的當期服務成本為250/（1＋5%）＝2,380,952（元）。假定2016年末折現率變為3%，則2016年末的設定受益義務現值即設定受益計劃負債為250/（1＋3%）＝2,427,184（元）。

（2）核實設定受益計劃有無計劃資產，假設在本例中，該項設定受益計劃沒有計劃資產，2016年末的設定受益計劃淨負債即設定受益計劃負債為2,427,184元。

（3）確定應當計入當期損益的金額，如步驟（1）所示，本例中發生利潤從而導致負債的當年，即2016年的當期服務成本為2,380,952元。由於期初負債為0，2016年末，設定受益計劃淨負債的利息費用為0。

（4）確定重新計量設定受益計劃淨負債或淨資產所產生的變動，包括精算利得或損失、計劃資產回報和資產上限影響的變動三個部分，計入當期損益。由於假設本例

中沒有計劃資產，因此重新計量設定受益計劃淨負債或淨資產所產生的變動僅包括精算利得或損失。

由步驟（1）可知，2016 年末的精算損失為 46,232 元。

2016 年末，上述遞延獎金計劃的會計處理為：

借：管理費用——當期服務成本　　　　　　　　　　2,380,952
　　　　——精算損失　　　　　　　　　　　　　　　46,232
　　貸：應付職工薪酬——遞延獎金計劃　　　　　　　2,427,184

同理，2017 年末，假設折現率仍為 3%，柳林企業當期服務成本為 250 萬元，設定受益計劃淨負債的利息費用 = 2,427,184 × 3% = 72,816（元）。則柳林企業 2017 年末的會計處理為：

借：管理費用　　　　　　　　　　　　　　　　　　2,500,000
　　財務費用　　　　　　　　　　　　　　　　　　　72,816
　　貸：應付職工薪酬——遞延獎金計劃　　　　　　　2,572,816

實際支付該項遞延獎金時，會計處理為：

借：應付職工薪酬——遞延獎金計劃　　　　　　　　5,000,000
　　貸：銀行存款　　　　　　　　　　　　　　　　　5,000,000

四、應付及預收款項

（一）應付帳款

應付帳款指因購買材料、商品或接受勞務供應等而發生的債務。這是買賣雙方在購銷活動中由於取得物資與支付貨款在時間上不一致而產生的負債。

應付帳款入帳時間的確定，應以與所購買物資所有權有關的風險和報酬已經轉移或勞務已經接受為標誌。但在實際工作中，應區別情況處理：在物資和發票帳單同時到達的情況下，應付帳款一般待物資驗收入庫後，才按發票帳單登記入帳，這主要是為了確認所購入的物資是否在質量、數量和品種上都與合同上訂明的條件相符，以免因先入帳而在驗收入庫時發現購入物資錯、漏、破損等問題再行調帳；在物資和發票帳單未同時到達的情況下，由於應付帳款需根據發票帳單登記入帳，有時貨物已到，發票帳單要間隔較長時間才能到達，由於這筆負債已經成立，應作為一項負債反應。為在資產負債表上客觀反應企業所擁有的資產和承擔的債務，在實際工作中採用在月份終了將所購物資和應付債務估計入帳，待下月初再用紅字予以沖回的辦法。因購買商品等而產生的應付帳款，應設置「應付帳款」科目進行核算，用以反應這部分負債的價值。

應付帳款一般按應付金額入帳，而不按到期應付金額的現值入帳。如果購入的資產在形成一筆應付帳款時是帶有現金折扣的，應付帳款入帳金額的確定按發票上記載的應付金額的總值（即不扣除折扣）記帳。在這種方法下，應按發票上記載的全部應付金額，借記有關科目，貸記「應付帳款」科目；獲得的現金折扣沖減財務費用。

(二) 預收帳款

預收帳款是買賣雙方協議商定，由購貨方預先支付一部分貨款給供應方而發生的一項負債。應設置「預收帳款」科目核算，其「預收帳款」科目的貸方，登記預收的貨款；借方登記發出貨款應沖抵的貨款；期末貸方餘額，反應尚未結清的預收款項。

預收帳款的核算應視企業的具體情況而定。如果預收帳款比較多的，可以設置「預收帳款」科目；預收帳款不多的，也可以不設置「預收帳款」科目，直接記入「應收帳款」科目的貸方。

五、應交稅費

企業在一定時期內取得的營業收入和實現的利潤，要按照規定向國家繳納各種稅費，這些應繳的稅費，應按照權責發生制的原則預提計入有關科目。這些應繳的稅費在尚未繳納之前暫時停留在企業，形成一項負債。

(一) 增值稅

增值稅是就貨物或應稅勞務的增值部分徵收的一種稅。其納稅對象為：在中國境內銷售貨物或者提供加工、修理修配勞務，以及進口貨物的單位和個人。增值稅的納稅人分為一般納稅人和小規模納稅人兩種。

1. 一般納稅企業的核算

實行增值稅的一般納稅企業從稅務角度看，其特點：一是可以使用增值稅專用發票，企業銷售貨物或提供勞務可以開具增值稅專用發票；二是購入貨物取得的增值稅專用發票上註明的增值稅額可以用銷項稅額抵扣。

一般納稅企業核算增值稅應設置「應交稅費——應交增值稅」明細科目，並在明細科目下分別設置「進項稅額」「已交稅金」「銷項稅額」「出口退稅」「進項稅額轉出」等專欄。「應交稅費——應交增值稅」明細科目的借方發生額，反應企業購進貨物或接受應稅勞務支付的進項稅額、實際已交納的增值稅等；貸方發生額，反應銷售貨物或提供應稅勞務應交納的增值稅額、出口貨物退稅、轉出已支付或應分擔的增值稅等；期末借方餘額，反應企業尚未抵扣的增值稅。

(1) 一般購銷業務的核算

一般納稅企業銷售貨物或者提供應稅勞務均應開具增值稅專用發票，增值稅專用發票記載了銷售貨物的售價、稅率以及稅額等，購貨方以增值稅專用發票上記載的購入貨物已支付的稅額，作為扣稅和記帳的依據。

【例7-9】柳林公司為增值稅一般納稅人，本期購入一批原材料，增值稅專用發票上註明的原材料價款為600萬元，增值稅額為102萬元。貨款已經支付，材料已經到達並驗收入庫。

購入貨物時的帳務處理：

借：材料採購　　　　　　　　　　　　　　　　　　　　　　6,000,000
　　應交稅費——應交增值稅（進項稅額）　　　　　　　　　1,020,000
　　貸：銀行存款　　　　　　　　　　　　　　　　　　　　7,020,000

【例7-10】柳林公司當期銷售產品收入為2,000萬元，增值稅稅率為17%，貨款尚未收取。

根據上述經濟業務，企業應作如下帳務處理：

借：應收帳款　　　　　　　　　　　　　　　　　　　　　　　23,400,000
　　貸：主營業務收入　　　　　　　　　　　　　　　　　　　20,000,000
　　　　應交稅費——應交增值稅（銷項稅額）　　　　　　　　 3,400,000

（2）購入免稅產品的核算

按照增值稅暫行條例規定，對農業生產者銷售的自產農業產品、古舊圖書等部分項目免徵增值稅。企業銷售免徵增值稅項目的貨物，不能開具增值稅專用發票，只能開具普通發票。企業購進免稅產品，一般情況下不能扣稅，但按稅法規定，對於購入的免稅農業產品、收購廢舊物資等可以按買價（或收購金額）的一定比率計算進項稅額，並準予從銷項稅額中抵扣。這裡購入免稅農業產品的買價是指企業購進免稅農業產品支付給農業生產者的價款。在會計核算時：一是按購進免稅農業產品有關憑證上確定的金額（買價）或者按收購金額，扣除一定比例的進項稅額，作為購進農業產品（或收購廢舊物資）的成本；二是扣除的部分作為進項稅額，待以後用銷項稅額抵扣。

【例7-11】柳林公司為增值稅一般納稅人，本期收購農業產品，實際支付的價款為200萬元，收購的農業產品已驗收入庫，款項已經支付。企業應作如下帳務處理（該企業採用實際成本進行日常材料核算）。

進項稅額＝200×13%＝26（萬元）

借：原材料　　　　　　　　　　　　　　　　　　　　　　　　 1,740,000
　　應交稅費——應交增值稅（進項稅額）　　　　　　　　　　　 260,000
　　貸：銀行存款　　　　　　　　　　　　　　　　　　　　　　2,000,000

（3）視同銷售的核算

按照增值稅暫行條例實施細則的規定，對於企業將自產、委託加工或購買的貨物分配給股東或投資者以及將其作為投資；將自產、委託加工的貨物用於集體福利或個人消費等行為，視同銷售貨物，需計算交納增值稅，並計入「應交稅費——應交增值稅」科目中的「銷項稅額」專欄。

【例7-12】柳林公司為增值稅一般納稅人，本期以自產產品對光華公司投資，雙方協議按產品的售價作價。該批產品的成本200萬元，假設售價和計稅價格均為220萬元。該產品的增值稅稅率為17%。

假如該筆交易符合非貨幣性資產交換準則規定的按公允價值計量的條件，光華公司收到投入的產品作為原材料使用。根據上述經濟業務，柳林、光華（假如光華公司原材料採用實際成本進行核算）公司應分別作如下帳務處理：

柳林公司：

對外投資轉出計算的銷項稅額＝220×17%＝37.4（萬元）

借：長期股權投資　　　　　　　　　　　　　　　　　　　　　 2,574,000
　　貸：主營業務收入　　　　　　　　　　　　　　　　　　　　2,200,000

應交稅費——應交增值稅（銷項稅額）		374,000
借：主營業務成本		2,000,000
貸：庫存商品		2,000,000

光華公司：

收到投資時，視同購進處理

借：原材料		2,200,000
應交稅費——應交增值稅（進項稅額）		374,000
貸：實收資本		2,574,000

(4) 不予抵扣項目的核算

按照增值稅暫行條例及其實施細則的規定，企業購進固定資產、用於非應稅項目的購進貨物或者應稅勞務等按規定不予抵扣增值稅進項稅額。屬於購入貨物時即能認定其進項稅額不能抵扣的，如購進固定資產、購入的貨物直接用於免稅項目、直接用於非應稅項目，或者直接用於集體福利和個人消費的，進行會計處理時，其增值稅專用發票上註明的增值稅額，計入購入貨物及接受勞務的成本。屬於購入貨物時不能直接認定其進項稅額能否抵扣的，增值稅專用發票上註明的增值稅額，按照增值稅會計處理方法記入「應交稅費——應交增值稅（進項稅額）」科目；如果這部分購入貨物以後用於按規定不得抵扣進項稅額項目的，應將原已計入進項稅額並已支付的增值稅轉入有關的承擔者予以承擔，通過「應交稅費——應交增值稅（進項稅額轉出）」科目轉入有關的「在建工程」「應付職工薪酬——職工福利」「待處理財產損溢」等科目。

【例7-13】柳林公司為增值稅一般納稅人，本期購入一批材料，增值稅專用發票上註明的材料價款100萬元，增值稅額為17萬元。材料已入庫，貨款已經支付（假如該企業材料採用實際成本進行核算）。材料入庫後，該企業將該批材料全部用於工程建設項目。根據該項經濟業務，企業可作如下帳務處理：

材料入庫時：

借：原材料		1,000,000
應交稅費——應交增值稅（進項稅額）		170,000
貸：銀行存款		1,170,000

工程領用材料時：

借：在建工程		1,170,000
貸：應交稅費——應交增值稅（進項稅額轉出）		170,000
原材料		1,000,000

2. 小規模納稅企業的核算

小規模納稅企業的特點：一是小規模納稅企業銷售貨物或者提供應稅勞務，一般情況下，只能開具普通發票，不能開具增值稅專用發票；二是小規模納稅企業銷售貨物或提供應稅勞務，實行簡易辦法計算應納稅額，按照銷售額的一定比例計算，不實行稅款抵扣（小規模納稅企業購入貨物無論是否取得增值稅專用發票，其支付的增值稅額均不計入進項稅額，應計入購入貨物的成本。相應地，其他企業從小規模納稅企

業購入貨物或接受勞務支付的增值稅額,如果不能取得增值稅專用發票,也不能作為進項稅額抵扣,而應計入購入貨物或應稅勞務的成本);三是小規模納稅企業的銷售額不包括其應納稅額。採用銷售額和應納稅額合併定價方法的,按照公式「銷售額 = 含稅銷售額 ÷(1 + 徵收率)」還原為不含稅銷售額入帳。

小規模納稅企業應設置「應交稅費——應交增值稅」科目,採用三欄式明細帳戶進行明細核算。

【例 7 - 14】柳林公司為小規模納稅人,本期購入原材料,按照增值稅專用發票上記載的原材料價款為 10 萬元,支付的增值稅額為 1.7 萬元,企業開出承兌的商業匯票,材料已驗收入庫。

購進貨物時:
借:原材料　　　　　　　　　　　　　　　　　　　　　　　117,000
　　貸:應付票據　　　　　　　　　　　　　　　　　　　　　117,000

【例 7 - 15】柳林公司本期銷售產品,銷售價格總額為 30.9 萬元(含稅),該企業適用的增值稅徵收率為 3%,假定符合收入確認條件,貨款尚未收到。

根據上述經濟業務,企業應作如下帳務處理:

銷售貨物時:

不含稅價格 = 30.9 ÷ (1 + 3%) = 30(萬元)

應交增值稅 = 30 × 3% = 0.9(萬元)

借:應收帳款　　　　　　　　　　　　　　　　　　　　　　309,000
　　貸:主營業務收入　　　　　　　　　　　　　　　　　　　300,000
　　　　應交稅費——應交增值稅　　　　　　　　　　　　　　　9,000

(二)營業稅

營業稅是對提供應稅勞務、轉讓無形資產或者銷售不動產的單位和個人徵收的一種稅。

營業稅按照營業額和規定的稅率計算應納稅額,其公式為:

應納稅額 = 營業額 × 稅率

這裡的營業額是指企業提供應稅勞務、轉讓無形資產或者銷售不動產向對方收取的全部價款和價外費用。價外費用包括向對方收取的手續費、基金、集資費、代收款項、代墊款項及其他各種性質的價外收費。

企業按規定應交的營業稅,在「應交稅費」科目下設置「應交營業稅」明細科目進行核算。

1. 提供應稅勞務應交營業稅的核算

【例 7 - 16】柳林公司對外提供運輸勞務,收入 30 萬元,營業稅稅率 3%。根據該項經濟業務,企業應作如下帳務處理:

應交營業稅 = 30 × 3% = 0.9(萬元)

借:營業稅金及附加　　　　　　　　　　　　　　　　　　　9,000
　　貸:應交稅費——應交營業稅　　　　　　　　　　　　　　9,000

2. 其他業務收入相關營業稅的核算

工業企業經營工業生產以外的其他業務所取得的收入，按規定應交的營業稅，通過「其他業務成本」和「應交稅費——應交營業稅」科目核算。

3. 銷售不動產相關的營業稅的核算

企業銷售不動產，應當向不動產所在地主管稅務機關申報交納營業稅。銷售不動產按規定應交的營業稅，在「固定資產清理」科目核算。

4. 出租或出售無形資產相關營業稅的會計處理

在會計核算時，出租無形資產應交納的營業稅應通過「其他業務成本」科目核算，出售無形資產應交納的營業稅，通過「營業外收入」或「營業外支出」科目核算。

(三) 消費稅

為了正確引導消費方向，國家在普遍徵收增值稅的基礎上，選擇部分消費品，再徵收一道消費稅。消費稅的徵收方法採取從價定率和從量定額兩種方法，計算公式：

實行從價定率方法計算的應納稅額＝銷售額×稅率

實行從量定額方法計算的應納稅額＝銷售數量×單位稅額

企業核算應交的消費稅，應設置「應交稅費——應交消費稅」科目，其借方發生額，反應實際交納的消費稅和待扣的消費稅；貸方發生額，反應按規定應交納的消費稅；期末貸方餘額，反應尚未交納的消費稅；期末借方餘額，反應多交或待扣的消費稅。

1. 產品銷售的應納消費稅的核算

企業將生產的產品直接對外銷售的，其應交納的消費稅，通過「營業稅金及附加」科目核算；企業按規定計算出應交的消費稅，借記「營業稅金及附加」科目，貸記「應交稅費——應交消費稅」科目。企業用應稅消費品對外投資，或用於在建工程、職工福利等其他方面，按規定應交納的消費稅，應計入有關的成本。

【例7-17】柳林公司為增值稅一般納稅人，本期銷售其生產的應納消費稅產品，應納消費稅產品的售價為24萬元（不含應向購買者收取的增值稅額），產品成本15萬元。該產品的增值稅稅率為17%，消費稅稅率為10%。產品已經發出，符合收入確認條件，款項尚未收到。

根據這項經濟業務，企業可作如下帳務處理：

應向購買者收取的增值稅額＝240,000×17%＝40,800（元）

應交的消費稅＝240,000×10%＝24,000（元）

借：應收帳款　　　　　　　　　　　　　　　　　　280,800
　　貸：主營業務收入　　　　　　　　　　　　　　　　240,000
　　　　應交稅費——應交增值稅（銷項稅額）　　　　40,800
借：營業稅金及附加　　　　　　　　　　　　　　　　24,000
　　貸：應交稅費——應交消費稅　　　　　　　　　　　24,000
借：主營業務成本　　　　　　　　　　　　　　　　　150,000
　　貸：庫存商品　　　　　　　　　　　　　　　　　　150,000

2. 委託加工應稅消費品的核算

按照稅法規定，企業委託加工的應稅消費品，由受託方在向委託方交貨時代扣代繳稅款。委託加工的應稅消費品，委託方用於連續生產應稅消費品的，所納稅款準予按規定抵扣；委託加工應稅消費品收回後，直接用於銷售的，委託方應將代收代繳的消費稅計入委託加工的應稅消費品成本，待委託加工應稅消費品銷售時，不需要再交納消費稅。

【例7-18】柳林公司委託外單位加工材料，原材料價款20萬元，加工費用5萬元，由受託方代收代繳的消費稅0.5萬元（不考慮增值稅），材料已經加工完畢驗收入庫，加工費用尚未支付。

根據該項經濟業務，委託方應作如下帳務處理：

(1) 如果委託方收回加工後的材料用於繼續生產應稅消費品，委託方的帳務處理如下：

借：委託加工物資　　　　　　　　　　　　　　　　200,000
　　貸：原材料　　　　　　　　　　　　　　　　　　200,000
借：委託加工物資　　　　　　　　　　　　　　　　 50,000
　　應交稅費——應交消費稅　　　　　　　　　　　　5,000
　　貸：應付帳款　　　　　　　　　　　　　　　　 55,000
借：原材料　　　　　　　　　　　　　　　　　　　250,000
　　貸：委託加工物資　　　　　　　　　　　　　　250,000

(2) 如果委託方收回加工後的材料直接用於銷售，委託方的帳務處理如下：

借：委託加工物資　　　　　　　　　　　　　　　　200,000
　　貸：原材料　　　　　　　　　　　　　　　　　　200,000
借：委託加工物資　　　　　　　　　　　　　　　　 55,000
　　貸：應付帳款　　　　　　　　　　　　　　　　 55,000
借：原材料　　　　　　　　　　　　　　　　　　　255,000
　　貸：委託加工物資　　　　　　　　　　　　　　255,000

(四) 其他應交稅費

1. 資源稅

資源稅是國家對在中國境內開採礦產品或者生產鹽的單位和個人徵收的一種稅。資源稅按照應稅產品的課稅數量和規定的單位稅額計算，公式為：「應納稅額＝課稅數量×單位稅額」。這裡的課稅數量為：開採或者生產應稅產品銷售的，以銷售數量為課稅數量；開採或者生產應稅產品自用的，以自用數量為課稅數量。

企業按規定應交的資源稅，在「應交稅費」科目下設置「應交資源稅」明細科目核算。

銷售產品或自產自用產品相關的資源稅的會計處理：在會計核算時，企業按規定計算出銷售應稅產品應交納的資源稅，借記「營業稅金及附加」科目，貸記「應交稅費——應交資源稅」科目；企業計算出自產自用的應稅產品應交納的資源稅，借記

「生產成本」「製造費用」等科目，貸記「應交稅費——應交資源稅」科目。

【例7-19】柳林公司將自產的煤炭1,000噸用於產品生產，每噸應交資源稅5元。根據該項經濟業務，企業應作帳務處理如下：

自產自用煤炭應交的資源稅＝1,000×5＝5,000（元）

借：生產成本　　　　　　　　　　　　　　　　　　　　　　　5,000
　　貸：應交稅費——應交資源稅　　　　　　　　　　　　　　　5,000

2. 土地增值稅

土地增值稅是指轉讓國有土地使用權、地上建築物及其附著物並取得收入的單位和個人應繳納的稅費，土地增值稅按照轉讓房地產所取得的增值額和規定的稅率計算徵收。這裡的增值額是指轉讓房地產所取得的收入減除按規定扣除項目金額後的餘額。

企業應交的土地增值稅視情況記入不同科目：企業轉讓的土地使用權連同地上建築物及其附著物一併在「固定資產」等科目核算，轉讓時應交的土地增值稅，借記「固定資產清理」科目，貸記「應交稅費——應交土地增值稅」科目。

【例7-20】柳林公司對外轉讓一棟廠房，根據稅法規定計算的應交土地增值稅29,000元。有關帳務處理如下：

（1）計算應交的土地增值稅

借：固定資產清理　　　　　　　　　　　　　　　　　　　　　29,000
　　貸：應交稅費——應交土地增值稅　　　　　　　　　　　　　29,000

（2）用銀行存款交納應交的土地增值稅款

借：應交稅費——應交土地增值稅　　　　　　　　　　　　　　29,000
　　貸：銀行存款　　　　　　　　　　　　　　　　　　　　　　29,000

3. 房產稅、土地使用稅、車船稅和印花稅

房產稅是國家對在城市、縣城、城鎮和工礦區徵收的由產權所有人繳納的一種稅。房產稅依照房產原值一次減除10%至30%後的餘額計算交納。沒有房產原值作為依據的，由房產所在地稅務機關參考同類房產核定；房產出租的，以房產租金收入為房產稅的計稅依據。

土地使用稅是國家為了合理利用城鎮土地，調節土地級差收入，提高土地使用效益，加強土地管理而開徵的一種稅，以納稅人實際占用的土地面積為計稅依據，依照規定稅額計算徵收。

車船稅由擁有並且使用車船的單位和個人交納。車船稅按照適用稅額計算交納。

企業按規定計算應交的房產稅、土地使用稅、車船稅時，借記「管理費用」科目，貸記「應交稅費——應交房產稅（或土地使用稅、車船稅）」科目；上交時，借記「應交稅費——應交房產稅（或土地使用稅、車船稅）」科目，貸記「銀行存款」科目。

印花稅是對書立、領受購銷合同等憑證行為徵收的稅款，實行由納稅人根據規定自行計算應納稅額、購買並一次貼足印花稅票的交納方法。應納稅憑證包括：購銷、加工承攬、建設工程承包、財產租賃、貨物運輸、倉儲保管、借款、財產保險、技術

合同或者具有合同性質的憑證；產權轉移書據；營業帳簿；權利、許可證照等。企業購買印花稅時借記「管理費用」科目，貸記「庫存現金」等科目，待發生應稅行為時，再根據憑證的性質和規定的比例稅率或者按件計算應納稅額，將已購買的印花稅票粘貼在應納稅憑證上即可，不需要通過「應交稅費」科目核算。

第三節　非流動負債

一、長期借款

(一) 長期借款的性質與內容

　　長期借款，是指企業從銀行或其他金融機構借入的期限在一年以上（不含一年）的借款。

　　為了總括反應長期借款的增減變動等情況，企業應設置「長期借款」科目反應借入、償還等情況，並在總帳科目下設置：「長期借款——本金」「長期借款——利息調整」等明細科目。

　　按照權責發生制，企業應分期確認長期借款的利息。企業取得的長期借款，通常是到期一次支付利息的，因而應付未付的借款利息與本金一樣，屬於非流動負債，應貸記「長期借款——應付利息」科目。確認的利息費用應根據借款的用途等情況，確定應予以費用化還是資本化，分別借記「財務費用」或「在建工程」等科目。

(二) 長期借款的帳務處理

　　【例 7-21】柳林公司為建造一幢廠房，2017 年 1 月 1 日借入期限為 2 年的長期專門借款 100 萬元，款項已存入銀行。借款利率為 9%，每年計息一次，到期一次歸還本息。2017 年年初，以銀行存款支付工程價款共計 60 萬元，2018 年年初又以銀行存款支付工程費用 40 萬元。該廠房於 2018 年 8 月底完工，達到預定可使用狀態。

　　根據上述業務編制有關會計分錄如下：

(1) 2017 年 1 月 1 日，取得借款時：

借：銀行存款　　　　　　　　　　　　　　　　　　　　1,000,000
　　貸：長期借款——本金　　　　　　　　　　　　　　　　1,000,000

(2) 2017 年年初，支付工程款時：

借：在建工程　　　　　　　　　　　　　　　　　　　　600,000
　　貸：銀行存款　　　　　　　　　　　　　　　　　　　　600,000

(3) 2017 年 12 月 31 日，計算 2007 年應計入工程成本的利息時：

借款利息 = 1,000,000 × 9% = 90,000（元）

借：在建工程　　　　　　　　　　　　　　　　　　　　90,000
　　貸：長期借款——應付利息　　　　　　　　　　　　　　90,000

(4) 2018 年年初支付工程款時：

借：在建工程 400,000
　　貸：銀行存款 400,000
(5) 2018年8月底，達到預定可使用狀態，該期應計入工程成本的利息：
= 1,000,000 × 9% ÷ 12 × 8 = 60,000（元）
借：在建工程 60,000
　　貸：長期借款——應付利息 60,000
同時：
借：固定資產 1,150,000
　　貸：在建工程 1,150,000
(6) 2018年12月31日，計算2018年9~12月應計入財務費用的利息：
= 1,000,000 × 9% ÷ 12 × 3 = 30,000（元）
借：財務費用 30,000
　　貸：長期借款——應付利息 30,000
(7) 2019年1月1日到期還本付息時：
借：長期借款——本金 1,000,000
　　　　　　——應付利息 180,000
　　貸：銀行存款 1,180,000

二、應付債券

(一) 一般公司債券

1. 公司債券的發行

企業發行的超過一年期以上的債券，構成了企業的長期負債。公司債券的發行方式有三種，即溢價發行、折價發行、面值發行。

(1) 債券的票面利率高於市場利率時，可按超過債券票面價值的價格發行，稱為溢價發行。溢價是企業以後各期多付利息而事先得到的補償。

(2) 債券的票面利率低於同期銀行存款利率，可按低於債券面值的價格發行，稱為折價發行。折價是企業以後各期少付利息而預先給投資者的補償。

(3) 債券的票面利率與市場利率相同，可按票面價格發行，稱為面值發行。

企業發行債券需要設置「應付債券」科目，並設置「面值」「利息調整」「應計利息」明細科目。無論是按面值發行，還是溢價發行或折價發行，均按債券面值記入「應付債券」科目的「面值」明細科目，實際收到的款項與面值的差額，記入「利息調整」明細科目。企業發行債券時，按實際收到的款項，借記「銀行存款」「庫存現金」等科目；按債券票面價值，貸記「應付債券——面值」科目；按實際收到的款項與票面價值之間的差額，貸記或借記「應付債券——利息調整」科目。

2. 利息調整的攤銷

利息調整應在債券存續期間內採用實際利率法進行攤銷。實際利率法是指按照應付債券的實際利率計算其攤餘成本及各期利息費用的方法；實際利率是指將應付債券

在債券存續期間的未來現金流量,折現為該債券當前帳面價值所使用的利率。

資產負債表日,對於分期付息、一次還本的債券,企業應按應付債券的攤餘成本和實際利率計算確定的債券利息費用,借記「在建工程」「製造費用」「財務費用」等科目;按票面利率計算確定的應付未付利息,貸記「應付利息」科目;按其差額,借記或貸記「應付債券——利息調整」科目。

對於到期一次還本付息的債券,應於資產負債表日按攤餘成本和實際利率計算確定的債券利息費用,借記「在建工程」「製造費用」「財務費用」等科目;按票面利率計算確定的應付未付利息,貸記「應付債券——應計利息」;按其差額,借記或貸記「應付債券——利息調整」科目。

【例7-22】2017年12月31日,柳林公司經批准發行5年期一次還本、分期付息的公司債券1,000萬元,債券利息在每年12月31日支付,票面利率為年利率6%。假定債券發行時的市場利率為5%。

柳林公司該批債券實際發行價格為:

債券發行價格 = 債券到期值現值 + 債券利息現值

債券到期值現值 = 債券到期值 × 複利現值系數

債券利息現值 = 債券面值 × 債券利率 × 年金現值系數

債券發行價格 = 10,000,000 × 0.783,5 + 10,000,000 × 6% × 4.329,5 = 10,432,700(元)

柳林公司根據上述資料,採用實際利率法和攤餘成本計算確定的利息費用,如表7-3所示。

表7-3　　　　　　　　　　利息費用一覽表　　　　　　　　　　單位:元

付息日期	支付利息	利息費用	攤銷的利息調整	應付債券攤餘成本
2017年12月31日				10,432,700
2018年12月31日	600,000	521,635	78,365	10,354,335
2019年12月31日	600,000	517,716.75	82,283.25	10,272,051.75
2020年12月31日	600,000	513,602.59	86,397.41	10,185,654.34
2021年12月31日	600,000	509,282.72	90,717.28	10,094,937.06
2022年12月31日	600,000	505,062.94*	94,937.06	10,000,000

註:*尾數調整。

根據表7-3的資料,柳林公司的帳務處理如下:

(1) 2017年12月31日發行債券時:

借:銀行存款　　　　　　　　　　　　　　　　　　10,432,700
　　貸:應付債券——面值　　　　　　　　　　　　　10,000,000
　　　　　　　——利息調整　　　　　　　　　　　　　　432,700

(2) 2018年12月31日計算利息費用時:

借：財務費用等　　　　　　　　　　　　　　　521,635
　　應付債券——利息調整　　　　　　　　　　　78,365
　　貸：應付利息　　　　　　　　　　　　　　　　600,000
2019 年、2020 年、2021 年確認利息費用的會計處理同 2018 年。
（3）2022 年 12 月 31 日歸還債券本金及最後一期利息費用時：
借：財務費用等　　　　　　　　　　　　　　　505,062.94
　　應付債券——面值　　　　　　　　　　　　10,000,000
　　　　　　——利息調整　　　　　　　　　　　94,937.06
　　貸：銀行存款　　　　　　　　　　　　　　　10,600,000

3. 債券的償還

企業發行的債券通常分為到期一次還本付息或一次還本、分期付息兩種。採用一次還本付息方式的，企業應於債券到期支付債券本息時，借記「應付債券——面值、應計利息」科目，貸記「銀行存款」科目。採用一次還本、分期付息方式的，在每期支付利息時，借記「應付利息」科目，貸記「銀行存款」科目；債券到期償還本金並支付最後一期利息時，借記「應付債券——面值」「在建工程」「財務費用」「製造費用」等科目，貸記「銀行存款」科目，按借貸雙方之間的差額，借記或貸記「應付債券——利息調整」科目。

（二）可轉換公司債券

中國發行可轉換公司債券採取記名式無紙化發行方式，債券最短期限為 3 年，最長期限為 5 年。企業發行的可轉換公司債券在「應付債券」科目下設置「可轉換公司債券」明細科目核算。

企業發行的可轉換公司債券，應當在初始確認時將其包含的負債成分和權益成分進行分拆，將負債成分確認為應付債券，將權益成分確認為資本公積。在進行分拆時，應當先對負債成分的未來現金流量進行折現確定負債成分的初始確認金額，再按發行價格總額扣除負債成分初始確認金額後的金額確定權益成分的初始確認金額。發行可轉換公司債券發生的交易費用，應當在負債成分和權益成分之間按照各自的相對公允價值進行分攤。企業應按實際收到的款項，借記「銀行存款」等科目；按可轉換公司債券包含的負債成分面值，貸記「應付債券——可轉換公司債券（面值）」科目；按權益成分的公允價值，貸記「資本公積——其他資本公積」科目；按借貸雙方之間的差額，借記或貸記「應付債券——可轉換公司債券（利息調整）」科目。

【例 7-23】柳林公司經批准於 2017 年 1 月 1 日按面值發行 5 年期一次還本付息的可轉換公司債券 20,000,000 元，款項已收存銀行，債券票面年利率為 6%。債券發行 1 年後可轉換為普通股股票，初始轉股價為每股 10 元，股票面值為每股 1 元。債券持有人若在當期付息前轉換股票的，應按債券面值和應計利息之和除以轉股價，計算轉換的股份數。假定 2018 年 1 月 1 日債券持有人將持有的可轉換公司債券全部轉換為普通股股票，柳林公司發行可轉換公司債券時二級市場上與之類似的沒有附帶轉換權的債券市場利率為 9%。柳林公司的帳務處理如下：

(1) 2017 年 1 月 1 日發行可轉換公司債券時：
借：銀行存款　　　　　　　　　　　　　　　　　　　　　　200,000,000
　　應付債券——可轉換公司債券（利息調整）　　　　　　　 23,343,600
　貸：應付債券——可轉換公司債券（面值）　　　　　　　　200,000,000
　　　資本公積——其他資本公積　　　　　　　　　　　　　 23,343,600
可轉換公司債券負債成分的公允價值為：
$200,000,000 \times 0.6499 + 200,000,000 \times 6\% \times 3.8897 = 176,656,400$（元）
可轉換公司債券權益成分的公允價值為：
$200,000,000 - 176,656,400 = 23,343,600$（元）
(2) 2017 年 12 月 31 日確認利息費用時：
借：財務費用等　　　　　　　　　　　　　　　　　　　　　 15,899,076
　貸：應付債券——可轉換公司債券　　　　　　　　　　　　 12,000,000
　　　　　　　——可轉換公司債券（利息調整）　　　　　　　 3,899,076
(3) 2018 年 1 月 1 日債券持有人行使轉換權時：
轉換的股份數為：
$(200,000,000 + 12,000,000) \div 10 = 21,200,000$（股）
借：應付債券——可轉換公司債券（面值）　　　　　　　　　200,000,000
　　　　　　——可轉換公司債券（應計利息）　　　　　　　 12,000,000
　　資本公積——其他資本公積　　　　　　　　　　　　　　 23,343,600
　貸：股本　　　　　　　　　　　　　　　　　　　　　　　 21,200,000
　　　應付債券——可轉換公司債券（利息調整）　　　　　　 19,444,524
　　　資本公積——股本溢價　　　　　　　　　　　　　　　194,699,076

企業發行附有贖回選擇權的可轉換公司債券，其在贖回日可能支付的利息補償金，即債券約定贖回期屆滿日應當支付的利息減去應付債券票面利息的差額，應當在債券發行日至債券約定贖回屆滿日期間計提應付利息。計提的應付利息，分別計入相關資產成本或財務費用。

三、長期應付款

長期應付款，是指企業除長期借款和應付債券以外的其他各種長期應付款項，包括應付融資租入固定資產的租賃費、以分期付款方式購入固定資產發生的應付款項等。

企業採用融資租賃方式租入的固定資產，應在租賃期開始日，將租賃開始日租賃資產公允價值與最低租賃付款額現值兩者中較低者，加上初始直接費用，作為租入資產的入帳價值，借記「固定資產」等科目；按最低租賃付款額，貸記「長期應付款」科目，按發生的初始直接費用；貸記「銀行存款」等科目；按其差額，借記「未確認融資費用」科目。

企業在計算最低租賃付款額的現值時，能夠取得出租人租賃內含利率的，應當採用租賃內含利率作為折現率；否則，應當採用租賃合同規定的利率作為折現率。企業

無法取得出租人的租賃內含利率且租賃合同沒有規定利率的，應當採用同期銀行貸款利率作為折現率。租賃內含利率，是指在租賃開始日，使最低租賃收款額的現值與未擔保餘值的現值之和等於租賃資產公允價值與出租人的初始直接費用之和的折現率。

未確認融資費用應當在租賃期內各個期間進行分攤。企業應當採用實際利率法計算確認當期的融資費用。

本章小結

本章首先對負債的概念進行了描述，再按照流動性將負債進行分類，分別對不同種類中的各種負債的概念、確認計量等問題進行了講解。本章主要內容包括：

負債是指企業過去的交易或者事項形成的、預期會導致經濟利益流出企業的現時義務。負債是基於企業過去的交易或事項而產生的。負債是企業承擔的現時義務，一般是由具有約束力的合同或因法定要求等而產生。負債的發生往往伴隨著資產或勞務的取得，或者費用或損失的發生；並且負債通常需要在未來某一特定時點用資產或勞務來償付。負債的確認條件為：與該義務有關的經濟利益很可能流出企業；未來流出的經濟利益的金額能夠可靠地計量。

職工薪酬是指企業為獲得職工提供的服務而給予各種形式的報酬以及其他相關支出。企業一般應當根據職工提供服務情況和職工貨幣薪酬的標準，計算應計入職工薪酬的金額，按照受益對象計入相關成本和費用，借記「生產成本」「管理費用」等科目，貸記「應付職工薪酬」科目；發放時，借記「應付職工薪酬」，貸記「銀行存款」等科目。

租賃住房等資產供職工無償使用的，應當根據受益對象，將每期應付的租金計入相關資產成本或費用，並確認應付職工薪酬。難以認定受益對象的，直接計入當期損益，並確認應付職工薪酬。

預收帳款的核算應視企業的具體情況而定。如果預收帳款比較多的，可以設置「預收帳款」科目；預收帳款不多的，也可以不設置「預收帳款」科目，直接記入「應收帳款」科目的貸方。

實際利率法是指按照應付債券的實際利率計算其攤餘成本及各期利息費用的方法；實際利率是指將應付債券在債券存續期間的未來現金流量，折現為該債券當前帳面價值所使用的利率。

關鍵詞

負債的確認條件　流動負債　非流動負債　短期借款　應付票據　職工薪酬　非貨幣性職工薪酬　離職後福利　辭退福利　應付帳款　預收帳款　應交稅費　增值稅　營業稅　消費稅　資源稅　土地增值稅　房產稅　土地使用稅　車船稅　印花稅　長期借款　實際利率法　長期應付款

本章思考題

1. 流動負債與非流動負債一般是如何區分的？各包括哪些主要內容？
2. 什麼是增值稅的一般納稅人和小規模納稅人？兩者在核算上有何不同？
3. 職工薪酬包括哪些內容？
4. 什麼是貨幣性短期薪酬？如何核算？
5. 什麼是帶薪缺勤？如何核算？
6. 什麼是非貨幣性福利？如何計量？
7. 什麼是離職後福利？如何確認與計量？
8. 什麼是辭退福利？如何計量？
9. 長期借款與短期借款相比，在核算上有何特點？
10. 債券的發行價格如何確定？債券的溢價折價如何攤銷？

第八章　所有者權益

【學習目的與要求】

本章主要闡述所有者權益的概念、性質，實收資本（或股本）、資本公積、留存收益的概念和核算方法。本章的學習要求是：

1. 掌握所有者權益的概念及其性質。
2. 掌握所有者權益的來源和構成。
3. 掌握實收資本的核算。
4. 掌握資本公積的內容及其核算。
5. 掌握其他綜合收益和留存收益的構成及其核算。

第一節　所有者權益概述

一、所有者權益的定義與性質

財政部2006年頒布的《企業會計準則》將所有者權益定義為：所有者權益是企業資產扣除負債後，由所有者享有的剩餘權益，又稱股東權益。所有者權益既可以反應所有者投入資本的保值增值情況，又體現了保護債權人權益的理念。這是因為，當企業破產清算時，變現後的資產首先必須用於償還企業的債務，剩餘部分才能按出資比例或股份比例在所有者之間進行分配。

所有者權益具有以下性質：

1. 所有者權益表明企業可以長期使用的資源數量

任何企業的設立都必須以一定的所有者投入為基礎，按照公司法規定，這部分資本在企業終止經營前不得抽回（特殊情況下的減資除外）。這樣，企業經營就有了可供長期使用的資金來源。與債權人權益（即負債）相比，企業需按規定的時間和利率向債權人支付利息並到期償還本金，但所有者權益在企業經營期限內無須償還。

2. 所有者權益是一種剩餘索取權

儘管所有者與企業的債權人都是企業資產的提供者，都對企業資產有相應要求權，但從法律角度看，債權人對企業資產的求償權優先於所有者。但是，債權人不能參與企業利潤分配，而所有者除了獲得投資收益外，還能參與企業經營管理決策。

二、所有者權益的來源與構成

所有者權益的來源包括所有者投入的資本、直接計入所有者權益的利得和損失、留存收益，通常由實收資本（在股份有限公司稱為股本）、資本公積、盈餘公積和未分配利潤等四個部分構成，商業銀行等金融企業在稅後利潤中提取的一般風險準備，也構成所有者權益。

所有者投入的資本是指所有者投入企業的資本部分，它既包括構成企業註冊資本或者股本部分的金額，也包括投入資本超過註冊資本或者股本部分的金額，即資本溢價或股本溢價。

直接計入所有者權益的利得和損失，是指不應計入當期損益、會導致所有者權益發生增減變動的，與所有者投入資本或者向所有者分配利潤無關的利得或者損失。其中，利得是指由企業非日常活動所發生的，會導致所有者權益增加的，與所有者投入資本無關的經濟利益的流入。損失是指由企業非日常活動所發生的，會導致所有者權益減少的，與向所有者分配利潤無關的經濟利益的流出。

留存收益是企業歷年實現的淨利潤留存於企業的部分，主要包括累計計提的盈餘公積和未分配利潤。

三、所有者權益的確認

所有者權益體現的是所有者在企業中的剩餘權益，因此，所有者權益的確認主要依賴於其他會計要素，尤其是資產和負債的確認；所有者權益金額的確定也主要取決於資產和負債的計量。

第二節　實收資本

一、實收資本和股本的概念

按照《中華人民共和國公司法》等有關法律規定，投資者設立企業首先必須投入資本。實收資本是投資者投入資本形成法定資本的價值，所有者向企業投入的資本，在一般情況下無須償還，可以長期使用。實收資本的構成比例，即投資者的出資比例或股東的股份比例，通常是確定所有者在企業所有者權益中所占的份額和參與企業財務經營決策的基礎，也是企業進行利潤分配或股利分配的依據，同時還是企業清算時確定所有者對淨資產的要求權的依據。

有限責任公司的股東可以用貨幣出資，也可以用實物、知識產權、土地使用權等可以用貨幣估價並可以依法轉讓的非貨幣財產作價出資。但是，法律、行政法規規定不得作為出資的財產除外。作為出資的非貨幣財產，應當對其評估作價，核實財產，不得高估或者低估作價。法律、行政法規對評估作價有規定的，從其規定。全體股東的貨幣出資金額不得低於有限責任公司註冊資本的30%。

股份有限公司是指全部資本由等額股份構成並通過發行股票籌集資本，股東以其認購的股份為限對公司承擔責任，公司以其全部財產對公司債務承擔責任的企業法人。股份有限公司實際發行股票的面值總額即為股本，股本總額分為若干相等的單位，每一單位即為一股，稱為股份。公司股份（股票）的持有者稱為股東，公司發給股東用以代表股份的書面憑證稱為股票。公司發行股票取得的收入與股本總額往往不一致，公司發行股票取得的收入大於股本總額的，稱為溢價發行；小於股本總額的，稱為折價發行；等於股本總額的，稱為面值發行（又稱平價發行）。中國不允許股票折價發行。

二、實收資本（或股本）的確認和核算

企業應當設置「實收資本」科目，核算企業接受投資者投入的實收資本，股份有限公司應將該科目改為「股本」。初建有限責任公司時，各投資者按照合同、協議或公司章程投入企業的資本，應全部記入「實收資本」科目，註冊資本為在公司登記機關登記的全體股東認繳的出資額。在企業增資時，如有新投資者介入，新介入的投資者繳納的出資額大於其按約定比例計算的其在註冊資本中所占的份額部分，不記入「實收資本」科目，而作為資本公積，記入「資本公積」科目。股份有限公司在採用溢價發行股票的情況下，企業應將相當於股票面值的部分記入「股本」科目，其餘部分在扣除發行手續費、佣金等發行費用後記入「資本公積——股本溢價」科目。企業收到投資時，收到投資人投入的現金，應在實際收到或者存入企業開戶銀行時，按實際收到的金額，借記「銀行存款」科目；以實物資產投資的，應在辦理實物產權轉移手續時，借記有關資產科目；以無形資產投資的，應按照合同、協議或公司章程規定移交有關憑證時，借記「無形資產」科目。按投入資本在註冊資本或股本中所占份額，貸記「實收資本」或「股本」科目；按其差額，貸記「資本公積——資本溢價」或「資本公積——股本溢價」等科目。

【例8-1】甲、乙、丙共同出資設立柳林有限責任公司，公司註冊資本為20,000,000元，甲、乙、丙持股比例分別為60%、30%和10%。2016年1月2日，柳林公司如期收到各投資者一次性繳足的款項。

根據上述資料，柳林公司應作以下帳務處理：

借：銀行存款　　　　　　　　　　　　　　　　　　　　　　20,000,000
　　貸：實收資本——甲　　　　　　　　　　　　　　　　　　12,000,000
　　　　　　——乙　　　　　　　　　　　　　　　　　　　　 6,000,000
　　　　　　——丙　　　　　　　　　　　　　　　　　　　　 2,000,000

【例8-2】柳林股份有限公司發行普通股30,000,000股，每股面值為1元，發行價格為8元。股款240,000,000元已經全部收到，發行過程中發生相關稅費100,000元。

根據上述資料，柳林股份有限公司應作以下帳務處理：

計入股本的金額＝30,000,000×1＝30,000,000（元）

計入資本公積的金額＝（8－1）×30,000,000－100,000＝209,900,000（元）
借：銀行存款　　　　　　　　　　　　　　　　239,900,000
　貸：股本　　　　　　　　　　　　　　　　　　30,000,000
　　　資本公積——股本溢價　　　　　　　　　　209,900,000

【例8－3】柳林公司收到紅星公司投入生產設備5臺，投資雙方確認價值為300,000元，雙方已辦理資產移交手續。

根據上述資料，柳林公司應作以下帳務處理：
借：固定資產——生產設備　　　　　　　　　　300,000
　貸：實收資本——紅星公司　　　　　　　　　　300,000

三、實收資本（或股本）增減變動的核算

中國有關法律規定，股本除了下列情況外不得隨意變動：一是符合條件，並經有關部門批准增資；二是企業按法定程序報經批准減少註冊資本。

（一）企業增資的核算

1. 接受投資者追加投資

企業接受投資者（包括原企業所有者和新投資者）投入的資本，借記「銀行存款」「固定資產」「無形資產」「長期股權投資」等科目，貸記「實收資本」或「股本」等科目；按其差額，貸記「資本公積——資本溢價」或「資本公積——股本溢價」等科目。

2. 資本公積轉增資本

將資本公積轉為實收資本或者股本時，會計上應按轉增的資本金額，借記「資本公積——資本溢價」或「資本公積——股本溢價」科目，貸記「實收資本」或「股本」科目。

3. 盈餘公積轉增資本

盈餘公積轉為實收資本，如為股份有限公司或有限責任公司的，應按原投資者所持股份同比例增加各股東的股權。會計上應借記「盈餘公積」科目，貸記「實收資本」或「股本」科目。

4. 股份有限公司發放股票股利

股份有限公司採用發放股票股利實現增資的，在發放股票股利時，按照股東原來持有的股數分配。例如，股東會決議按股票面額的10%發放股票股利時（假定新股發行價格及面額與原股相同），對於所持股票不足10股的股東，將會發生不能領取一股的情況。在這種情況下，有兩種方法可供選擇：一是將不足一股的股票股利改為現金股利，用現金支付；二是由股東相互轉讓，湊為整股。股東大會批准的利潤分配方案中分配的股票股利，應在辦理增資手續後，借記「利潤分配」科目，貸記「股本」科目。

5. 可轉換公司債券持有人行使轉換權利

可轉換公司債券持有人行使轉換權利，將其持有的債券轉換為股票，按可轉換公

司債券的餘額，借記「應付債券——可轉換公司債券（面值、利息調整）」科目；按股票面值和轉換的股數計算的股票面值總額，貸記「股本」科目；按其差額，貸記「資本公積」科目。

6. 企業將重組債務轉為資本

企業將重組債務轉為資本的，應按重組債務的帳面餘額，借記「應付帳款」等科目；按債權人因放棄債權而享有本企業股份的面值總額，貸記「實收資本」或「股本」科目；按股份的公允價值總額與相應的實收資本或股本之間的差額，貸記或借記「資本公積——資本溢價」或「資本公積——股本溢價」科目；按其差額，貸記「營業外收入——債務重組利得」科目。

7. 以權益結算的股份支付的行權

以權益結算的股份支付換取職工或其他方提供服務的，應在行權日，按根據實際行權情況確定的金額，借記「資本公積——其他資本公積」科目；按應計入實收資本或股本的金額，貸記「實收資本」或「股本」科目。

(二) 企業減資的核算

企業實收資本減少的原因大體有兩種：一是資本過剩；二是企業發生重大虧損而需要減少實收資本。企業因資本過剩而減資，一般要發還股款。有限責任公司和一般企業發還投資的會計處理比較簡單，按法定程序報經批准減少註冊資本的，借記「實收資本」科目，貸記「庫存現金」「銀行存款」等科目。

股份有限公司由於採用的是發行股票的方式籌集股本，發還股款時，則要回購發行的股票，發行股票的價格與股票面值可能不同，回購股票的價格也可能與發行價格不同，會計處理較為複雜。股份有限公司因減少註冊資本而回購本公司股份的，應按實際支付的金額，借記「庫存股」科目，貸記「銀行存款」等科目。註銷庫存股時，應按股票面值和註銷股數計算的股票面值總額，借記「股本」科目，按註銷庫存股的帳面餘額，貸記「庫存股」科目，按其差額，衝減股票發行時原計入資本公積的溢價部分，借記「資本公積——股本溢價」科目，回購價格超過上述衝減「股本」及「資本公積——股本溢價」科目的部分，應依次借記「盈餘公積」「利潤分配——未分配利潤」等科目；如回購價格低於回購股份所對應的股本，所註銷庫存股的帳面餘額與所衝減股本的差額作為增加股本溢價處理，按回購股份所對應的股本面值，借記「股本」科目，按註銷庫存股的帳面餘額，貸記「庫存股」科目，按其差額，貸記「資本公積——股本溢價」科目。

【例8-4】柳林股份有限公司截至2016年12月31日共發行股票40,000,000股，股票面值為1元，資本公積（股本溢價）12,000,000元，盈餘公積5,000,000元。經股東大會批准，柳林公司以現金回購本公司股票4,000,000股並註銷。假定柳林公司按照每股5元回購股票，不考慮其他因素，公司的會計處理如下：

庫存股的成本 = 4,000,000 × 5 = 20,000,000（元）

借：庫存股　　　　　　　　　　　　　　　　　　　　　　20,000,000
　　貸：銀行存款　　　　　　　　　　　　　　　　　　　　20,000,000

借：股本		4,000,000
資本公積——股本溢價		12,000,000
盈餘公積		4,000,000
貸：庫存股		20,000,000

假設企業盈餘公積餘額為3,000,000元，那麼，註銷庫存股的會計處理還應在借方登記「利潤分配——未分配利潤」科目，金額為1,000,000元。

【例8-5】沿用【例8-4】，假定柳林公司以每股0.8元回購股票，其他條件不變。公司的會計處理如下：

庫存股的成本 = 4,000,000 × 0.8 = 3,200,000（元）

借：庫存股		3,200,000
貸：銀行存款		3,200,000
借：股本		4,000,000
貸：庫存股		3,200,000
資本公積——股本溢價		800,000

第三節　資本公積和其他綜合收益

一、資本公積概述

資本公積是由投資者投入但不能構成實收資本或股本，或者通過其他來源取得，由所有者享有的資金。資本公積來源主要包括資本溢價（或股本溢價）、直接計入所有者權益的利得和損失，其主要用途是轉增資本（或股本）。

資本（或股本）溢價是指企業投資者投入的資金超過其在註冊資本中所占份額的部分，在股份有限公司稱為股本溢價。直接計入所有者權益的利得和損失，是指不應計入當期損益，會導致所有者權益發生增減變動的，與所有者投入資本或者向所有者分配利潤無關的利得或者損失。

資本公積從其形成來源看，它不是由企業實現的利潤轉化而來的，因此，它與留存收益有根本區別。

資本公積一般應當設置「資本（或股本）溢價」「其他資本公積」明細科目核算。

二、資本公積的核算

（一）資本（或股本）溢價

在企業創立時，出資者認繳的出資額全部記入「實收資本」科目。新加入的投資者如與原投資者共享這部分留存收益，也要求其付出大於原有投資者的出資額，才能取得與原有投資者相同的投資比例。投資者投入的資本中按其投資比例計算的出資額部分，應記入「實收資本」科目，大於部分應記入「資本公積」科目。在採用溢價發行股票的情況下，企業發行股票取得的收入，相當於股票面值的部分記入「股本」科

目，超出股票面值的溢價收入記入「資本公積」科目。委託證券商代理發行股票而支付的手續費、佣金等，應從溢價發行收入中扣除，企業應按扣除手續費、佣金後的數額記入「資本公積」科目。

(二) 其他資本公積

其他資本公積，是指除資本溢價（或股本溢價）項目以外所形成的資本公積，其中主要包括直接計入所有者權益的利得和損失。直接計入所有者權益的利得和損失主要由以下交易或事項引起：

1. 採用權益法核算的長期股權投資

長期股權投資採用權益法核算的，在持股比例不變的情況下，被投資單位除淨損益、其他綜合收益和利潤分配以外所有者權益的其他變動，企業按持股比例計算應享有的份額，如果是利得，應當增加長期股權投資的帳面價值，同時增加資本公積（其他資本公積）；如果是損失應當做相反的會計分錄。當處置採用權益法核算的長期股權投資時，應當將原計入資本公積的相關金額轉入投資收益。

2. 以權益結算的股份支付

以權益結算的股份支付換取職工或其他方提供服務的，應按照確定的金額，記入「管理費用」等科目，同時增加資本公積（其他資本公積）。在行權日，應按實際行權的權益工具數量計算確定的金額，借記「資本公積——其他資本公積」科目，按計入實收資本或股本的金額，貸記「實收資本」或「股本」科目，並將其差額記入「資本公積——資本溢價」或「資本公積——股本溢價」。

三、其他綜合收益的確認與計量及會計處理

其他綜合收益，是指企業根據會計準則規定未在當期損益中確認的各項利得和損失。包括以後會計期間不能重分類進損益的其他綜合收益和以後會計期間滿足規定條件時將重分類進損益的其他綜合收益兩類。

(一) 以後會計期間不能重分類進損益的其他綜合收益項目，主要包括重新計量設定受益計劃淨負債或淨資產導致的變動，以及按照權益法核算因被投資單位重新計量設定受益計劃淨負債或淨資產變動導致的權益變動，投資企業按持股比例計算確認的該部分其他綜合收益項目。

(二) 以後會計期間滿足規定條件時將重分類進損益的其他綜合收益項目，主要包括：

1. 可供出售金融資產公允價值的變動

可供出售金融資產公允價值變動形成的利得，除減值損失和外幣貨幣性金融資產形成的匯兌差額外，借記「可供出售金融資產——公允價值變動」科目，貸記「其他綜合收益」科目，公允價值變動形成的損失，作相反的會計處理。

2. 可供出售外幣非貨幣性項目的匯兌差額

對於以公允價值計量的可供出售非貨幣性項目，如果期末的公允價值以外幣反應，則應當先將該外幣按照公允價值確定當日的即期匯率折算為記帳本位幣金額，再與原

記帳本位幣金額進行比較，其差額計入其他綜合收益。具體地說，對於發生的匯兌損失，借記「其他綜合收益」科目，貸記「可供出售金融資產」科目；對於發生的匯兌收益，借記「可供出售金融資產」科目，貸記「其他綜合收益」科目。

3. 金融資產的重分類

將可供出售金融資產重分類為採用成本或攤餘成本計量的金融資產，重分類日該金融資產的公允價值或帳面價值作為成本或攤餘成本，該金融資產沒有固定到期日的，與該金融資產相關、原直接計入所有者權益的利得或損失，應當仍然記入「其他綜合收益」科目，在該金融資產被處置時轉出，計入當期損益。

將持有至到期投資重分類為可供出售金融資產，並以公允價值進行後續計量，重分類日，該投資的帳面價值與其公允價值之間的差額記入「其他綜合收益」科目，在該可供出售金融資產發生減值或終止確認時轉出，計入當期損益。

按照金融工具確認和計量的規定應當以公允價值計量，但以前公允價值不能可靠計量的可供出售金融資產，企業應當在其公允價值能夠可靠計量時改按公允價值計量，將相關帳面價值與公允價值之間的差額記入「其他綜合收益」科目，在其發生減值或終止確認時將上述差額轉出，計入當期損益。

4. 採用權益法核算的長期股權投資

採用權益法核算的長期股權投資，按照被投資單位實現其他綜合收益以及持股比例計算應享有或分擔的金額，調整長期股權投資的帳面價值，同時增加或減少其他綜合收益，其會計處理為：借記（或貸記）「長期股權投資——其他綜合收益」科目，貸記（或借記）「其他綜合收益」，待該項股權投資處置時，將原計入其他綜合收益的金額轉入當期損益。

5. 存貨或自用房地產轉換為投資性房地產

企業將作為存貨的房地產轉換為採用公允價值模式計量的投資性房地產時，應當按該項房地產在轉換日的公允價值，借記「投資性房地產——成本」科目，原已計提跌價準備的，借記「存貨跌價準備」科目，按其帳面餘額，貸記「開發產品」等科目；同時，轉換日的公允價值小於帳面價值的，按其差額，借記「公允價值變動損益」科目，轉換日的公允價值大於帳面價值的，按其差額，貸記「其他綜合收益」科目。

企業將自用的建築物等轉換為採用公允價值模式計量的投資性房地產時，應當按該項房地產在轉換日的公允價值，借記「投資性房地產——成本」科目，原已計提減值準備的，借記「固定資產減值準備」科目，按已計提的累計折舊等，借記「累計折舊」等科目，按其帳面餘額，貸記「固定資產」等科目；同時，轉換日的公允價值小於帳面價值的，按其差額，借記「公允價值變動損益」科目，轉換日的公允價值大於帳面價值的，按其差額，貸記「其他綜合收益」科目。

待該項投資性房地產處置時，因轉換計入其他綜合收益的部分應轉入當期損益。

6. 外幣財務報表折算差額

按照外幣折算的要求，企業在處置境外經營的當期，將已列入合併財務報表所有者權益的外幣報表折算差額中與該境外經營相關部分，自其他綜合收益項目轉入處置當期損益。如果是部分處置境外經營，應當按處置的比例計算處置部分的外幣報表折

算差額，轉入處置當期損益。

第四節　留存收益

一、留存收益概述

留存收益是指企業從歷年實現的利潤中提取或形成的留存於企業的內部累積，它實質上是企業通過生產經營活動形成的資本增值。留存收益包括盈餘公積和未分配利潤。

（一）盈餘公積

盈餘公積是指企業按照規定從淨利潤中提取的各種累積資金。公司制企業的盈餘公積分為法定盈餘公積和任意盈餘公積，兩者的區別就在於各自計提的依據不同。前者以國家的法律或行政規章為依據提取，後者則由企業自行決定提取。

1. 法定盈餘公積

公司制企業的法定盈餘公積金按照稅後利潤的10%的比例提取（非公司制企業也可按照超過10%的比例提取），在計算提取法定盈餘公積的基數時，不應包括企業年初未分配利潤。公司法定公積金累計額已達到公司註冊資本的50%時可以不再提取。

公司的法定公積金不足以彌補以前年度虧損的，在提取法定公積金之前，應當先用當年利潤彌補虧損。

2. 任意盈餘公積

公司從稅後利潤中提取法定盈餘公積金後，經股東會或者股東大會決議，還可以從稅後利潤中提取任意盈餘公積金，非公司制企業經類似權力機構批准也可提取任意盈餘公積。

企業提取盈餘公積主要可以用於以下幾個方面：

1. 彌補虧損

企業發生虧損時，應由企業自行彌補。彌補虧損的渠道主要有三條：一是用以後年度稅前利潤彌補。按照現行製度規定，企業發生虧損時，可以用以後五年內實現的稅前利潤彌補，即稅前利潤彌補虧損的期間為五年。二是用以後年度稅後利潤彌補。企業發生的虧損經過五年期間未彌補足額的，尚未彌補的虧損應用所得稅後的利潤彌補。三是以盈餘公積彌補虧損。企業以提取的盈餘公積彌補虧損時，應當由公司董事會提議，並經股東大會批准。

2. 轉增資本（股本）

企業將盈餘公積轉增資本時，必須經股東大會決議批准。在實際將盈餘公積轉增資本時，要按股東原有持股比例結轉。盈餘公積轉增資本時，轉增後留存的盈餘公積的數額不得少於註冊資本的25%。

企業提取的盈餘公積，無論是用於彌補虧損，還是用於轉增資本，只不過是在企業所有者權益內部作結構上的調整，比如企業以盈餘公積彌補虧損時，實際是減少盈

餘公積留存的數額，以此抵補未彌補虧損的數額，並不引起企業所有者權益總額的變動；企業以盈餘公積轉增資本時，也只是減少盈餘公積結存的數額，但同時增加企業實收資本或股本的數額，也並不引起所有者權益總額的變動。

3. 擴大企業生產經營

盈餘公積的用途，並不是指其實際占用形態，提取盈餘公積也並不是單獨將這部分資金從企業資金週轉過程中抽出。企業盈餘公積的結存數，實際只表現為企業所有者權益的組成部分，表明企業生產經營資金的一個來源而已。其形成的資金可能表現為一定的貨幣資金，也可能表現為一定的實物資產，如存貨和固定資產等，隨同企業的其他來源所形成的資金進行循環週轉，用於企業的生產經營。

（二）未分配利潤

未分配利潤是企業實現的淨利潤經過彌補虧損、提取盈餘公積和向投資者分配後留存在企業的、歷年結存的利潤，也是企業所有者權益的組成部分。相對於所有者權益的其他部分來講，企業對於未分配利潤的使用分配有較大的自主權，受國家法律法規的限制比較少。從數量上來講，未分配利潤是期初未分配利潤，加上本期實現的淨利潤，減去提取的各種盈餘公積和分出利潤後的餘額。

二、留存收益的核算

（一）盈餘公積的確認和計量

為了反應盈餘公積的形成及使用情況，企業應設置「盈餘公積」科目。企業應當分別對「法定盈餘公積」「任意盈餘公積」進行明細核算。

企業提取盈餘公積時，借記「利潤分配——提取法定盈餘公積」「利潤分配——提取任意盈餘公積」科目，貸記「盈餘公積——法定盈餘公積」「盈餘公積——任意盈餘公積」科目。

企業用盈餘公積彌補虧損或轉增資本時，借記「盈餘公積」，貸記「利潤分配——盈餘公積補虧」「實收資本」或「股本」科目。經股東大會決議，用盈餘公積派送新股，按派送新股計算的金額，借記「盈餘公積」科目，按股票面值和派送新股總數計算的股票面值總額，貸記「股本」科目。

【例8-6】柳林公司2016年召開股東大會，經大會批准，決定用500,000元的盈餘公積彌補2015年的虧損。作會計分錄如下：

借：盈餘公積　　　　　　　　　　　　　　　　　　　500,000
　　貸：利潤分配——盈餘公積補虧　　　　　　　　　　　500,000

【例8-7】承前【例8-5】若股東大會批准將法定盈餘公積中的1,500,000元用於派送新股，按派送的股票面值計算為1,500,000元。則作會計分錄如下：

借：盈餘公積　　　　　　　　　　　　　　　　　　　1,500,000
　　貸：股本　　　　　　　　　　　　　　　　　　　　1,500,000

（二）未分配利潤的核算

在會計處理上，未分配利潤是通過「利潤分配」科目進行核算的，「利潤分配」

科目應當分別對「提取法定盈餘公積」「提取任意盈餘公積」「應付現金股利或利潤」「轉作股本的股利」「盈餘公積補虧」和「未分配利潤」等明細科目進行核算。

1. 期末結轉

企業期末結轉利潤時，應將各損益類科目的餘額轉入「本年利潤」科目，結平各損益類科目。結轉後「本年利潤」的貸方餘額為當年實現的淨利潤，借方餘額為當期發生的淨虧損。年度終了，應將本年收入和支出相抵後結出的本年實現的淨利潤或淨虧損，轉入「利潤分配——未分配利潤」科目。同時，將「利潤分配」科目所屬的其他明細科目的餘額，轉入「未分配利潤」明細科目。結轉後，「未分配利潤」明細科目的貸方餘額，就是未分配利潤的金額；如出現借方餘額，則表示未彌補虧損的金額。「利潤分配」科目所屬的其他明細科目應無餘額。

2. 彌補虧損

企業在當年發生虧損的情況下，與實現利潤的情況相同，應當將本年發生的虧損自「本年利潤」科目，轉入「利潤分配——未分配利潤」科目，借記「利潤分配——未分配利潤」科目，貸記「本年利潤」科目，結轉後「利潤分配」科目的借方餘額，即為未彌補虧損的數額。然後通過「利潤分配」科目核算有關虧損的彌補情況。

由於未彌補虧損形成的時間長短不同等原因，以前年度未彌補虧損有的可以以當年實現的稅前利潤彌補，有的則須用稅後利潤彌補。以當年實現的利潤彌補以前年度結轉的未彌補虧損，不需要進行專門的帳務處理。企業應將當年實現的利潤自「本年利潤」科目，轉入「利潤分配——未分配利潤」科目的貸方，其貸方發生額與「利潤分配——未分配利潤」的借方餘額自然抵補。無論是以稅前利潤還是以稅後利潤彌補虧損，其會計處理方法均相同。但是，兩者在計算繳納所得稅時的處理是不同的。在以稅前利潤彌補虧損的情況下，其彌補的數額可以抵減當期企業應納稅所得額，而以稅後利潤彌補的數額，則不能作為納稅所得扣除處理。

3. 分配股利或利潤

經股東大會或類似機構決議，分配給股東或投資者的現金股利或利潤，借記「利潤分配——應付現金股利或利潤」科目，貸記「應付股利」科目。經股東大會或類似機構決議，分配給股東的股票股利，應在辦理增資手續後，借記「利潤分配——轉作股本的股利」科目，貸記「股本」科目。

【例8-8】柳林股份有限公司的股本為200,000,000元，每股面值1元。2016年年初未分配利潤為貸方160,000,000元，2016年實現淨利潤100,000,000元。

假定公司按照2016年實現淨利潤的10%提取法定盈餘公積，5%提取任意盈餘公積，同時向股東按每股0.4元派發現金股利，按每10股送4股的比例派發股票股利。2017年3月25日，公司以銀行存款支付了全部現金股利，新增股本也已經辦理完股權登記和相關增資手續。柳林公司的會計處理如下：

（1）2016年度終了時，企業結轉本年實現的淨利潤

借：本年利潤　　　　　　　　　　　　　　　　　　　　　　100,000,000
　　貸：利潤分配——未分配利潤　　　　　　　　　　　　　　　　100,000,000

(2) 提取法定盈餘公積和任意盈餘公積

借：利潤分配——提取法定盈餘公積　　　　　　　　　10,000,000
　　　　　　——提取任意盈餘公積　　　　　　　　　　5,000,000
　貸：盈餘公積——法定盈餘公積　　　　　　　　　　10,000,000
　　　　　　——任意盈餘公積　　　　　　　　　　　　5,000,000

(3) 結轉「利潤分配」的明細科目

借：利潤分配——未分配利潤　　　　　　　　　　　　15,000,000
　貸：利潤分配——提取法定盈餘公積　　　　　　　　10,000,000
　　　　　　——提取任意盈餘公積　　　　　　　　　　5,000,000

柳林股份有限公司 2016 年年底「利潤分配——未分配利潤」科目的餘額為：

160,000,000 + 100,000,000 − 15,000,000 = 245,000,000（元）

即貸方餘額 245,000,000 元，反應企業的累計未分配利潤為 245,000,000 元。

(4) 批准發放現金股利

200,000,000 × 0.4 = 80,000,000（元）

借：利潤分配——應付現金股利　　　　　　　　　　　80,000,000
　貸：應付股利　　　　　　　　　　　　　　　　　　80,000,000

2017 年 3 月 25 日，實際發放現金股利

借：應付股利　　　　　　　　　　　　　　　　　　　80,000,000
　貸：銀行存款　　　　　　　　　　　　　　　　　　80,000,000

(5) 2017 年 3 月 25 日，發放股票股利

200,000,000 × 1 × 40% = 80,000,000（元）

借：利潤分配——轉作股本的股利　　　　　　　　　　80,000,000
　貸：股本　　　　　　　　　　　　　　　　　　　　80,000,000

本章小結

本章主要闡述所有者權益各組成部分的概念、性質和內容以及核算方法。主要內容包括：

所有者權益是企業資產扣除負債後，由所有者享有的剩餘權益，其來源包括所有者投入的資本、直接計入所有者權益的利得和損失、留存收益，通常由實收資本（在股份有限公司稱作股本）、資本公積和其他綜合收益、盈餘公積和未分配利潤四個部分構成。實收資本在一般情況下無須償還，可以長期使用。資本公積來源主要包括資本溢價（或股本溢價）、直接計入所有者權益的利得和損失，其主要用途是轉增資本（或股本）；其他綜合收益是指企業根據會計準則規定未在當期損益中確認的各項利得和損失。留存收益包括盈餘公積和未分配利潤。盈餘公積分為法定盈餘公積和任意盈餘公積，前者以國家的法律或行政規章為依據提取，後者則由企業自行決定提取。

關鍵詞

所有者投入的資本　直接計入所有者權益的利得和損失　留存收益　實收資本　股份有限公司　企業減資　資本公積　資本（或股本）溢價　其他資本公積　其他綜合收益　留存收益　盈餘公積　未分配利潤

本章思考題

1. 什麼是所有者權益？所有者權益包括哪些具體內容？
2. 企業按面值與按溢價發行股票，在會計處理上有何不同？
3. 什麼是資本公積？資本公積包括哪些內容？
4. 什麼是其他綜合收益？其他綜合收益包括哪些內容？
5. 盈餘公積的提取與使用應如何進行會計處理？

第九章 收入、費用和利潤

【學習目的與要求】

本章主要闡述收入、費用和利潤的確認、計量和會計核算。本章的學習要求是：
1. 掌握確認收入的原則、方法和條件，以及實現收入的各種方式的會計處理。
2. 掌握費用的特點、確認及其會計處理。
3. 掌握利潤的組成，區分經常性損益和非經常性損益以及利潤的核算方法。

第一節 收入

一、收入的概念和特徵

收入是指企業在日常活動中形成的、會導致所有者權益增加的、與所有者投入資本無關的經濟利益的總流入。其中，日常活動是指企業為完成其經營目標所從事的經常性活動以及與之相關的其他活動。

收入、收益和利得都能導致經濟利益的增加，形成企業利潤的最初來源，但是三者的含義並不相同。收入主要指營業收入，它是指企業在銷售商品、提供勞務及讓渡資產使用權等日常活動中形成的經濟利益的總流入；收益包括收入與利得；而利得是指營業收入以外的其他收益，在中國，利得一般是指營業外收入。

收入具有以下特點：

（1）收入主要來源於企業的日常經營活動，而不是從偶發的交易和事項中產生。收入業務在企業經營活動中具有大量、重複發生的特徵，如工業企業銷售商品、提供勞務的收入等。但是有些交易或事項，如出售固定資產，雖然也能為企業帶來經濟利益，但不屬於企業的日常活動，其流入的經濟利益是利得，而不是收入。

（2）收入表現為企業資產的增加或者負債的減少，或者二者兼而有之。

（3）收入能導致企業所有者權益的增加。如上所述，收入能增加資產或減少負債或二者兼而有之，因此，根據「資產－負債＝所有者權益」的公式，企業取得收入一定能增加所有者權益。這裡僅指收入本身導致的所有者權益的增加，而不包括收入扣除相關成本費用後的毛利為負值而導致所有者權益的減少。

（4）收入只包括本企業經濟利益的流入，不包括為第三方或客戶代收的款項，如增值稅、代收的款項等。

二、收入的分類

收入按照不同的標準可以有不同的分類：

（1）按照企業從事日常活動的性質，可將收入分為銷售商品收入、提供勞務收入、讓渡資產使用權收入、建造合同收入等。不同的收入來源有其不同的特點，其確認方法也因此有所差異。

（2）按照企業所從事的日常活動在企業的重要性，可將收入分為主營業務收入和其他業務收入。其中，主營業務收入指企業為完成其經營目標從事的經常性活動所實現的收入。如工業企業製造並銷售產品、商業企業銷售商品、保險公司簽發保單、諮詢公司提供諮詢服務、軟件開發企業為客戶開發軟件、安裝公司提供安裝服務、商業銀行對外貸款、租賃公司出租資產等實現的收入。這些活動形成的經濟利益的總流入構成的收入，屬於企業的主營業務收入，根據其性質的不同，分別通過「主營業務收入」「利息收入」「保費收入」等科目進行核算。其他業務收入指與企業從事主營業務以外的其他業務所實現的收入。例如，工業企業對外出售不需用的原材料、對外轉讓無形資產使用權等。這些活動形成的經濟利益的總流入也構成收入，屬於企業的其他業務收入，通過「其他業務收入」科目核算。

三、銷售商品收入確認

（一）銷售商品收入的確認和計量

商品包括企業為銷售而生產的產品和為轉售而購進的商品，如工業企業生產的產品、商業企業購進的商品等，企業銷售的其他存貨，如原材料、包裝物等，也視同企業的商品。會計準則規定，銷售商品收入同時滿足下列條件的，才能予以確認：

1. 企業已將商品所有權上的主要風險和報酬轉移給購貨方

企業已將商品所有權上的主要風險和報酬轉移給購貨方，是指與商品所有權有關的主要風險和報酬同時轉移給了購貨方。其中，與商品所有權有關的風險，主要是指商品因貶值或毀損等造成的損失；與商品所有權有關的報酬是指商品中包含的未來經濟利益，例如因商品增值或通過使用商品等形成的經濟利益。

判斷企業是否已將商品所有權上的主要風險和報酬轉移給購貨方，應當關注交易的實質，並結合所有權憑證的轉移進行判斷。如果與商品所有權有關的任何損失均不需要銷貨方承擔，與商品所有權有關的任何經濟利益也不歸銷貨方所有，就意味著商品所有權上的主要風險和報酬轉移給了購貨方。

（1）通常情況下，轉移商品所有權憑證並交付實物後，商品所有權上的主要風險和報酬隨之轉移，如大多數零售商品。

（2）有些情況下，企業已將商品所有權上的主要風險和報酬轉移給買方，但實物未交付。這種情況下，應在所有權上的主要風險和報酬轉移時確認收入，而不管實物是否交付。

（3）某些情況下，轉移商品所有權憑證或交付實物後商品所有權上的主要風險和

報酬並未隨之轉移，這種情況常見的有：

①企業銷售的商品在質量、品種、規格等方面不符合合同或協議要求，又未根據正常的保證條款予以彌補，因而仍負有責任。由於交易雙方在商品質量的彌補方面存在分歧，買方尚未正式接受商品，商品可能被退回。因此，商品所有權上的主要風險和報酬仍留在銷售方企業，銷售方企業此時不能確認收入，收入應遞延到已滿足買方要求並且買方承諾付款時予以確認。

②企業銷售商品的收入是否能夠取得，取決於購買方是否已將商品銷售出去。如採用支付手續費方式委託代銷商品等。

③企業尚未完成售出商品的安裝或檢驗工作，且安裝或檢驗工作是銷售合同或協議的重要組成部分。在安裝過程中可能會發生一些不確定因素，阻礙該項銷售的實現。因此，只有在安裝完畢並檢驗合格後才能確認收入。

④銷售合同或協議中規定了買方由於特定原因有權退貨的條款，且企業又不能確定退貨的可能性。在這種情況下，該企業儘管已將商品售出，也已收到價款，由於無法估計退貨的可能性，商品所有權上的風險和報酬實質上並未轉移給買方，該企業在售出商品時不能確認收入。只有當買方正式接受商品或退貨期滿時才能確認收入。

2. 企業既沒有保留通常與所有權相聯繫的繼續管理權，也沒有對已售出的商品實施有效控製

企業將商品所有權上的主要風險和報酬轉移給買方後，如仍然保留通常與所有權相聯繫的繼續管理權，或仍然對售出的商品實施控製，則此項銷售不能成立，不能確認相應的銷售收入。如售後回購，如果回購價以回購日的市場價為基礎，該商品增值獲得的收益歸買方所有，貶值遭受的損失也歸買方所有，賣方不再保留該商品所有權上的風險和報酬，但賣方仍然對售出的商品實施控製，買方無權對該商品進行處置；如果回購價已在合同中確定，該商品價格變動的風險和報酬均由賣方承擔，且賣方仍然對商品實施控製。因此，售後回購本質上不是一種銷售，而是一項融資協議，整個交易不確認收入。但如果企業對售出的商品保留了與所有權無關的管理權，則不受本條件的限制。例如，房地產企業將開發的房產售出後，保留了對該房產的物業管理權，由於此項管理權與房產所有權無關，房產銷售成立。企業提供的物業管理應視為一個單獨的勞務合同，有關收入確認為勞務收入。

3. 收入的金額能夠可靠地計量

收入的金額能夠可靠地計量，是指收入的金額能夠合理地估計。收入的金額不能夠合理地估計就無法確認收入。企業在銷售商品時，商品銷售價格通常已經確定。但是，由於銷售商品過程中某些不確定因素的影響，也有可能存在商品銷售價格發生變動的情況。在這種情況下，新的商品銷售價格未確定前通常不應確認銷售商品收入。

企業銷售商品滿足收入確認條件時，應當按照已收或應收的合同或協議價款的公允價值確定銷售商品收入金額。已收或應收的合同或協議價款，通常為公允價值；已收或應收的價款不公允的，企業應按公允的交易價格確定收入金額。

4. 相關的經濟利益很可能流入企業

相關的經濟利益很可能流入企業，是指銷售商品價款收回的可能性大於不能收回

的可能性，即銷售商品價款收回的可能性超過50%。企業在確定銷售商品價款收回的可能性時，應當結合以前和買方交往的直接經驗、政府有關政策、其他方面取得信息等因素進行分析。企業銷售的商品符合合同或協議要求，已將發票帳單交付買方，買方承諾付款，通常表明滿足確認條件（相關的經濟利益很可能流入企業）。如果企業判斷銷售商品收入滿足確認條件確認了一筆應收債權，以後由於購貨方資金週轉困難無法收回該債權時，不應調整原確認的收入，而應對該債權計提壞帳準備、確認壞帳損失。如果企業根據以前與買方交往的直接經驗判斷買方信譽較差，或銷售時得知買方在另一項交易中發生了巨額虧損，資金週轉十分困難，或在出口商品時不能肯定進口企業所在國政府是否允許將款項匯出等，就可能會出現與銷售商品相關的經濟利益不能流入企業的情況，則不應確認收入。

5. 相關的已發生或將發生的成本能夠可靠地計量

通常情況下，銷售商品相關的已發生或將發生的成本能夠合理地估計，如庫存商品的成本、商品運輸費用等。如果庫存商品是本企業生產的，其生產成本能夠可靠計量；如果是外購的，購買成本能夠可靠計量。有時，銷售商品相關的已發生或將發生的成本不能夠合理地估計，此時企業不應確認收入，已收到的價款應確認為負債。

企業銷售商品應同時滿足上述五個條件，才能確認收入。任何一個條件沒有滿足，即使收到貨款，也不能確認收入。

(二) 銷售商品收入的會計處理

1. 通常情況下銷售商品收入的處理

確認銷售商品收入時，企業應按已收或應收的合同或協議價款，加上應收取的增值稅額，借記「銀行存款」「應收帳款」「應收票據」等科目，按確定的收入金額，貸記「主營業務收入」「其他業務收入」等科目，按應收取的增值稅額，貸記「應交稅費——應交增值稅（銷項稅額）」科目；同時在資產負債表日，按應交納的消費稅、資源稅、城市維護建設稅、教育費附加等稅費金額，借記「營業稅金及附加」科目，貸記「應交稅費——應交消費稅（應交資源稅、應交城市維護建設稅等）」科目。

如果售出商品不符合收入確認條件，則不應確認收入，已經發出的商品，應當通過「發出商品」科目進行核算。

2. 銷售商品涉及現金折扣、商業折扣、銷售折讓的處理

企業銷售商品有時也會遇到現金折扣、商業折扣、銷售折讓等問題，應當分別不同情況進行處理：

(1) 現金折扣，指債權人為鼓勵債務人在規定的期限內付款而向債務人提供的債務扣除。企業銷售商品涉及現金折扣的，應當按照扣除現金折扣前的金額確定銷售商品收入金額。現金折扣在實際發生時計入財務費用。

(2) 商業折扣，指企業為促進商品銷售而在商品標價上給予的價格扣除。企業銷售商品涉及商業折扣的，應當按照扣除商業折扣後的金額確定銷售商品收入金額。

(3) 銷售折讓，指企業因售出商品的質量不合格等原因而在售價上給予的減讓。對於銷售折讓，企業應分別對不同情況進行處理：①已確認收入的售出商品發生銷售

折讓的，通常應當在發生時衝減當期銷售商品收入；②已確認收入的銷售折讓屬於資產負債表日後事項的，應當按照有關資產負債表日後事項的相關規定進行處理。

【例9-1】柳林公司在2016年8月1日向光華公司銷售一批商品，開出的增值稅專用發票上註明的銷售價款為20,000元，增值稅稅額為3,400元。為及早收回貨款，柳林公司和光華公司約定的現金折扣條件為：2/10，1/20，n/30。假定計算現金折扣時不考慮增值稅額。柳林公司的帳務處理如下：

(1) 8月1日銷售實現時，按銷售總價確認收入：

借：應收帳款		23,400
貸：主營業務收入		20,000
應交稅費——應交增值稅（銷項稅額）		3,400

(2) 如果光華公司在8月9日付清貨款，則按銷售總價20,000元的2%享受現金折扣400（20,000×2%）元，實際付款23,000（23,400-400）元。

借：銀行存款		23,000
財務費用		400
貸：應收帳款		23,400

(3) 如果光華公司在8月18日付清貨款，則按銷售總價20,000元的1%享受現金折扣200（20,000×1%）元，實際付款23,200（23,400-200）元：

借：銀行存款		23,200
財務費用		200
貸：應收帳款		23,400

(4) 如果光華公司在8月底才付清貨款，則按全額付款：

借：銀行存款		23,400
貸：應收帳款		23,400

【例9-2】柳林公司向光華公司銷售一批商品，開出的增值稅專用發票上註明的銷售價款為20,000元，增值稅額為3,400元。光華公司在驗收過程中發現商品質量不合格，要求在價格上給予10%的折讓。假定柳林公司已確認銷售收入，款項尚未收到，發生的銷售折讓允許扣減當期增值稅額。柳林公司的帳務處理如下：

(1) 銷售實現時：

借：應收帳款		23,400
貸：主營業務收入		20,000
應交稅費——應交增值稅（銷項稅額）		3,400

(2) 發生銷售折讓時：

借：主營業務收入		2,000
應交稅費——應交增值稅（銷項稅額）		340
貸：應收帳款		2,340

(3) 實際收到款項時：

借：銀行存款		21,060

  貸：應收帳款 21,060

  3. 銷售退回的會計處理

  銷售退回，是指企業售出的商品由於質量、品種不符合要求等原因而發生的退貨。對於銷售退回，企業應分別對不同情況進行會計處理：

  （1）對於未確認收入的售出商品發生銷售退回的，企業應按已記入「發出商品」科目的商品成本金額，借記「庫存商品」科目，貸記「發出商品」科目。採用計劃成本或售價核算的，應按計劃成本或售價記入「庫存商品」科目，同時計算產品成本差異或商品進銷差價。

  （2）對於已確認收入的售出商品發生退回的，企業應在發生時衝減當期銷售商品收入，同時衝減當期銷售商品成本。如該項銷售退回已發生現金折扣的，應同時調整相關財務費用的金額；如該項銷售退回允許扣減增值稅額的，應同時調整「應交稅費——應交增值稅（銷項稅額）」科目的相應金額。

  （3）已確認收入的售出商品發生的銷售退回屬於資產負債表日後事項的，應當按照有關資產負債表日後事項的相關規定進行會計處理。

  【例9-3】柳林公司在2016年12月18日向光華公司銷售一批商品，開出的增值稅專用發票上註明的銷售價款為20,000元，增值稅額為3,400元。該批商品成本為10,000元。為及早收回貨款，柳林公司和光華公司約定的現金折扣條件為：2/10，1/20，n/30。光華公司在2016年12月27日支付貨款。2017年5月10日，該批商品因質量問題被光華公司退回，柳林公司當日支付有關款項。假定計算現金折扣時不考慮增值稅，銷售退回不屬於資產負債表日後事項。柳林公司的帳務處理如下：

  （1）2016年12月18日銷售實現時，按銷售總價確認收入時：

  借：應收帳款 23,400
    貸：主營業務收入 20,000
      應交稅費——應交增值稅（銷項稅額） 3,400
  借：主營業務成本 10,000
    貸：庫存商品 10,000

  （2）在2016年12月27日收到貨款時，按銷售總價20,000元的2%享受現金折扣400（20,000×2%）元，實際收款23,000（23,400-400）元：

  借：銀行存款 23,000
    財務費用 400
    貸：應收帳款 23,400

  （3）2017年5月10日發生銷售退回時：

  借：主營業務收入 20,000
    應交稅費——應交增值稅（銷項稅額） 3,400
    貸：銀行存款 23,000
      財務費用 400
  借：庫存商品 10,000
    貸：主營業務成本 10,000

4. 特殊銷售商品業務的會計處理

企業會計實務中，可能遇到一些特殊的銷售商品業務。在將銷售商品收入的計量原則運用於特殊銷售商品收入的會計處理時，應結合這些特殊銷售商品交易的形式，並注重交易的實質。

（1）代銷商品。代銷商品分以下情況處理：

第一種情況：視同買斷方式。視同買斷方式代銷商品，是指委託方和受託方簽訂合同或協議，委託方按合同或協議收取代銷的貨款，實際售價由受託方自定，實際售價與合同或協議價之間的差額歸受託方所有。如果委託方和受託方之間的協議明確標明，受託方在取得代銷商品後，無論是否能夠賣出、是否獲利，均與委託方無關，那麼，委託方和受託方之間的代銷商品交易，與委託方直接銷售商品給受託方沒有實質區別，在符合銷售商品收入確認條件時，委託方應確認相關銷售商品收入。如果委託方和受託方之間的協議明確標明，將來受託方沒有將商品售出時可以將商品退回給委託方，或受託方因代銷商品出現虧損時可以要求委託方補償，那麼，委託方在交付商品時不確認收入，受託方也不作購進商品處理，受託方將商品銷售後，按實際售價確認銷售收入，並向委託方開具代銷清單，委託方收到代銷清單時，再確認本企業的銷售收入。

【例9-4】2016年11月柳林公司委託光華公司銷售某種商品200件，協議價為200元/件，該商品成本120元/件，增值稅稅率17%。柳林公司收到光華公司開來的代銷清單時開具增值稅專用發票，發票上註明：售價40,000元，增值稅額6,800元。光華公司實際銷售時開具的增值稅發票上註明：售價48,000元，增值稅額為8,160元。

柳林公司（委託方）的會計處理如下：

①柳林公司發出商品時

借：委託代銷商品	24,000
貸：庫存商品	24,000

②柳林公司收到代銷清單時

借：應收帳款——光華公司	46,800
貸：主營業務收入	40,000
應交稅費——應交增值稅（銷項稅額）	6,800

③收到光華公司匯來的貨款時

借：銀行存款	46,800
貸：應收帳款——光華公司	46,800

光華公司的會計處理如下：

①收到代銷商品時

借：受託代銷商品	40,000
貸：受託代銷商品款	40,000

②實際銷售商品時

借：銀行存款	56,160
貸：主營業務收入	48,000
應交稅費——應交增值稅（銷項稅額）	8,160

借：主營業務成本	40,000	
貸：受託代銷商品		40,000
借：受託代銷商品款	40,000	
應交稅費——應交增值稅（進項稅額）	6,800	
貸：應付帳款——柳林公司		46,800

③按合同協議價將款項付給柳林公司時

借：應付帳款——柳林公司	46,800	
貸：銀行存款		46,800

第二種情況：收取手續費方式。在這種方式下，委託方在發出商品時通常不應確認銷售商品收入，而應在收到受託方開出的代銷清單時確認銷售商品收入；受託方應在商品銷售後，按合同或協議約定的方法計算確定的手續費確認收入。

【例9－5】假如【例9－4】中，光華公司按每件200元的價格出售給顧客，柳林公司按售價的10%支付光華公司手續費。光華公司實際銷售時，即向買方開出一張增值稅專用發票，發票上註明該商品售價40,000元，增值稅額6,800元。柳林公司在收到光華公司交來的代銷清單時，向光華公司開具一張相同金額的增值稅發票。

柳林公司的會計處理如下：

①柳林公司發出商品時

借：委託代銷商品	24,000	
貸：庫存商品		24,000

②收到代銷清單時

借：應收帳款——光華公司	46,800	
貸：主營業務收入		40,000
應交稅費——應交增值稅（銷項稅額）		6,800
借：主營業務成本	24,000	
貸：委託代銷商品		24,000
借：銷售費用	4,000	
貸：應收帳款——光華公司		4,000

③收到光華公司匯來的貨款淨額

借：銀行存款	42,800	
貸：應收帳款——光華公司		42,800

光華公司的會計處理如下：

①收到代銷商品時

借：受託代銷商品	40,000	
貸：受託代銷商品款		40,000

②實際銷售商品時

借：銀行存款	46,800	
貸：應付帳款——柳林公司		40,000
應交稅費——應交增值稅（銷項稅額）		6,800

借：應交稅費——應交增值稅（進項稅額） 6,800
　　貸：應付帳款——柳林公司 6,800
借：受託代銷商品款 40,000
　　貸：受託代銷商品 40,000
③歸還柳林公司貨款並計算代銷手續費時
借：應付帳款——柳林公司 46,800
　　貸：銀行存款 42,800
　　　　主營業務收入（或其他業務收入） 4,000

（2）預收款銷售商品。預收款銷售商品，是指購買方在商品尚未收到前按合同或協議約定分期付款，銷售方在收到最後一筆款項時才交貨的銷售方式。在這種方式下，銷售方直到收到最後一筆款項才將商品交付購貨方，表明商品所有權上的主要風險和報酬只有在收到最後一筆款項時才轉移給購貨方，企業通常應在發出商品時確認收入，在此之前預收的貨款應確認為負債。

【例9-6】柳林公司與光華公司簽訂協議，採用預收款方式向光華公司銷售一批商品。該批商品實際成本為1,400,000元。協議約定，該批商品銷售價格為2,000,000元，增值稅額為340,000元；光華公司應在協議簽訂時預付60%的貨款（按銷售價格計算），剩餘貨款於兩個月後支付。柳林公司的帳務處理如下：

①收到60%貨款時
借：銀行存款 1,200,000
　　貸：預收帳款 1,200,000
②收到剩餘貨款及增值稅額並確認收入時
借：預收帳款 1,200,000
　　銀行存款 1,140,000
　　貸：主營業務收入 2,000,000
　　　　應交稅費——應交增值稅（銷項稅額） 340,000
借：主營業務成本 1,400,000
　　貸：庫存商品 1,400,000

（3）具有融資性質的分期收款銷售商品。企業銷售商品，有時會採取分期收款的方式，如分期收款發出商品，即商品已經交付，貨款分期收回。如果延期收取的貨款具有融資性質，其實質是企業向購貨方提供免息的信貸，在符合收入確認條件時，企業應當按照應收的合同或協議價款的公允價值確定收入金額。應收的合同或協議價款的公允價值，通常應當按照其未來現金流量的現值或商品現銷價格計算確定。

應收的合同或協議價款與其公允價值之間的差額，應當在合同或協議期間內，按照應收款項的攤餘成本和實際利率計算確定的金額進行攤銷，作為財務費用的抵減處理。其中，實際利率是指具有類似信用等級的企業發行類似工具的現時利率，或者將應收的合同或協議價款折現為商品現銷價格時的折現率等。

在實務中，基於重要性要求，應收的合同或協議價款與其公允價值之間的差額，按照應收款項的攤餘成本和實際利率進行攤銷與採用直線法進行攤銷結果相差不大的，

也可以採用直線法進行攤銷。

【例9-7】2015年1月1日，柳林公司採用分期收款方式向光華公司銷售一套大型設備，合同約定的銷售價格為2,000萬元，分5次於每年12月31日等額收取。該大型設備成本為1,560萬元。在現銷方式下，該大型設備的銷售價格為1,600萬元。假定柳林公司發出商品時，其有關的增值稅納稅義務尚未發生，在合同約定的收款日期，發生有關的增值稅納稅義務。

根據本例的資料，柳林公司應當確認的銷售商品收入金額為1,600萬元。
根據下列公式：
未來五年收款額的現值＝現銷方式下應收款項金額
可以得出：
400×（P/A，r，5）＝1,600（萬元）
可在多次測試的基礎上，用插值法計算折現率。
當r＝7%時，400×4.1002＝1,640.08＞1,600萬元
當r＝8%時，400×3.9927＝1,597.08＜1,600萬元
因此，7%＜r＜8%。用插值法計算如下：

現值	利率
1,640.08	7%
1,600	r
1,597.08	8%

$$\frac{1,640.08 - 1,600}{1,640.08 - 1,597.08} = \frac{7\% - r}{7\% - 8\%} \qquad r = 7.93\%$$

每期計入財務費用的金額如表9-1所示。

表9-1　　　　　　　　財務費用和已收本金計算表　　　　　　　單位：萬元

年　份 (t)	未收本金 $A = A_{t-1} - D_{t-1}$	財務費用 $B = A \times 7.93\%$	收現總額 C	已收本金 $D = C - B$
2015年1月1日	1,600			
2015年12月31日	1,600	126.88	400	273.12
2016年12月31日	1,326.88	105.22	400	294.78
2017年12月31日	1,032.10	81.85	400	318.15
2018年12月31日	713.95	56.62	400	343.38
2019年12月31日	370.57	29.43*	400	370.57
總額		400	2,000	1,600

註：*尾數調整。

根據表9-1的計算結果，柳林公司各期的會計分錄如下：
①2015年1月1日銷售實現時：
　借：長期應收款　　　　　　　　　　　　　　　　　　　　　　　　　20,000,000

貸：主營業務收入		16,000,000
未實現融資收益		4,000,000
借：主營業務成本		15,600,000
貸：庫存商品		15,600,000

②2015年12月31日收取貨款和增值稅稅額時：

借：銀行存款		4,680,000
貸：長期應收款		4,000,000
應交稅費——應交增值稅（銷項稅額）		680,000
借：未實現融資收益		1,268,800
貸：財務費用		1,268,800

③2016年12月31日收取貨款和增值稅稅額時：

借：銀行存款		4,680,000
貸：長期應收款		4,000,000
應交稅費——應交增值稅（銷項稅額）		680,000
借：未實現融資收益		1,052,200
貸：財務費用		1,052,200

④2017年12月31日收取貨款和增值稅稅額時：

借：銀行存款		4,680,000
貸：長期應收款		4,000,000
應交稅費——應交增值稅（銷項稅額）		680,000
借：未實現融資收益		818,500
貸：財務費用		818,500

⑤2018年12月31日收取貨款和增值稅稅額時：

借：銀行存款		4,680,000
貸：長期應收款		4,000,000
應交稅費——應交增值稅（銷項稅額）		680,000
借：未實現融資收益		566,200
貸：財務費用		566,200

⑥2019年12月31日收取貨款和增值稅稅額時：

借：銀行存款		4,680,000
貸：長期應收款		4,000,000
應交稅費——應交增值稅（銷項稅額）		680,000
借：未實現融資收益		294,300
貸：財務費用		294,300

（4）附有銷售退回條件的商品銷售。附有銷售退回條件的商品銷售，是指購買方依照有關協議有權退貨的銷售方式。在這種銷售方式下，企業根據以往經驗能夠合理估計退貨可能性且確認與退貨相關負債的，通常應在發出商品時確認收入；企業不能合理估計退貨可能性的，通常應在售出商品退貨期滿時確認收入。

【例9－8】柳林公司是一家健身器材銷售公司。2016年1月1日，柳林公司向光華公司銷售5,000件健身器材，單位銷售價格為500元，單位成本為400元，開出的增值稅專用發票上註明的銷售價款為2,500,000元，增值稅額為425,000元。協議約定，光華公司應於2月1日之前支付貨款，在6月30日之前有權退還健身器材。健身器材已經發出，款項尚未收到。假定柳林公司根據過去的經驗，估計該批健身器材退貨率約為20%；健身器材發出時納稅義務已經發生；實際發生銷售退回時有關的增值稅額允許衝減。柳林公司的帳務處理如下：

①1月1日發出健身器材時：

借：應收帳款	2,925,000
貸：主營業務收入	2,500,000
應交稅費——應交增值稅（銷項稅額）	425,000
借：主營業務成本	2,000,000
貸：庫存商品	2,000,000

②1月31日確認估計的銷售退回時：

借：主營業務收入	500,000
貸：主營業務成本	400,000
其他應付款	100,000

③2月1日前收到貨款時：

| 借：銀行存款 | 2,925,000 |
| 貸：應收帳款 | 2,925,000 |

④6月30日發生銷售退回，實際退貨量為1,000件，款項已經支付：

借：庫存商品	400,000
應交稅費——應交增值稅（銷項稅額）	85,000
其他應付款	100,000
貸：銀行存款	585,000

如果實際退貨量為800件時：

借：庫存商品	320,000
應交稅費——應交增值稅（銷項稅額）	68,000
主營業務成本	80,000
其他應付款	100,000
貸：銀行存款	468,000
主營業務收入	100,000

如果實際退貨量為1,200件時：

借：庫存商品	480,000
應交稅費——應交增值稅（銷項稅額）	102,000
主營業務收入	100,000
其他應付款	100,000
貸：主營業務成本	80,000

　　　　銀行存款　　　　　　　　　　　　　　　　　　　　　　　　　702,000
⑤6月30日之前如果沒有發生退貨：
　　借：主營業務成本　　　　　　　　　　　　　　　　　　　　　400,000
　　　　其他應付款　　　　　　　　　　　　　　　　　　　　　　100,000
　　　貸：主營業務收入　　　　　　　　　　　　　　　　　　　　500,000
即作與②相反的會計分錄。

【例9-9】沿用【例9-8】的資料。假定柳林公司無法根據過去的經驗，估計該批健身器材的退貨率；健身器材發出時納稅義務已經發生。柳林公司的帳務處理如下：

①1月1日發出健身器材時：
　　借：應收帳款　　　　　　　　　　　　　　　　　　　　　　425,000
　　　貸：應交稅費——應交增值稅（銷項稅額）　　　　　　　　425,000
　　借：發出商品　　　　　　　　　　　　　　　　　　　　　2,000,000
　　　貸：庫存商品　　　　　　　　　　　　　　　　　　　　2,000,000

②2月1日前收到貨款時：
　　借：銀行存款　　　　　　　　　　　　　　　　　　　　　2,925,000
　　　貸：預收帳款　　　　　　　　　　　　　　　　　　　　2,500,000
　　　　　應收帳款　　　　　　　　　　　　　　　　　　　　　425,000

③6月30日退貨期滿沒有發生退貨時：
　　借：預收帳款　　　　　　　　　　　　　　　　　　　　　2,500,000
　　　貸：主營業務收入　　　　　　　　　　　　　　　　　　2,500,000
　　借：主營業務成本　　　　　　　　　　　　　　　　　　　2,000,000
　　　貸：發出商品　　　　　　　　　　　　　　　　　　　　2,000,000

④6月30日退貨期滿，發生2,000件退貨時：
　　借：預收帳款　　　　　　　　　　　　　　　　　　　　　2,500,000
　　　　應交稅費——應交增值稅（銷項稅額）　　　　　　　　170,000
　　　貸：主營業務收入　　　　　　　　　　　　　　　　　　1,500,000
　　　　　銀行存款　　　　　　　　　　　　　　　　　　　　1,170,000
　　借：主營業務成本　　　　　　　　　　　　　　　　　　　1,200,000
　　　　庫存商品　　　　　　　　　　　　　　　　　　　　　800,000
　　　貸：發出商品　　　　　　　　　　　　　　　　　　　　2,000,000

（5）售後回購。售後回購是指銷售商品的同時，銷售方同意日後再將同樣或類似的商品購回的銷售方式。在這種方式下，銷售方應根據合同或協議條款判斷企業已將商品所有權上的主要風險和報酬轉移給購貨方，以確定是否確認銷售商品收入。在大多數情況下，回購價格固定或等於原售價加合理回報，售後回購交易屬於融資交易，商品所有權上的主要風險和報酬沒有轉移，收到的款項應確認為負債；回購價格大於原售價的差額，企業應在回購期間按期計提利息，計入財務費用。

【例9-10】2016年5月1日，柳林公司向光華公司銷售一批商品，開出的增值稅專用發票上註明的銷售價款為100萬元，增值稅額為17萬元。該批商品成本為80萬

元；商品並未發出，款項已經收到。協議約定，柳林公司應於 9 月 30 日將所售商品購回，回購價為 110 萬元（不含增值稅額）。柳林公司的帳務處理如下：

①5 月 1 日發出商品時：

借：銀行存款	1,170,000
貸：其他應付款	1,000,000
應交稅費——應交增值稅（銷項稅額）	170,000

②回購價大於原售價的差額，應在回購期間按期計提利息費用，計入當期財務費用。由於回購期間為 5 個月，貨幣時間價值影響不大，採用直線法計提利息費用，每月計提利息費用為 2 萬元〔（110－100）/5〕。

借：財務費用	20,000
貸：其他應付款	20,000

③9 月 30 日回購商品時，收到的增值稅專用發票上註明的商品價格為 110 萬元，增值稅額為 18.7 萬元，款項已經支付。

借：財務費用	20,000
貸：其他應付款	20,000
借：其他應付款	1,100,000
應交稅費——應交增值稅（進項稅額）	187,000
貸：銀行存款	1,287,000

（6）售後租回。售後租回，是指銷售商品的同時，銷售方同意在日後再將同樣的商品租回的銷售方式。在這種方式下，銷售方應根據合同或協議條款判斷銷售商品是否滿足收入確認條件。通常情況下，售後租回屬於融資交易，企業不應確認收入，售價與資產帳面價值之間的差額應當分別不同情況進行處理：

第一，如果售後租回交易認定為融資租賃，售價與資產帳面價值之間的差額應當予以遞延，並按照該項租賃資產的折舊進度進行分攤，作為折舊費用的調整。

第二，如果售後租回交易認定為經營租賃，應當分別情況處理：①有確鑿證據表明售後租回交易是按照公允價值達成的，售價與資產帳面價值的差額應當計入當期損益。②售後租回交易如果不是按照公允價值達成的，售價低於公允價值的差額應計入當期損益；但若該損失將由低於市價的未來租賃付款額補償時，有關損失應予以遞延（遞延收益），並按與確認租金費用相一致的方法在租賃期內進行分攤；如果售價大於公允價值，其大於公允價值的部分應計入遞延收益，並在租賃期內分攤。

（7）以舊換新銷售。以舊換新銷售，是指銷售方在銷售商品的同時回收與所售商品相同的舊商品。在這種情況下，銷售的商品應當按照銷售商品收入確認條件確認收入，回收的商品作為購進商品處理。

（8）房地產銷售。房地產銷售是指房地產經營商自行開發房地產，並在市場上進行銷售的行為。房地產銷售與一般的銷售商品類似，按銷售商品確認收入的原則確認實現的銷售收入。如果房地產經營商事先與買方簽訂合同（該合同是不可撤銷的），按合同要求開發房地產的，應作為建造合同，按建造合同的處理原則處理。

在房地產銷售中，房地產的法定所有權轉移給買方，通常表明其所有權上的主要

風險和報酬也已轉移，企業應確認銷售收入。但也有可能出現法定所有權轉移後，所有權上的風險和報酬尚未轉移的情況。例如：

（1）賣方根據合同，仍有責任實施重大行為，例如工程尚未完工。在這種情況下，企業應在所實施的重大行動完成時確認收入。

（2）合同存在重大不確定因素，如買方有退貨選擇權的銷售。企業應在這些不確定因素消失後確認收入。

（3）房地產銷售後，賣方仍有某種程度的繼續涉入，如簽訂有銷售回購協議、賣方保證買方在特定時期內獲得投資報酬的協議等。在這些情況下，企業應分析交易的實質，確定是作銷售處理，還是作為籌資、租賃或利潤分成處理。如作銷售處理，賣方在繼續涉入的期間內不應確認收入。

在確認收入時，還應考慮價款收回的可能性，估計價款不能收回的，不確認收入；已經收回部分價款的，只將收回的部分確認為收入。

四、提供勞務收入

（一）提供勞務的交易結果能夠可靠估計

企業在資產負債日提供勞務交易的結果能夠可靠估計的，應當採用完工百分比法確認提供勞務收入。

1. 提供勞務的交易結果能夠可靠估計的條件

提供勞務的交易結果能否可靠估計，是指同時滿足下列條件：

（1）收入的金額能夠可靠地計量。收入的金額能夠可靠地計量，是指提供勞務收入的總額能夠合理地估計。通常情況下，企業應當按照從接受勞務方已收或應收的合同或協議價款確定提供勞務收入總額。隨著勞務的不斷提供，可能會根據實際情況增加或減少已收或應收的合同或協議價款，此時，企業應及時調整提供勞務收入總額。

（2）相關的經濟利益很可能流入企業。相關的經濟利益很可能流入企業，是指提供勞務收入總額收回的可能性大於不能收回的可能性。企業在確定提供勞務收入總額能否收回時，應當結合接受勞務方的信譽、以前的經驗以及雙方就結算方式和期限達成的合同或協議條款等因素，綜合進行判斷。

企業在確定提供勞務收入總額收回的可能性時，應當進行定性分析。如果確定提供勞務收入總額收回的可能性大於不能收回的可能性，即可認為提供勞務收入總額很可能流入企業。通常情況下，企業提供的勞務符合合同或協議要求，接受勞務方承諾付款，就表明提供勞務收入總額收回的可能性大於不能收回的可能性。如果企業判斷提供勞務收入總額不是很可能流入企業，應當提供確鑿證據。

（3）交易的完工進度能夠可靠地確定，是指交易的完工進度能夠合理地估計。企業確定提供勞務交易的完工進度，可以選用下列方法：

①已完工作的測量，這是一種比較專業的測量方法，由專業測量師對已經提供的勞務進行測量，並按一定方法計算確定提供勞務交易的完工程度。

②已經提供的勞務占應提供勞務總量的比例，這種方法主要以勞務量為標準確定

提供勞務交易的完工程度。

③已經發生的成本占估計總成本的比例，這種方法主要以成本為標準確定提供勞務交易的完工程度。只有反應已提供勞務的成本才能包括在已經發生的成本中，只有反應已提供或將提供勞務的成本才能包括在估計總成本中。

（4）交易中已發生和將發生的成本能夠可靠地計量，是指交易中已經發生和將要發生的成本能夠合理地估計。企業應當建立完善的內部成本核算製度和有效的內部財務預算及報告製度，準確地提供每期發生的成本，並對完成剩餘勞務將要發生的成本作出科學、合理的估計。同時應隨著勞務的不斷提供或外部情況的不斷變化，隨時對將要發生的成本進行修訂。

2. 完工百分比法的具體應用

完工百分比法，是指按照提供勞務交易的完工進度確認收入和費用的方法。在這種方法下，確認的提供勞務收入金額能夠提供各個會計期間關於提供勞務交易及其業績的有用信息。

企業應當在資產負債表日按照提供勞務收入總額乘以完工進度扣除以前會計期間累計已確認提供勞務收入後的金額，確認當期提供勞務收入；同時，按照提供勞務估計總成本乘以完工進度扣除以前會計期間累計已確認勞務成本後的金額，結轉當期勞務成本。用公式表示如下：

本期確認的收入＝勞務總收入×本期末止勞務的完工進度－以前期間已確認的收入

本期確認的費用＝勞務總成本×本期末止勞務的完工進度－以前期間已確認的費用

在採用完工百分比法確認提供勞務收入的情況下，企業應按計算確定的提供勞務收入金額，借記「應收帳款」「銀行存款」等科目，貸記「主營業務收入」科目。結轉提供勞務成本時，借記「主營業務成本」科目，貸記「勞務成本」科目。

【例9-11】柳林公司於2016年12月1日接受一項設備安裝任務，安裝期為3個月，合同總收入600,000元，至年底已預收安裝費440,000元，實際發生安裝費用280,000元（假定均為安裝人員薪酬），估計還會發生120,000元。假定柳林公司按實際發生的成本占估計總成本的比例確定勞務的完工進度。柳林公司的帳務處理如下：

實際發生的成本占估計總成本的比例

＝280,000÷（280,000＋120,000）＝70%

2016年12月31日確認的提供勞務收入

＝600,000×70%－0＝420,000（元）

2016年12月31日結轉的提供勞務成本

＝（280,000＋120,000）×70%－0＝280,000（元）

①實際發生勞務成本時

借：勞務成本　　　　　　　　　　　　　　　　　　　　　280,000

　　貸：應付職工薪酬　　　　　　　　　　　　　　　　　　280,000

②預收勞務款時

借：銀行存款　　　　　　　　　　　　　　　　　　　　　440,000

貸：預收帳款	440,000

③2016年12月31日確認提供勞務收入並結轉勞務成本時

借：預收帳款	420,000
貸：主營業務收入	420,000
借：主營業務成本	280,000
貸：勞務成本	280,000

(二) 提供勞務交易結果不能可靠估計

企業在資產負債表日提供勞務交易結果不能夠可靠估計的，即不能同時滿足上述四個條件的，不能採用完工百分比法確認提供勞務收入。此時，企業應正確預計已經發生的勞務成本能否得到補償，分別進行會計處理：

1. 已經發生的勞務成本預計全部能夠得到補償

已經發生的勞務成本預計全部能夠得到補償的，應按已收或預計能夠收回的金額確認提供勞務收入，並結轉已經發生的勞務成本。

2. 已經發生的勞務成本預計部分能夠得到補償

已經發生的勞務成本預計部分能夠得到補償的，應按能夠得到補償的勞務成本金額確認提供勞務收入，並結轉已經發生的勞務成本。

【例9-12】柳林公司於2016年12月25日接受光華公司委託，為其培訓一批學員，培訓期為6個月，2017年1月1日開學。協議約定，光華公司應向柳林公司支付的培訓費總額為120,000元，分三次等額支付，第一次在開學時預付，第二次在2017年3月1日支付，第三次在培訓結束時支付。

2017年1月1日，光華公司預付第一次培訓費。至2017年2月28日，柳林公司發生培訓成本60,000元（假定均為培訓人員薪酬）。2017年3月1日，柳林公司得知光華公司經營發生困難，後兩次培訓費能否收回難以確定。柳林公司的帳務處理如下：

(1) 2017年1月1日收到光華公司預付的培訓費時

借：銀行存款	40,000
貸：預收帳款	40,000

(2) 實際發生培訓支出60,000元時

借：勞務成本	60,000
貸：應付職工薪酬	60,000

(3) 2017年2月28日確認提供勞務收入並結轉勞務成本時

借：預收帳款	40,000
貸：主營業務收入	40,000
借：主營業務成本	60,000
貸：勞務成本	60,000

3. 已經發生的勞務成本預計全部不能得到補償

已經發生的勞務成本預計全部不能得到補償的，應將已經發生的勞務成本計入當期損益（主營業務成本或其他業務成本），不確認提供勞務收入。

(三) 同時銷售商品和提供勞務交易

企業與其他企業簽訂的合同或協議，有時既包括銷售商品又包括提供勞務，如銷售電梯的同時負責安裝工作、銷售軟件後繼續提供技術支持、設計產品同時負責生產等。此時，如果銷售商品部分和提供勞務部分能夠區分且能夠單獨計量的，企業應當分別核算銷售商品部分和提供勞務部分，將銷售商品的部分作為銷售商品處理，將提供勞務的部分作為提供勞務處理；如果銷售商品部分和提供勞務部分不能夠區分，或雖能區分但不能夠單獨計量的，企業應當將銷售商品部分和提供勞務部分全部作為銷售商品部分進行會計處理。

【例9-13】柳林公司與光華公司簽訂合同，向光華公司銷售一部電梯並負責安裝。柳林公司開出的增值稅專用發票上註明的價款合計為1,000,000元，其中電梯銷售價格為980,000元，安裝費為20,000元，增值稅額為166,600元。電梯的成本為560,000元；電梯安裝過程中發生安裝費12,000元，均為安裝人員薪酬。假定電梯已經安裝完成並經驗收合格，款項尚未收到；安裝工作是銷售合同的重要組成部分。柳林公司的帳務處理如下：

(1) 電梯發出轉成本560,000元時

借：發出商品　　　　　　　　　　　　　　　　　　　　　560,000
　　貸：庫存商品　　　　　　　　　　　　　　　　　　　　560,000

(2) 實際發生安裝費用12,000元時

借：勞務成本　　　　　　　　　　　　　　　　　　　　　 12,000
　　貸：應付職工薪酬　　　　　　　　　　　　　　　　　　 12,000

(3) 電梯銷售實現確認收入980,000元時

借：應收帳款　　　　　　　　　　　　　　　　　　　　 1,146,600
　　貸：主營業務收入　　　　　　　　　　　　　　　　　　980,000
　　　　應交稅費——應交增值稅（銷項稅額）　　　　　　　 166,600
借：主營業務成本　　　　　　　　　　　　　　　　　　　 560,000
　　貸：發出商品　　　　　　　　　　　　　　　　　　　　560,000

(4) 確認安裝費收入20,000元並結轉安裝成本12,000元時

借：應收帳款　　　　　　　　　　　　　　　　　　　　　 20,000
　　貸：主營業務收入　　　　　　　　　　　　　　　　　　 20,000
借：主營業務成本　　　　　　　　　　　　　　　　　　　　12,000
　　貸：勞務成本　　　　　　　　　　　　　　　　　　　　 12,000

【例9-14】沿用【例9-13】的資料。同時假定電梯銷售價格和安裝費用無法區分。柳林公司的帳務處理如下：

(1) 電梯發生結轉成本560,000元時

借：發出商品　　　　　　　　　　　　　　　　　　　　　560,000
　　貸：庫存商品　　　　　　　　　　　　　　　　　　　　560,000

(2) 發生安裝費用12,000元時

借：勞務成本	12,000
貸：應付職工薪酬	12,000

(3) 銷售實現確認收入 1,000,000 元並結轉成本 572,000 元時

借：應收帳款	1,170,000
貸：主營業務收入	1,000,000
應交稅費——應交增值稅（銷項稅額）	170,000
借：主營業務成本	572,000
貸：庫存商品	560,000
勞務成本	12,000

（四）特殊勞務收入

提供勞務滿足收入確認條件的，應按規定確認收入：

（1）安裝費，在資產負債表日根據安裝的完工進度確認為收入。安裝工作是商品銷售附帶條件的，安裝費通常應在確認商品銷售實現時確認為收入。

（2）宣傳媒介的收費，在相關的廣告或商業行為開始出現於公眾面前時確認為收入。廣告的製作費，通常應在資產負債表日根據廣告的完工進度確認為收入。

（3）為特定客戶開發軟件的收費，在資產負債表日根據開發的完工進度確認為收入。

（4）包括在商品售價內可區分的服務費，在提供服務的期間內分期確認為收入。

（5）藝術表演、招待宴會和其他特殊活動的收費，在相關活動發生時確認為收入。收費涉及幾項活動的，預收的款項應合理分配給每項活動，分別確認為收入。

（6）申請入會費和會員費只允許取得會籍，所有其他服務或商品都要另行收費的，通常應在款項收回不存在重大不確定性時確認為收入。申請入會費和會員費能使會員在會員期內得到各種服務或出版物，或者以低於非會員的價格銷售商品或提供服務的，通常應在整個受益期內分期確認為收入。

（7）屬於提供設備和其他有形資產的特許權費，通常應在交付資產或轉移資產所有權時確認為收入；屬於提供初始及後續服務的特許權費，通常應在提供服務時確認為收入。

【例 9-15】柳林公司與光華公司簽訂協議，柳林公司允許光華公司經營其連鎖店。協議約定，柳林公司共向光華公司收取特許權費 600,000 元，其中提供家具、櫃臺等收費 200,000 元，這些家具、櫃臺成本為 180,000 元；提供初始服務，如幫助選址、培訓人員、融資、廣告等收費 300,000 元，共發生成本 200,000 元（其中，140,000 元為人員薪酬，60,000 元為支付的廣告費用）；提供後續服務收費 100,000 元，發生成本 50,000 元（均為人員薪酬）。協議簽訂當日，光華公司一次性付清所有款項。假定不考慮其他因素，柳林公司的帳務處理如下：

①收到款項時

借：銀行存款	600,000
貸：預收帳款	600,000

②確認家具、櫃臺的特許權費收入並結轉成本時

  借：預收帳款   200,000
   貸：主營業務收入   200,000
  借：主營業務成本   180,000
   貸：庫存商品   180,000

③提供初始服務時

  借：勞務成本   200,000
   貸：應付職工薪酬   140,000
     銀行存款   60,000
  借：預收帳款   300,000
   貸：主營業務收入   300,000
  借：主營業務成本   200,000
   貸：勞務成本   200,000

④提供後續服務時

  借：勞務成本   50,000
   貸：應付職工薪酬   50,000
  借：預收帳款   100,000
   貸：主營業務收入   100,000
  借：主營業務成本   50,000
   貸：勞務成本   50,000

（8）長期為客戶提供重複勞務收取的勞務費，通常應在相關勞務活動發生時確認為收入。

（9）高爾夫球場果嶺券收入。高爾夫球場會員一次性購入若干果嶺券，在收到款項時作為遞延收益處理，待提供服務收回果嶺券時，再確認收入；合同期滿、未消費的果嶺券全部確認收入。會員在消費時購買果嶺券（即企業在為會員提供服務時會員購買的果嶺券），於會員購買果嶺券時確認收入。

五、讓渡資產使用權收入

(一) 讓渡資產使用權收入的種類

  讓渡資產使用權收入主要有以下幾種形式：

（1）利息收入，主要是指金融企業對外貸款形成的利息收入，以及同業之間發生往來形成的利息收入等。

（2）使用費收入，主要是指企業轉讓無形資產（如商標權、專利權、專營權、軟件、版權）等資產的使用權形成的使用費收入。

(二) 讓渡資產使用權收入的確認

  讓渡資產使用權收入同時滿足下列條件的，才能予以確認：

1. 相關的經濟利益很可能流入企業

相關的經濟利益很可能流入企業，是指讓渡資產使用權收入金額收回的可能性大於不能收回的可能性。企業在確定讓渡資產使用權收入金額能否收回時，應當根據對方企業的信譽和生產經營情況、雙方就結算方式和期限等達成的合同或協議條款等因素，綜合進行判斷。如果企業估計讓渡資產使用權收入金額收回的可能性不大，就不應確認收入。

2. 收入的金額能夠可靠地計量

收入的金額能夠可靠地計量，是指讓渡資產使用權收入的金額能夠合理地估計。如果讓渡資產使用權收入的金額不能夠合理地估計，則不應確認收入。

(三) 讓渡資產使用權收入的計量

1. 利息收入

企業應在資產負債表日，按照他人使用本企業貨幣資金的時間和實際利率計算確定利息收入金額。按計算確定的利息收入金額，借記「應收利息」「銀行存款」等科目，貸記「利息收入」「其他業務收入」等科目。

【例9-16】柳林商業銀行於2016年10月1日向光華公司發放一筆貸款200萬元，期限為1年，年利率為5%，柳林銀行發放貸款時沒有發生交易費用，該貸款合同利率與實際利率相同。假定柳林商業銀行按季度編制財務報表，不考慮其他因素。柳林商業銀行的帳務處理如下：

(1) 2016年10月1日對外貸款時：

借：貸款　　　　　　　　　　　　　　　　　　　　　　　2,000,000
　　貸：吸收存款　　　　　　　　　　　　　　　　　　　　　　2,000,000

(2) 2016年12月31日確認利息收入時：

借：應收利息　　　　　　　　　　　(2,000,000×5%÷4) 25,000
　　貸：利息收入　　　　　　　　　　　　　　　　　　　　　　25,000

2. 使用費收入

使用費收入應當按照有關合同或協議約定的收費時間和方法計算確定。不同的使用費收入，收費時間和方法各不相同。有一次性收取一筆固定金額的，如一次收取10年的場地使用費；有在合同或協議規定的有效期內分期等額收取的，如合同或協議規定在使用期內每期收取一筆固定的金額；也有分期不等額收取的，如合同或協議規定按資產使用方每期銷售額的百分比收取使用費等。

如果合同或協議規定一次性收取使用費，且不提供後續服務的，應當視同銷售該項資產一次性確認收入；提供後續服務的，應在合同或協議規定的有效期內分期確認收入。如果合同或協議規定分期收取使用費的，應按合同或協議規定的收款時間和金額或規定的收費方法計算確定的金額分期確認收入。

【例9-17】柳林公司向光華公司轉讓其商品的商標使用權，約定光華公司每年年末按年銷售收入的10%支付使用費，使用期10年。第一年，光華公司實現銷售收入1,000,000元；第二年，光華公司實現銷售收入1,500,000元。假定柳林公司均於每年

年末收到使用費，不考慮其他因素。柳林公司的帳務處理如下：

(1) 第一年年末確認使用費收入時：

借：銀行存款　　　　　　　　　　　　　　　　（1,000,000×10%）100,000
　　貸：其他業務收入　　　　　　　　　　　　　　　　　　　　　100,000

(2) 第二年年末確認使用費收入時：

借：銀行存款　　　　　　　　　　　　　　　　（1,500,000×10%）150,000
　　貸：其他業務收入　　　　　　　　　　　　　　　　　　　　　150,000

第二節　費用

一、費用的概念和特徵

費用是指企業在日常活動中發生的、會導致所有者權益減少的、與向所有者分配利潤無關的經濟利益的總流出。費用具有以下特徵：

1. 費用最終會導致企業資源的減少

費用的發生會引起企業資源的減少，這種減少具體表現為企業的現金支出，或表現為其他資產的耗費。具體地說，支付工資、發生費用、消耗材料和機器設備等，最終都將會使企業資源耗費。從這個意義上說，費用本質上是一種企業資源的流出，它與資源流入企業所形成的收入相反。

2. 費用最終會減少企業的所有者權益

由於費用的發生往往伴隨著資產的減少或負債的增加，或是二者的結合，因此，從「資產－負債＝所有者權益」這一會計等式不難看出，費用最終會導致企業所有者權益的減少。但是，企業在生產經營過程中，有兩類支出是不應歸入費用的：一是企業償債性支出，如以銀行存款歸還前期所欠債務，只是一項資產和一項負債等額減少，對所有者權益沒有影響，因而不構成費用；二是企業向所有者分配利潤，雖然減少了企業的所有者權益，但其屬性是對利潤的分配，不作為費用。

二、費用的分類

費用按照不同的標準有不同的分類：

1. 按照經濟用途分類

費用按照其經濟用途，可以分為生產費用和期間費用兩部分。屬於生產費用的費用，按照其計入的方式不同，又可分為直接費用和間接費用。

2. 按照經濟性質分類

費用按照其經濟性質，可以分為外購材料費用、外購燃料費用、外購動力費用、職工薪酬、折舊費用、利息支出、稅金、其他支出等。

三、費用的確認

費用應按照權責發生制和配比原則確認，凡應屬於本期發生的費用，不論其款項

是否支付，均確認為本期費用；反之，不屬於本期發生的費用，即使其款項已在本期支付，也不確認為本期費用。

在確認費用時，應區分三個界限：

1. 區分生產費用與非生產費用的界限

生產費用是指在企業產品生產的過程中發生的能用貨幣計量的生產耗費，如生產產品所發生的原材料費用、人工費用等；非生產費用是指不應由生產費用負擔的費用，如用於構建固定資產所發生的費用，屬於非生產費用。

2. 區分生產費用與產品成本的界限

生產費用與一定的時期相聯繫，而與生產的產品無關；產品成本與一定品種和數量的產品相聯繫，而不論發生在哪一期。

3. 區分生產費用與期間費用的界限

生產費用應當計入產品成本，而期間費用直接計入當期損益。

在確認費用時，對於確認為期間費用的費用，必須進一步劃分為管理費用、銷售費用和財務費用。對於確認為生產費用的費用，必須根據該費用發生的實際情況將其確認為不同產品生產所負擔的費用；對於幾種產品共同發生的費用，必須按收益原則，採用一定方法和程序將其分配計入相關產品的生產成本。

四、期間費用

期間費用是指本期發生的、不能直接或間接歸入某種產品成本的、直接計入損益的各項費用，包括管理費用、銷售費用和財務費用。

(一) 管理費用

管理費用是指企業為組織和管理企業生產經營所發生的管理費用，包括企業在籌建期間內發生的開辦費、董事會和行政管理部門在企業的經營管理中發生的或者應由企業統一負擔的公司經費（包括行政管理部門職工工資及福利費、物料消耗、低值易耗品攤銷、辦公費和差旅費等）、工會經費、董事會費（包括董事會成員津貼、會議費和差旅費等）、聘請仲介機構費、諮詢費（含顧問費）、訴訟費、業務招待費、房產稅、車船使用稅、土地使用稅、印花稅、技術轉讓費、礦產資源補償費、研究費用、排污費以及企業生產車間（部門）和行政管理部門等發生的固定資產修理費用等。

企業發生的管理費用，在「管理費用」科目核算，並在「管理費用」科目中按費用項目設置明細帳，進行明細核算。期末，「管理費用」科目的餘額結轉「本年利潤」科目後無餘額。

(二) 銷售費用

銷售費用是指企業在銷售商品和材料、提供勞務的過程中發生的各種費用，包括企業在銷售商品過程中發生的保險費、包裝費、展覽費和廣告費、商品維修費、預計產品質量保證損失、運輸費、裝卸費等以及為銷售本企業商品而專設的銷售機構（含銷售網點、售後服務網點等）的職工薪酬、業務費、折舊費、固定資產修理費用等費用。

企業發生的銷售費用，在「銷售費用」科目核算，並在「銷售費用」科目中按費用項目設置明細帳，進行明細核算。期末，「銷售費用」科目的餘額結轉「本年利潤」科目後無餘額。

企業（金融）應將「銷售費用」科目改為「業務及管理費」科目，核算企業（金融）在業務經營和管理過程中所發生的各項費用，包括折舊費、業務宣傳費、業務招待費、電子設備運轉費、鈔幣運送費、安全防範費、郵電費、勞動保護費、外事費、印刷費、低值易耗品攤銷、職工工資及福利費、差旅費、水電費、職工教育經費、工會經費、會議費、訴訟費、公證費、諮詢費、無形資產攤銷、長期待攤費用攤銷、取暖降溫費、聘請仲介機構費、技術轉讓費、綠化費、董事會費、財產保險費、勞動保險費、失業保險費、住房公積金、物業管理費、研究費用、提取保險保障基金等。

(三) 財務費用

財務費用是指企業為籌集生產經營所需資金等而發生的籌資費用，包括利息支出（減利息收入）、匯兌損益以及相關的手續費、企業發生的現金折扣或收到的現金折扣等。

企業發生的財務費用，在「財務費用」科目核算，並在「財務費用」科目中按費用項目設置明細帳，進行明細核算。期末，「財務費用」科目的餘額結轉「本年利潤」科目後無餘額。

第三節　利潤

一、利潤的構成

利潤是指企業在一定會計期間的經營成果，在數量上表現為企業在一定會計期間內實現的收入減去費用後的淨額。

企業作為獨立的經濟實體，應當以自己的經營收入抵補其成本費用，並且實現盈利。企業盈利的大小在很大程度上反應企業生產經營的經濟效益，表明企業在每一會計期間的最終經營成果。

(一) 營業利潤

營業利潤＝營業收入－營業成本－營業稅金及附加－銷售費用－管理費用－財務費用－資產減值損失＋公允價值變動收益（－公允價值變動損失）＋投資收益（－投資損失）

其中，營業收入是指企業經營業務所確定的收入總額，包括主營業務收入和其他業務收入。營業成本是指企業經營業務所發生的實際成本總額，包括主營業務成本和其他業務成本。資產減值損失是指企業計提各項資產減值準備所形成的損失。公允價值變動收益（損失）是指企業交易性金融資產等公允價值變動形成的應計入當期損益的利得（損失）。投資收益（損失）是指企業以各種方式對外投資所取得的收益（發

生的損失)。

(二) 利潤總額

利潤總額＝營業利潤＋營業外收入－營業外支出

其中，營業外收入（支出）是指企業發生的與日常活動無直接關係的各項利得（損失）。

(三) 淨利潤

淨利潤＝利潤總額－所得稅費用

其中，所得稅費用是指企業確認的應從當期利潤總額中扣除的所得稅費用。

二、營業外收入和營業外支出

(一) 營業外收入

營業外收入是指企業發生的與其日常活動無直接關係的各項利得。營業外收入並不是由企業經營資金耗費所產生的，不需要企業付出代價，實際上是一種純收入，不可能也不需要與有關費用進行配比。因此，在會計核算上，應當嚴格區分營業外收入與營業收入的界限。營業外收入主要包括非流動資產處置利得、非貨幣性資產交換利得、債務重組利得、政府補助、盤盈利得、捐贈利得等。

（1）非流動資產處置利得包括固定資產處置利得和無形資產出售利得。固定資產處置利得，指企業出售固定資產所取得價款或報廢固定資產的材料價值和變價收入等，扣除固定資產的帳面價值、清理費用、處置相關稅費後的淨收益；無形資產出售利得，指企業出售無形資產所取得價款扣除出售無形資產的帳面價值、出售相關稅費後的淨收益。

（2）非貨幣性資產交換利得，指在非貨幣性資產交換中換出資產為固定資產、無形資產的，換入資產公允價值大於換出資產帳面價值的差額，扣除相關費用後計入營業外收入的金額。

（3）債務重組利得，指重組債務的帳面價值超過清償債務的現金、非現金資產的公允價值、所轉股份的公允價值或者重組後債務帳面價值之間的差額。

（4）盤盈利得，指企業對於清查盤點中盤盈的現金等，報經批准後計入營業外收入的金額。

（5）政府補助，指企業從政府無償取得貨幣性資產或非貨幣性資產形成的利得。

（6）捐贈利得，指企業接受捐贈產生的利得。

企業應當通過「營業外收入」科目，核算營業外收入的取得和結轉情況。該科目可按營業外收入項目進行明細核算。期末，應將該科目餘額轉入「本年利潤」科目，結轉後該科目無餘額。

(二) 營業外支出

營業外支出是指企業發生的與日常活動無直接關係的各項損失。營業外支出主要包括非流動資產處置損失、非貨幣性資產交換損失、債務重組損失、公益性捐贈支出、

非常損失、盤虧損失等。

（1）非流動資產處置損失包括固定資產處置損失和無形資產出售損失。固定資產處置損失，指企業出售固定資產所取得價款或報廢固定資產的材料價值和變價收入等，不足抵補處置固定資產的帳面價值、清理費用、處置相關稅費後的淨損失；無形資產出售損失，指企業出售無形資產所取得價款，不足抵補出售無形資產的帳面價值、出售相關稅費的淨損失。

（2）非貨幣性資產交換損失，指在非貨幣性資產交換中換出資產為固定資產、無形資產的，換入資產公允價值小於換出資產帳面價值的差額，扣除相關費用後計入營業外支出的金額。

（3）債務重組損失，指重組債權的帳面餘額與受讓資產的公允價值、所轉股份的公允價值或者重組後債權的帳面價值之間的差額。

（4）公益性捐贈支出，指企業對外進行公益性捐贈發生的支出。

（5）非常損失，指企業對於因客觀因素（自然災害等）造成的損失，在扣除保險公司賠償後計入營業外支出的淨損失。

企業應通過「營業外支出」科目核算營業外支出的發生及結轉情況。該科目可按營業外支出項目進行明細核算。期末，應將該科目餘額轉入「本年利潤」科目，結轉後該科目無餘額。

營業外收入和營業外支出應當分別核算。在具體核算時，不得以營業外支出直接沖減營業外收入，也不得以營業外收入沖減營業外支出，即企業在會計核算時，應當區別營業外收入和營業外支出進行核算。由於營業外收入和營業外支出所包括的項目互不相關，企業還應當分別營業外收入的各項目和營業外支出的各項目設置明細帳戶，進行明細核算。本年度營業外收入和營業外支出的累積餘額，在期末時轉入本年利潤。

三、本年利潤的結轉

企業應設置「本年利潤」科目，核算企業本年度內實現的利潤總額（虧損總額）。期末，企業將各收益類科目的餘額轉入「本年利潤」科目的貸方，將各成本、費用類科目的餘額轉入「本年利潤」科目的借方。轉帳後，「本年利潤」科目如為貸方餘額，反應本年度自年初開始累計實現的淨利潤；「本年利潤」如為借方餘額，反應本年度自年初開始累計發生的淨虧損。

利潤總額的核算方法有「帳結法」和「表結法」兩種，每月月末，企業可以根據實際情況自行選用，年終應採用「帳結法」。

(一) 帳結法

帳結法是指企業每月結帳時，將損益類科目的餘額，全部轉入「本年利潤」科目，通過「本年利潤」科目結出本月份利潤總額或虧損總額以及本年累計損益。

【例9-18】假設柳林公司2016年8月末未轉帳前損益類科目的餘額如下：

收入科目（貸方餘額）

  主營業務收入　　　　　　　　　3,000,000

其他業務收入	400,000
投資收益	50,000
營業外收入	20,000

支出科目（借方餘額）

營業稅金及附加	300,000
主營業務成本	2,400,000
其他業務成本	10,000
銷售費用	200,000
管理費用	180,000
財務費用	20,000
營業外支出	8,000

根據上述資料，企業月終應作會計分錄如下：

(1) 將所有收入類科目餘額轉入「本年利潤」科目時：

借：主營業務收入	3,000,000
其他業務收入	400,000
投資收益	50,000
營業外收入	20,000
貸：本年利潤	3,470,000

(2) 將所有支出科目餘額轉入「本年利潤」科目時：

借：本年利潤	3,118,000
貸：主營業務成本	2,400,000
營業稅金及附加	300,000
其他業務成本	10,000
銷售費用	200,000
管理費用	180,000
財務費用	20,000
營業外支出	8,000

經過以上結轉後，該公司8月份「本年利潤」科目增加貸方餘額352,000元。即該企業8月份實現的利潤總額為352,000元。

(二) 表結法

表結法指企業每月結帳時，不需要把損益類各科目的餘額轉入「本年利潤」科目，而是通過結出各損益類科目的本年累計金額，就可據以逐項填制「利潤表」，通過「利潤表」計算出從年初到本月止的本年累計利潤，然後減去上月止本表中的本年累計利潤，就是本月份的利潤或虧損。

企業在採用「表結法」的情況下，年終時仍需採用「帳結法」，將損益類各科目的全年累計餘額轉入「本年利潤」科目，在「本年利潤」科目集中反應本年的全年利潤及其構成情況。年終，企業按上述步驟和方法計算出「本年利潤」餘額後，不論盈

利還是虧損，均應按照國家稅收的有關規定，計算繳納所得稅，並將所得稅費用轉入「本年利潤」科目的借方，然後才能將「本年利潤」科目的最終餘額（即淨利潤）轉入「利潤分配」科目。若為借方餘額，則借記「利潤分配——未分配利潤」科目，貸記「本年利潤」科目；若為貸方餘額，則借記「本年利潤」科目，貸記「利潤分配——未分配利潤」科目。

四、綜合收益總額

淨利潤加上其他綜合收益扣除所得稅影響後的淨額為綜合收益總額。

本章小結

本章分別講解了收入、費用和利潤的概念和特徵，對各個要素內部組成部分的核算方法進行了詳細的闡述。主要內容包括：

銷售商品收入必須同時滿足收入確認的五個條件，才能予以確認。如果售出商品不符合收入確認條件，則不應確認收入，已經發出的商品，應當通過「發出商品」科目進行核算。企業銷售商品時遇到的現金折扣、商業折扣、銷售折讓、銷售退回等問題，應當分別不同情況進行處理。對企業發生的代銷商品、預收款銷售商品、分期收款銷售商品、附有銷售退回條件的商品銷售、售後回購、售後租回、以舊換新等特殊銷售商品業務，其會計處理方式也有特殊性。企業在資產負債表日提供勞務交易的結果能夠可靠估計的，應當採用完工百分比法確認提供勞務收入；不能夠可靠估計的應正確預計已經發生的勞務成本能否得到補償，分別進行會計處理。企業讓渡資產使用權收入主要包括利息收入、使用費收入。

費用應按照權責發生制和配比原則確認。期間費用分為管理費用、銷售費用和財務費用，企業應分別核算。

利潤是指企業在一定會計期間的經營成果，在數量上表現為企業在一定會計期間內實現的收入減去費用後的淨額。利潤的口徑分為營業利潤、利潤總額、淨利潤等，其內容和計算方式不同。

關鍵詞

現金折扣　商業折扣　銷售折讓　銷售退回　視同買斷方式代銷商品　收取手續費方式代銷商品　預收款銷售商品　分期收款銷售商品　附有銷售退回條件的商品銷售　售後回購　售後租回　房地產銷售　完工百分比法　讓渡資產使用權收入　生產費用　非生產費用　期間費用　管理費用　銷售費用　財務費用　營業利潤　利潤總額　淨利潤　營業外收入　固定資產處置利得　無形資產出售利得　非貨幣性資產交換利得　債務重組利得　盤盈利得　政府補助　捐贈利得　營業外支出　固定資產處置損失　無形資產出售損失　非貨幣性資產交換損失　債務重組損失　公益性捐贈支

出　非常損失　帳結法　表結法　綜合收益

本章思考題

1. 什麼是收入、費用與利潤？
2. 確認收入的基本原則是什麼？收入有哪些分類方式？
3. 在各種不同的交易方式下，如何確認收入？怎樣進行會計處理？
4. 費用具有哪些特徵？有哪些分類方式？
5. 生產成本與生產費用有何關係？
6. 期間費用包括哪些內容？如何進行相關會計處理？
7. 營業外收支包括哪些內容？
8. 利潤如何計算？本年利潤如何核算？
9. 什麼是綜合收益總額？如何計算？

第十章 財務報表

【學習目的與要求】

本章主要闡述資產負債表、利潤表、現金流量表和股東權益變動表的基本原理和編制方法。本章學習的要求是：

1. 瞭解財務報表的作用、種類及其編制要求。
2. 掌握資產負債表的內容、結構和編制方法。
3. 掌握利潤表的內容、結構和編制方法。
4. 掌握現金流量表的內容、結構和編制方法。
5. 掌握股東權益變動表的內容、結構和編制方法。
6. 掌握報表附註披露的主要內容。

第一節 財務報表概述

一、財務報表及其意義

財務報表是對企業財務狀況、經營成果和現金流量的結構性表述。它是以日常核算資料為依據定期編制的反應企業某一特定日期財務狀況、某一會計期間經營成果、現金流量和所有者權益變動等會計信息的文件。財務報表是會計核算過程的最後結果，也是會計核算工作的總結。企業日常發生的經濟業務，我們已經按照會計準則的要求，對會計要素進行確認、計量，並按一定的帳務處理程序，在會計憑證、會計帳簿中進行了連續、系統登記。但是這些信息分散在數量多、種類雜的憑證、帳簿上，不能集中地揭示和反應企業經營活動的全貌。為了進一步發揮會計的職能作用，就必須定期對日常核算資料進行整理、分類、計算和匯總，並以書面的形式對外提供，才能滿足會計用戶對會計信息的需求。

財務報表至少應當包括資產負債表、利潤表、所有者權益（或股東權益，下同）變動表、現金流量表、附註。它們既有區別又有聯繫，分別從不同的角度反應企業經營成果、財務狀況、現金流量、所有者權益及其變動原因，共同構成了一個完整的財務報表體系。

財務會計報告的目標：①向財務會計報表使用者提供與企業財務狀況、經營成果和現金流量等有關的會計信息；②反應企業管理層受託責任履行情況，有助於財務會計報表使用者作出經濟決策。

会计信息的用户，主要包括投資人、債權人、財稅機關及其他政府部門等外部使用者和企業管理當局、企業職工等内部使用者。不同的用户對財務報表的需求不同，因而對財務報表使用的著眼點不同，財務報表所起的作用也不同。

企業現有和潛在的投資者需利用財務報表信息作出合理的投資決策。由於所有權和經營權的分離，投資者不參與企業的經營和管理，他們需要利用報表信息分析評價企業的資產狀況、盈利能力、產品的市場競爭能力及其所處行業的發展前景等，以便作出是否投資的決策。債權人需要利用財務報表信息分析和估計貸款的風險和報酬以及企業資產的流動狀況、償債能力和資本結構等為信貸決策尋求科學依據。政府部門對企業的財務報表信息，通過綜合、加工、匯總和分析，借以考核國民經濟總體運行情況，從中發現存在的問題，從而對宏觀經濟運行作出準確的決策，為國民經濟的宏觀調控提供依據，有效地實現社會資源在各部門的合理配置，促進經濟的良性循環。企業管理當局借助於財務報表信息，可以評價其經營業績，從中發現問題，找出差距，以便加強管理，提高經濟效益。

在市場經濟條件下，財務報表信息作用的範圍越來越廣。但是，財務報表信息也有其局限性：一是財務報表是依據會計準則編制的，會計準則具有較大的靈活性，有許多會計事項需要會計人員的職業判斷來進行處理。由於人員的素質差異、業務水平不同，因而使財務報表信息包含了大量的主觀因素。二是會計報表信息是一種歷史信息，在市場經濟條件下，外部環境的迅速變化，使得歷史信息往往尚未加工出來就失去了相關性，特別是金融衍生工具的出現，使歷史信息的局限性越來越明顯。三是財務報表的信息僅以貨幣作為計量尺度，隨著經濟的發展，會計用戶對非貨幣信息的需求越來越多，例如企業的人力資源信息、企業所處的行業地位等分部信息。因此會計用戶在使用財務報表信息時，應充分考慮其局限性，以便作出正確的決策。

二、財務報表的種類

財務報表可以根據需要，按照不同的標準進行分類。

(一) 按照編制的時間，可以分為中期財務報表和年度財務報表

中期財務報表是以短於一個完整的會計年度的會計期間為基礎編制的財務報表，包括月報、季報和半年報。月報是按月編制的報表，季報是按季度編制的報表，半年報是每個會計年度的前6個月結束後編制的報表。年報又稱年度決算報表，它是按年編制的報表。月報提供的信息簡明扼要，年報提供的信息全面、系統，季報提供信息的詳細程度介於月報和年報之間。

(二) 按照編制的主體不同，可以分為個別報表、合併報表

個別報表是以單個企業為會計主體，根據其日常核算資料進行加工整理後編制的報表，它反應個別企業的財務狀況、經營成果和現金流量。合併報表是以母公司和子公司組成的企業集團為會計主體，根據母公司和所屬子公司的個別財務報表進行合併調整後由母公司編制的報表，它反應企業集團整體的財務狀況、經營成果和現金流量。

(三) 按照財務報表服務的對象，可以分為外部報表和內部報表

外部報表是向企業外部投資者、債權人、政府主管部門等會計信息用戶提供的通用財務報表，這類報表的格式和內容是由國家財政部統一設計制定的，例如資產負債表、利潤表、現金流量表和股東權益變動表等，均為外部報表。內部報表沒有統一的格式和種類，它主要滿足企業經營管理者的需求，例如成本報表，就是內部報表的一種。

(四) 按照財務報表反應的價值運動的狀態，可以分為靜態報表和動態報表

靜態報表是反應會計主體在特定時點的資產、負債和所有者權益情況的報表，動態報表是反應會計主體某一報告期內經營成果和現金流量的報表。

三、財務報表的編制要求

會計準則對企業財務報表的編制基礎、編制依據、編制原則和編制方法都作了具體的規定。這是維護社會主義市場經濟秩序，保障投資人、債權人的根本利益，防止會計信息失真，提高財務報表信息的相關性和可靠性的重要措施。各企業只有按照國家統一規定的編制基礎、編制依據、編制原則和編制方法進行報表的編制，才能保持各企業財務報表和相關指標的計算口徑一致，並具有可比性，才能便於會計信息的用戶分析比較，從而作出正確的決策。

為了保證會計報表所提供的信息能夠及時、準確、完整地反應企業的財務狀況和經營成果，滿足信息使用者的需要，企業在編制會計報表時，應該按照會計準則的相關規定，做到數字客觀真實、計算準確、內容完整、手續齊備、報送及時和便於理解等一般要求。

第二節　資產負債表

一、資產負債表的性質和作用

資產負債表是反應企業在某一特定日期財務狀況的報表，是以「資產＝負債＋所有者權益」這一會計等式所體現的靜態要素之間的內在聯繫為依據來設計和編制的，它反應某一時點上企業所擁有和控制的經濟資源及其分布情況。企業所承擔的債務、投資者所擁有的權益總額及其構成情況，這些信息是進行財務分析的基本資料。

會計信息用戶通過資產負債表提供的信息可以評價企業的變現能力和償債能力、評價企業的資本結構和財務彈性、評價企業經濟資源的利用情況，預測財務狀況的變動趨勢。

二、資產負債表的基本格式

中國會計準則規定資產負債表採用帳戶式格式。帳戶式資產負債表，它依據會計等

式「資產＝負債＋所有者權益」，將報表分為左右兩個部分。資產項目排列在報表的左邊，負債和所有者權益項目依次排列在報表的右邊且資產項目的總額與負債和所有者權益項目的總額相等。這種格式的主要特點是突出地反應了資產、負債和所有者權益三個要素之間的內在聯繫。便於報表使用者通過左右兩邊相關項目的比較，瞭解企業的財務狀況及其變動趨勢。帳戶式資產負債表的格式，如表10－5所示。

三、資產負債表的基本內容

資產負債表由表首和正表兩部分組成。

表首應填寫企業的名稱、報表名稱、編制報表的日期和計量單位，它體現了「會計主體」和「會計分期」假設的要求。正表是資產負債表的主體，包括資產、負債和所有者權益各項目的名稱及其年初和年末數。

資產負債表各項目的具體內容如下：

(一) 資產類項目

資產類各項目，應當分別流動資產和非流動資產列示。

1. 流動資產

(1)「貨幣資金」項目，反應企業庫存現金、銀行結算戶存款、外埠存款、銀行匯票存款、銀行本票存款、信用卡存款、信用證保證金存款等的合計數。

(2)「交易性金融資產」項目，反應企業為交易目的而持有的債券投資、股票投資、基金投資、權證投資等交易性金融資產的公允價值。

(3)「應收票據」項目，反應企業因銷售商品、提供勞務等而收到的商業匯票的票面金額，包括商業承兌匯票和銀行承兌匯票。

(4)「應收帳款」項目，反應企業因銷售商品、產品、提供勞務等經營活動應收而尚未收取的款項。如「預收帳款」帳戶所屬明細帳戶有借方餘額的，也應包括在本項目內。

(5)「預付帳款」項目，反應企業預付給供應單位的款項。如「應付帳款」帳戶所屬明細帳戶有借方餘額的，也應包括在本項目內。

(6)「應收股利」項目，反應企業尚未收回的現金股利和其他單位分配的利潤。

(7)「應收利息」項目，反應企業持有至到期投資、可供出售金融資產等應收取的利息。企業購入的一次還本付息的持有至到期投資持有期間取得的利息，在「持有至到期投資」項目列示。

(8)「其他應收款」項目，反應企業尚未收回的各種應收、暫付的款項。

(9)「存貨」項目，反應企業期末在庫、在途和在加工中的各項存貨的可變現淨值，包括各種材料、商品、在產品、半成品、包裝物、低值易耗品、分期收款發出商品、委託代銷商品、受託代銷商品等。

(10)「一年內到期的非流動資產」項目，反應將要在一年內（含一年）到期的非流動資產。

(11)「其他流動資產」項目，反應企業除以上流動資產項目外的其他流動資產。

2. 非流動資產

(1)「可供出售金融資產」項目，反應企業持有的可供出售金融資產的公允價值，包括劃分為可供出售的股票投資、債券投資等金融資產。

(2)「持有至到期投資」項目，反應企業持有至到期投資的攤餘成本。

(3)「長期應收款」項目，反應企業融資租賃產生的應收款項和採用遞延方式分期收款、實質上具有融資性質的銷售商品和提供勞務等經營活動產生的應收款項，它是「長期應收款」帳戶的期末餘額減去「未實現融資收益」帳戶期末餘額的差額列示。

(4)「長期股權投資」項目，反應企業持有的採用成本法和權益法核算的長期股權投資的價值。

(5)「投資性房地產」項目，反應企業投資性房地產的價值，包括採用成本模式和公允價值模式計量的投資性房地產。

(6)「固定資產」項目，反應企業的各種固定資產（包括融資租入的固定資產）可收回的金額。

(7)「在建工程」項目，反應企業期末各項未完工程的實際支出，包括交付安裝的設備價值、未完建築安裝工程已經耗用的材料、工資和費用支出、預付出包工程的價款、已建築安裝完畢但尚未交付使用的工程等的可收回金額。

(8)「工程物資」項目，反應企業各項工程尚未使用的工程物資的實際成本。

(9)「固定資產清理」項目，反應企業因出售、毀損、報廢等原因轉入清理，但尚未清理完畢的固定資產的帳面價值，以及固定資產清理過程中所發生的清理費用和變價收入等項目金額的差額。

(10)「無形資產」項目，反應企業各項無形資產的期末可收回金額。

(11)「開發支出」項目，反應企業正在進行無形資產研究開發項目滿足資本化條件的支出。

(12)「商譽」項目，反應企業合併中形成的商譽價值。

(13)「長期待攤費用」項目，反應企業尚未攤銷的攤銷期限在一年以上（不含一年）的各種費用。

(14)「遞延所得稅資產」項目，反應企業確認的遞延所得稅資產。包括企業根據所得稅準則確認的可抵扣暫時性差異產生的所得稅資產以及根據稅法規定可用以後年度稅前利潤彌補的虧損及稅款抵減產生的所得稅資產。

(15)「其他非流動資產」項目，反應企業除以上資產以外的其他長期資產。

(二) 負債類項目

負債類各項目也應當分別流動負債和非流動負債列示。

1. 流動負債

(1)「短期借款」項目，反應企業借入尚未歸還的一年期以下（含一年）的借款。

(2)「交易性金融負債」項目，反應企業承擔的交易性金融負債的公允價值。企業持有的指定為以公允價值計量且其變動計入當期損益的金融負債，也包括在本項目內。

(3)「應付票據」項目，反應企業為了抵付貨款等而開出、承兌的尚未到期付款的

應付票據，包括銀行承兌匯票和商業承兌匯票。

(4)「應付帳款」項目，反應企業購買原材料、商品和接受勞務供應等而應付給供應單位的款項。如「預付帳款」帳戶所屬明細帳戶有貸方餘額的，也應包括在本項目內。

(5)「預收帳款」項目，反應企業預收購買單位的帳款。如「應收帳款」帳戶所屬明細帳戶有貸方餘額的，也應包括在本項目內。

(6)「應付職工薪酬」項目，反應企業根據有關規定應付給職工的各種薪酬。

(7)「應交稅費」項目，反應企業按照稅法規定計算應交納的各種稅費，包括增值稅、消費稅、營業稅、所得稅、資源稅、土地增值稅、城市維護建設稅、房產稅、土地使用稅、車船使用稅、教育費附加、礦產資源補償費等。企業（保險）按規定應交納的保險保障基金、企業代扣代交的個人所得稅等，也包括在本項目內。

(8)「應付利息」項目，反應企業按照合同約定應付未付的各種利息，包括吸收存款、分期付息到期還本的長期借款、企業債券等應支付的利息。

(9)「應付股利」項目，反應企業應付未付的現金股利或利潤。

(10)「其他應付款」項目，反應企業應付未付的其他應付款，包括暫收其他單位和個人的款項。

(11)「其他流動負債」項目，反應企業除以上流動負債以外的其他流動負債。本項目應根據有關帳戶的期末餘額填列，如「遞延收益」帳戶的期末餘額可在本項目內反應。

(12)「一年內（含一年）到期的長期負債」項目，反應長期負債各項目中將於一年內（含一年）到期的長期負債。本項目應根據有關長期負債帳戶（如長期借款、應付債券、長期應付款、專項應付款等）所屬明細帳戶中將要在一年內到期部分的金額分析計算填列。負債價值較大的，應在財務報表附註中披露其內容及金額。

2. 非流動負債

(1)「長期借款」項目，反應企業向銀行或其他金融機構借入的期限在 1 年以上（不含 1 年）的各項借款。

(2)「應付債券」項目，反應企業發行的尚未償還的各種長期債券的本息。

(3)「長期應付款」項目，反應企業除長期借款和應付債券以外的其他各種長期應付款，包括以分期付款方式購入固定資產和無形資產發生的應付帳款、應付融資租入固定資產的租賃費等，它是「長期應付款」帳戶的期末餘額減去「未確認融資費用」帳戶期末餘額的差額列示。

(4)「專項應付款」項目，反應企業取得的國家指定為資本性投入的具有專項或特定用途的款項，如屬於工程項目的資本性撥款等。

(5)「預計負債」項目，反應企業根據或有事項等相關準則確認的各項預計負債，包括對外提供擔保、未決訴訟、產品質量保證、重組義務、虧損性合同等產生的預計負債。

(6)「遞延所得稅負債」項目，反應企業根據所得稅準則確認的應納稅暫時性差異產生的所得稅負債。

(7)「其他非流動負債」項目，反應企業除以上長期負債項目以外的其他非流動負債。

(三) 所有者權益類項目

(1)「實收資本（或股本）」項目，反應企業各投資者實際投入的資本（或股本）總額。

(2)「資本公積」項目，反應企業收到投資者出資超出其在註冊資本或股本中所占的份額以及直接計入所有者權益的利得和損失等。

(3)「庫存股」項目，反應企業持有尚未轉讓或註銷的本公司股份的金額。

(4)「盈餘公積」項目，反應企業從淨利潤中提取的盈餘公積。

(5)「未分配利潤」項目，反應企業歷年積存的未分配利潤（或未彌補虧損）。

四、資產負債表的編制方法

資產負債表是反應企業在某一特定日期財務狀況的靜態報表，表內各項目分別按「年初餘額」和「年末餘額」分專欄反應。「年初餘額」欄各項目的數字，應根據上年末資產負債表「年末餘額」欄內所列數字填列。「年末餘額」欄各項目，主要是根據有關帳戶的期末餘額填列。具體填列方法有以下幾種：

(一) 根據總分類帳戶餘額直接填列

資產類項目有：交易性金融資產、應收票據、應收股利、應收利息、可供出售金融資產、投資性房地產、工程物資、固定資產清理、開發支出、商譽、長期待攤費用、遞延所得稅資產等。

負債類項目有：短期借款、交易性金融負債、應付票據、其他應付款、應付職工薪酬、應交稅費、應付利息、應付股利、其他應付款、長期借款、應付債券、專項應付款、預計負債、遞延所得稅負債等。

所有者權益類項目有：實收資本（股本）、資本公積、庫存股、盈餘公積。

根據明細分類帳戶直接填列的項目主要是「所有者權益」類項目內，在「盈餘公積」項目下單獨反應「法定公益金」項目，這一項目根據盈餘公積帳戶所屬明細帳的期末餘額填列。「未分配利潤」項目，根據「利潤分配——未分配利潤」帳戶的期末餘額填列。

(二) 根據若干個總帳餘額分析計算填列

具體項目有：「貨幣資金」項目，應根據「庫存現金」「銀行存款」和「其他貨幣資金」等帳戶的期末餘額合併填列；

「存貨」項目，應根據「材料採購」「原材料」「週轉材料」「庫存商品」「委託加工物資」「生產成本」「材料成本差異」「發出商品」「存貨跌價準備」等帳戶的借方餘額之和與貸方餘額之和的差額計算填列。

(三) 根據明細帳餘額分析計算填列

當「應收帳款」「應付帳款」「預收帳款」「預付帳款」帳戶所屬明細帳出現反方

向餘額時，有關項目應根據明細帳餘額按以下方法計算填列：

應收帳款項目 =「應收帳款」明細帳（借餘）+「預收帳款」明細帳（借餘）

預付帳款項目 =「預付帳款」明細帳（借餘）+「應付帳款」明細帳（借餘）

應付帳款項目 =「應付帳款」明細帳（貸餘）+「預付帳款」明細帳（貸餘）

預收帳款項目 =「預收帳款」明細帳（貸餘）+「應收帳款」明細帳（貸餘）

（四）根據總帳和明細帳餘額分析計算填列

資產負債表上某些項目需要根據總帳和明細帳餘額分析計算填列。具體項目有：

「一年內到期的非流動資產」應根據「持有到期投資」帳戶的期末餘額減去所屬明細帳戶將於1年內（含1年）到期的非流動資產後的金額填列。

「長期應收款」項目應根據「長期應收款」總帳的期末餘額，減去「未實現融資收益」總帳的期末餘額，再減去所屬明細帳中將於一年內到期部分的金額分析計算填列。

「長期借款」項目應根據「長期借款」總帳的期末餘額減去所屬明細帳中將於一年內到期部分的金額分析計算填列。

「應付債券」項目應根據「應付債券」總帳的期末餘額減去所屬明細帳中將於一年內到期部分的金額分析計算填列。

「長期應付款」項目應根據「長期應付款」總帳的期末餘額，減去「未實現融資費用」總帳的期末餘額，再減去所屬明細帳中將於一年內到期部分的金額分析計算填列。

（五）根據帳戶餘額減去其備抵項目後的淨額填列

由於在資產負債表上，對於計提資產減值準備的資產項目應反應其可收回的金額，所以一般應根據這些資產帳戶的餘額減去其備抵帳戶餘額後的淨額填列。

具體項目有：「持有至到期投資」「長期股權投資」「固定資產」「在建工程」「無形資產」等，其中固定資產和無形資產還應分別減去「累計折舊」與「累計攤銷」帳戶後的餘額填列。

五、資產負債表編制實例

【例10－1】下面我們以柳林股份有限公司的相關資料為例，來說明資產負債表的編制方法。

（一）資料

柳林股份有限公司系增值稅一般納稅人，增值稅率為17%，所得稅稅率為25%。本公司材料按計劃成本計價；投資性房地產採用公允價值模式；假設2016年柳林股份有限公司除存貨和固定資產計提減值準備導致其帳面價值與計稅基礎存在可抵扣暫時性差異外，其他資產和負債項目的帳面價值與計稅基礎相等。

2016年1月1日有關總分類帳戶期末餘額如表10－1所示；明細分類帳戶的期末餘額如表10－2所示。

表 10－1　　　　　柳林股份有限公司總分類帳戶餘額表

2016 年 1 月 1 日　　　　　　　　　　單位：元

帳戶名稱	借方餘額	帳戶名稱	貸方餘額
庫存現金	6,000	短期借款	1,000,000
銀行存款	3,276,000	應付票據	500,000
其他貨幣資金	336,000	應付帳款	1,520,000
交易性金融資產	293,600	應付職工薪酬	102,000
應收票據	160,000	應交稅費	81,600
應收帳款	800,000	應付利息	24,000
壞帳準備	－16,000	其他應付款	130,000
其他應收款	9,000	長期借款	3,616,000
預付帳款	130,000	其中：1 年內到期的非流動負債	1,700,000
材料採購	240,000		
原材料	182,400	股本	10,000,000
週轉材料	160,000	資本公積	466,400
庫存商品	107,000	盈餘公積	300,000
材料成本差異	7,000	利潤分配（未分配利潤）	180,000
長期股權投資	591,000		
投資性房地產	1,600,000		
固定資產	6,198,000		
累計折舊	－1,580,000		
在建工程	3,200,000		
無形資產	2,400,000		
累計攤銷	－480,000		
長期待攤費用	300,000		
合計	17,920,000	合計	17,920,000

表 10－2　　　　　柳林股份有限公司有關明細分類帳戶餘額

2016 年 1 月 1 日　　　　　　　　　　單位：元

總帳名稱	明細帳名稱	借方餘額	貸方餘額
應收帳款	甲單位	720,000	
	乙單位	270,000	
	丙單位	10,000	
	丁單位		200,000
應付帳款	M 單位		170,000
	N 單位		1,850,000
	W 單位	500,000	

根據表 10-1、表 10-2 的資料，編制資產負債表如表 10-5 所示。

柳林股份有限公司 2016 年發生的經濟業務如下：

（1）購入原材料一批，增值稅專用發票列明：價款 400,000 元，增值稅 68,000 元，共計 468,000 元，已預付材料款 130,000 元，餘款 338,000 元，已開出轉帳支票支付，材料尚未到達。

（2）收到原材料一批，實際成本 240,000 元，計劃成本 230,000 元，材料已驗收入庫，貨款已於上月支付。

（3）購入不需要安裝的設備一臺，價款 180,000 元，增值稅 30,600 元，包裝費和運費 2,200 元。上述款項總計 212,800 元，均以銀行存款支付，設備已交付使用。

（4）購入工程物資一批，價款 260,000 元，增值稅 44,200 元，總計均已用銀行存款支付。

（5）收到銀行通知，已用銀行存款支付到期的商業承兌匯票 300,000 元，償還 M 單位應付帳款 170,000 元。

（6）銷售甲產品一批給甲單位，銷售價款 800,000 元，增值稅銷項稅額 136,000 元，產品已發出，款項尚未收到。

（7）從銀行借入 3 年期借款 1,000,000 元，借款已存入銀行，該項借款用於購置固定資產。

（8）應付在建工程工人工資 820,000 元。

（9）營業用房工程應予以資本化的長期借款利息 320,000 元。

（10）營業用房工程已完工，並交付使用，該項工程總額 3,000,000 元。

（11）銷售乙產品一批，銷售價款 1,600,000 元，增值稅銷項稅額 272,000 元，總計 1,872,000 元，款項已由購貨方開出轉帳支票付訖。

（12）公司出售一臺不需用設備，收到價款 800,000 元，該項設備原價 1,600,000 元，已提折舊 720,000 元。

（13）收到長期股權投資分得的現金股利 80,000 元，存入銀行，該項投資按成本法核算。

（14）歸還短期借款本金 400,000 元，利息 20,000 元，共計 420,000 元，借款利息已計入應付利息帳戶。

（15）用銀行存款支付購入材料款項，總計 288,820 元，其中價款 246,000 元，增值稅 41,820 元，裝卸費 1,000 元，材料已驗收入庫，該批材料的計劃價格為 247,600 元。

（16）提取現金 2,074,000 元，準備發放工資。

（17）支付職工工資 2,074,000 元，其中包括支付給在建工程人員的工資 820,000 元。

（18）分配應支付的職工工資 1,254,000 元（不包括在建工程應負擔的工資 820,000 元），其中，生產人員工資 1,140,000 元，車間管理人員工資 22,800 元，行政管理人員工資 912,00 元。

（19）用銀行存款支付研發部門的新產品開發費 40,000 元，該項支出符合資本化

條件。

(20) 用銀行存款支付產品展覽費 231,00 元，廣告費 26,000 元。

(21) 根據發出材料匯總表，基本生產車間領用原材料，計劃成本 600,000 元，領用低值易耗品（週轉材料），計劃成本 120,000 元，採用一次攤銷法予以攤銷。

(22) 結轉領用原材料與低值易耗品（週轉材料）的成本差異，材料成本差異率為 2%。

(23) 公司銷售產品一批，價款 600,000 元，增值稅 102,000，總計 702,000 元，收到購貨方開出的承兌的商業匯票 1 張。

(24) 公司將上述商業承兌匯票向銀行辦理貼現，貼現利息為 48,000 元，同時將到期的一張面值為 160,000 元的無息銀行承兌匯票，連同解訖通知和進帳單交銀行辦理轉帳，收到銀行蓋章退回的進帳單一聯，款項銀行已收妥。

(25) 本期應付借款利息 65,000 元，其中短期借款利息 44,000 元，長期借款利息 21,000 元。

(26) 計提固定資產折舊 240,000 元，其中應計入製造費用 200,000 元，管理費用 40,000 元。

(27) 本期應攤銷無形資產 160,000 元。

(28) 本期應攤銷租入固定資產改良工程費用 150,000 元。

(29) 以銀行存款支付本年度財產保險費 134,200 元。

(30) 收到本年度出租辦公樓的租金 60,000 元，已存入銀行。

(31) 本期產品銷售應交納城市維護建設稅 31,500 元，教育費附加 13,500 元，租金收入應交納營業稅 3,000 元。

(32) 假定用銀行存款繳納本期增值稅 350,000 元，城市維護建設稅 31,500 元，教育費附加 13,500 元，同時轉出未交增值稅 56,980 元。

(33) 年末交易性金融資產的公允價值為 255,600 元，應確認公允價值變動損失 38,000元；投資性房地產公允價值為 1,650,000 元，應確認公允價值變動收益為 50,000 元。

(34) 計算並結轉本期完工產品應負擔的製造費用 345,200 元；計算並結轉本期完工產品成本 2,097,200。無期初在產品，本期生產的產品全部完工，並驗收入庫。

(35) 結轉本期已售產品銷售成本 1,800,000 元。

(36) 基本生產車間盤虧一臺設備，原價 560,000 元，已提折舊 500,000 元。

(37) 償還長期借款本金 1,700,000 元。

(38) 收回甲單位上期的應收帳款 720,000 元，存入銀行。

(39) 應收丙客戶的帳款 10,000 元，已確定不能收回。

(40) 按應收帳款餘額的 2% 計提壞帳準備。

(41) 收到某基金會轉來的捐贈現金，48,000 元。

(42) 計提存貨跌價準備 22,380 元，固定資產減值準備 40,000 元。

(43) 本期計提的減值準備形成可抵扣暫時性差異，應確認遞延所得稅資產 15,595 元。

(44) 經批准，將盤虧的固定資產 60,000 元，按規定損失轉為營業外支出。

(45) 計算本期應交所得稅 99,500 元。

(46) 假定當期即用銀行存款繳納所得稅 99,500 元。

(47) 結轉各收入、費用帳戶，確定淨利潤 314,095 元。

(48) 提取盈餘公積 32,000 元；分配普通股現金股利 100,000 元。

(49) 將利潤分配各明細帳戶的餘額轉入「未分配利潤」明細帳戶，結轉本年利潤。

(50) 2016 年末將於 1 年內到期的非流動負債為 800,000 元。

(二) 根據以上資料編制會計分錄

    1. 編制會計分錄

(1)	借：材料採購	400,000
	應交稅費——應交增值稅（進項稅額）	68,000
	貸：銀行存款	338,000
	預付帳款	130,000
(2)	借：原材料	230,000
	材料成本差異	10,000
	貸：材料採購	240,000
(3)	借：固定資產	182,200
	應交稅費——應交增值稅（進項稅額）	30,600
	貸：銀行存款	212,800
(4)	借：工程物資	260,000
	應交稅費——應交增值稅（進項稅額）	44,200
	貸：銀行存款	304,200
(5)	借：應付票據	300,000
	應付帳款	170,000
	貸：銀行存款	470,000
(6)	借：應收帳款	936,000
	貸：主營業務收入	800,000
	應交稅費——應交增值稅（銷項稅額）	136,000
(7)	借：銀行存款	1,000,000
	貸：長期借款	1,000,000
(8)	借：在建工程	820,000
	貸：應付職工薪酬	820,000
(9)	借：在建工程	320,000
	貸：長期借款——應付利息	320,000
(10)	借：固定資產	3,000,000
	貸：在建工程	3,000,000

(11)	借：銀行存款		1,872,000
	貸：主營業務收入		1,600,000
	應交稅費——應交增值稅（銷項稅額）		272,000
(12)	借：固定資產清理		880,000
	累計折舊		720,000
	貸：固定資產		1,600,000
	借：銀行存款		800,000
	貸：固定資產清理		800,000
	借：營業外支出——處置固定資產淨損失		80,000
	貸：固定資產清理		80,000
(13)	借：銀行存款		80,000
	貸：投資收益		80,000
(14)	借：短期借款		400,000
	應付利息		20,000
	貸：銀行存款		420,000
(15)	借：材料採購		247,000
	應交稅費——應交增值稅（進項稅額）		41,820
	貸：銀行存款		288,820
	借：原材料		247,600
	貸：材料採購		247,000
	材料成本差異		600
(16)	借：庫存現金		2,074,000
	貸：銀行存款		2,074,000
(17)	借：應付職工薪酬		2,074,000
	貸：庫存現金		2,074,000
(18)	借：生產成本		1,140,000
	製造費用		22,800
	管理費用		91,200
	貸：應付職工薪酬		1,254,000
(19)	借：開發支出——資本性支出		40,000
	貸：銀行存款		40,000
(20)	借：銷售費用——展覽費		23,100
	——廣告費		26,000
	貸：銀行存款		49,100
(21)	借：生產成本		600,000
	貸：原材料		600,000
	借：製造費用		120,000
	貸：週轉材料		120,000

(22) 原材料應負擔成本差異：600,000×2% = 12,000（元）
　　　低值易耗品應負擔成本差異：120,000×2% = 2,400（元）
　　　　借：生產成本　　　　　　　　　　　　　　　　12,000
　　　　　　製造費用　　　　　　　　　　　　　　　　 2,400
　　　　　　貸：材料成本差異　　　　　　　　　　　　14,400
(23)　借：應收票據　　　　　　　　　　　　　　　　702,000
　　　　　貸：主營業務收入　　　　　　　　　　　　600,000
　　　　　　　應交稅費——應交增值稅（銷項稅額）　102,000
(24)　借：銀行存款　　　　　　　　　　　　　　　　654,000
　　　　　　財務費用　　　　　　　　　　　　　　　 48,000
　　　　　貸：應收票據　　　　　　　　　　　　　　702,000
　　　　借：銀行存款　　　　　　　　　　　　　　　160,000
　　　　　貸：應收票據　　　　　　　　　　　　　　160,000
(25)　借：財務費用　　　　　　　　　　　　　　　　 65,000
　　　　　貸：應付利息　　　　　　　　　　　　　　 44,000
　　　　　　　長期借款——應付利息　　　　　　　　 21,000
(26)　借：製造費用——折舊費　　　　　　　　　　　200,000
　　　　　　管理費用——折舊費　　　　　　　　　　 40,000
　　　　　貸：累計折舊　　　　　　　　　　　　　　240,000
(27)　借：管理費用——無形資產攤銷　　　　　　　　160,000
　　　　　貸：累計攤銷　　　　　　　　　　　　　　160,000
(28)　借：管理費用——租入固定資產改良支出　　　　150,000
　　　　　貸：長期待攤費用　　　　　　　　　　　　150,000
(29)　借：管理費用——財產保險費　　　　　　　　　134,200
　　　　　貸：銀行存款　　　　　　　　　　　　　　134,200
(30)　借：銀行存款　　　　　　　　　　　　　　　　 60,000
　　　　　貸：其他業務收入　　　　　　　　　　　　 60,000
(31)　借：營業稅金及附加　　　　　　　　　　　　　 45,000
　　　　　貸：應交稅費——應交城市維護建設稅　　　 31,500
　　　　　　　　　　　　——應交教育費附加　　　　 13,500
　　　　借：其他業務成本　　　　　　　　　　　　　　3,000
　　　　　貸：應交稅費——應交營業稅　　　　　　　　3,000
(32)　借：應交稅費——應交增值稅（已交稅金）　　　350,000
　　　　　　　　　　——應交城市維護建設稅　　　　 31,500
　　　　　　　　　　——應交教育費附加　　　　　　 13,500
　　　　　　　　　　——應交營業稅　　　　　　　　　3,000
　　　　　貸：銀行存款　　　　　　　　　　　　　　498,000
　　　　借：應交稅費——應交增值稅　　　　　　　　 31,780

	貸：應交稅費——未交增值稅	31,780
（33）	借：公允價值變動損益	38,000
	貸：交易性金融資產——公允價值變動	38,000
	借：投資性房地產——公允價值變動	50,000
	貸：公允價值變動損益	50,000
（34）	借：生產成本	345,200
	貸：製造費用	345,200
	借：庫存商品	2,097,200
	貸：生產成本	2,097,200
（35）	借：主營業務成本	1,800,000
	貸：庫存商品	1,800,000
（36）	借：待處理財產損溢	60,000
	累計折舊	500,000
	貸：固定資產	560,000
（37）	借：長期借款	1,700,000
	貸：銀行存款	1,700,000
（38）	借：銀行存款	720,000
	貸：應收帳款	720,000
（39）	借：壞帳準備	10,000
	貸：應收帳款	10,000
（40）	應補提壞帳準備 = 1,006,000 × 2% − 6,000 = 14,120（元）	
	借：資產減值損失——計提的壞帳準備	14,120
	貸：壞帳準備	14,120
（41）	借：現金	48,000
	貸：營業外收入	48,000
（42）	借：資產減值損失——計提的存貨跌價準備	22,380
	貸：存貨跌價準備	22,380
	借：資產減值損失——計提的固定資產減值準備	40,000
	貸：固定資產減值準備	40,000
（43）	借：遞延所得稅資產	15,595
	貸：所得稅費用	15,595
（44）	借：營業外支出——固定資產盤虧	60,000
	貸：待處理財產損溢——待處理固定資產損溢	60,000
（45）	借：所得稅費用	99,500
	貸：應交稅費——應交所得稅	99,500
（46）	借：應交稅費——應交所得稅	99,500
	貸：銀行存款	99,500
（47）	①借：主營業務收入	3,000,000

	其他業務收入	60,000
	投資收益	80,000
	公允價值變動損益	12,000
	營業外收入	48,000
貸：	本年利潤	3,200,000
②借：	本年利潤	2,885,905
貸：	主營業務成本	1,800,000
	營業稅金及附加	45,000
	其他業務成本	3,000
	銷售費用	49,100
	管理費用	575,400
	財務費用	113,000
	資產減值損失	76,500
	營業外支出	140,000
	所得稅費用	83,905
（48）①借：	利潤分配——提取盈餘公積	32,000
貸：	盈餘公積	32,000
②借：	利潤分配——應付普通股股利	100,000
貸：	應付股利	100,000
（49）①借：	本年利潤	314,095
貸：	利潤分配——未分配利潤	314,095
②借：	利潤分配——未分配利潤	132,000
貸：	利潤分配——提取盈餘公積	32,000
	——應付普通股股利	100,000

2. 總分類帳戶餘額

2016 年 12 月 31 日的總分類帳戶餘額表如表 10-3 所示，明細分類帳戶餘額如表 10-4 所示。

表 10-3　　　　　　　　　柳林股份有限公司總分類帳戶餘額表

2016 年 12 月 31 日　　　　　　　　　　　　單位：元

帳戶名稱	借方餘額	帳戶名稱	貸方餘額
庫存現金	54,000	短期借款	600,000
銀行存款	2,093,380	應付票據	200,000
其他貨幣資金	336,000	應付帳款	1,350,000
交易性金融資產	255,600	應付職工薪酬	102,000
應收票據	0	應交稅費	56,980
應收帳款	1,006,000	應付利息	48,000

表10-3（續）

帳戶名稱	借方餘額	帳戶名稱	貸方餘額
		應付股利	100,000
壞帳準備	-20,12.0	其他應付款	130,000
其他應收款	9,000	長期借款	3,257,000
預付帳款	0	其中：1年內到期的非流動負債	800,000
材料採購	400,000	遞延所得稅負債	
原材料	60,000	股本	10,000,000
週轉材料	40,000	資本公積	466,400
庫存商品	404,200	盈餘公積	332,000
材料成本差異	2,000	利潤分配（未分配利潤）	362,095
存貨跌價準備	-22,380		
長期股權投資	591,000		
投資性房地產	1,650,000		
固定資產	7,220,200		
累計折舊	-600,000		
固定資產減值準備	-40,000		
工程物資	260,000		
在建工程	1,340,000		
無形資產	2,400,000		
累計攤銷	-640,000		
開發支出	40,000		
長期待攤費用	150,000		
遞延所得稅資產	15,595		
合計	17,004,475	合計	17,004,475

表10-4　　　　柳林股份有限公司有關明細分類帳戶餘額
2016年12月31日　　　　　　　　　　單位：元

總帳名稱	明細帳名稱	借方餘額	貸方餘額
應收帳款	甲單位	936,000	
	乙單位	270,000	
	丁單位		200,000
應付帳款	N單位		1,850,000
	W單位	500,000	

3. 編制資產負債表

編制柳林股份有限公司2016年12月31日資產負債表，如表10-5所示：

表10-5　　　　　　　　　　　　　資產負債表　　　　　　　　　　　　　會企01表
編制單位：柳林股份有限公司　　　　2016年12月31日　　　　　　　　　單位：元

資產	期末餘額	年初餘額	負債和所有者權益	期末餘額	年初餘額
流動資產：			流動負債：		
貨幣資金	2,483,380	3,618,000	短期借款	600,000	1,000,000
交易性金融資產	255,600	293,600	應付票據	200,000	500,000
應收票據	0	160,000	應付帳款	1,850,000	2,020,000
應收帳款	1,185,880	984,000	預收帳款	200,000	200,000
預付帳款	500,000	630,000	應付職工薪酬	102,000	102,000
應收股利	0	0	應交稅費	56,980	81,600
應收利息	0	0	應付利息	48,000	24,000
其他應收款	9,000	9,000	應付股利	100,000	0
存貨	883,820	696,400	其他應付款	130,000	130,000
			其他流動負債		
一年內到期的非流動資產	0	0	一年內到期的非流動負債	800,000	1,700,000
流動資產合計	5,317,680	6,391,000	流動負債合計	4,086,980	5,757,600
非流動資產：			非流動負債：		
持有至到期投資	0	0	長期借款	2,457,000	1,916,000
長期股權投資	591,000	591,000	應付債券		
投資性房地產	1,650,000	1,600,000	長期應付款		
固定資產	6,580,200	4,618,000	專項應付款		
在建工程	1,340,000	3,200,000	非流動負債合計	2,457,000	1,916,000
工程物資	260,000		所有者權益		
固定資產清理	0	0	實收資本（或股本）	10,000,000	10,000,000
無形資產	1,760,000	1,920,000	資本公積	466,400	466,400
開發支出	40,000		盈餘公積	332,000	300,000
長期待攤費用	150,000	300,000	未分配利潤	362,095	180,000
遞延所得稅資產	15,595	0			
非流動資產合計	12,386,795	12,229,000	所有者權益合計	11,160,495	10,946,400
資產總計	17,704,475	18,620,000	負債和所有者權益合計	17,704,475	18,620,000

第三節　利潤表

一、利潤表的性質

利潤表是反應企業在一定會計期間經營成果的報表。企業在一定會計期間取得的利潤，是在該會計期間取得的收入減去與獲得該收入相配比的費用後的餘額。

利潤表是根據「收入－費用＝利潤」這一會計等式所體現的動態要素之間的內在聯繫來設計和編制的。它提供企業收入、費用的構成情況，揭示企業盈利能力等信息。這些信息是會計用戶最關心的信息，是他們進行經濟決策的重要依據和參考資料。通過利潤表可以評價和考核企業管理人員的經營業績，評價、預測企業的盈利能力和償債能力。

二、利潤表的基本內容

利潤表的內容主要由以下項目構成：

1.「營業收入」項目，指企業經營主要業務和其他業務所取得的收入總額。
2.「營業成本」項目，指企業經營主要業務和其他業務發生的實際成本。
3.「營業稅金及附加」項目，指企業經營主要業務應負擔的營業稅、消費稅、城市維護建設稅、資源稅、土地增值稅和教育費附加等。
4.「銷售費用」項目，指企業在銷售商品過程中發生的費用。
5.「管理費用」項目，指企業為組織和管理生產發生的費用。
6.「財務費用」項目，指企業籌集和調度資金等財務活動中發生的費用。
7.「資產減值損失」項目，指企業計提各項資產減值準備所形成的損失。
8.「公允價值變動收益」項目，指企業交易性金融資產、交易性金融負債，以及採用公允價值模式計量的投資性房地產、衍生工具、套期保值業務中公允價值變動形成的應計入當期損益的利得（如為損失以「－」號填列）。
9.「投資收益」項目，指企業以各種方式對外投資所取得的收益（如為投資損失以「－」號填列）。
10.「營業外收入」項目和「營業外支出」項目，指企業發生的與其生產經營活動無直接關係的各項收入和支出。
11.「利潤總額」項目，指企業實現的利潤總額（如虧損以「－」號填列）。
12.「所得稅費用」項目，指企業根據所得稅準則確認的應從當期利潤總額中扣除的所得稅費用。
13.「淨利潤」項目，指企業利潤總額減去應交的所得稅後的餘額（如為淨虧損以「－」號填列）。
14.「綜合收益」項目，包括其他綜合收益和綜合收益總額。其中，其他綜合收益反應企業根據企業會計準則規定未在損益中確認的各項利得和損失扣除所得稅影響後

的淨額；綜合收益總額是企業淨利潤與其他綜合收益的合計金額。

15.「每股收益」項目，指企業（主要適用於普通股或潛在普通股已公開交易的企業，以及正處於公開發行普通股或潛在普通股過程中的企業）每股所獲取的收益，包括基本每股收益和稀釋每股收益兩項指標。

三、利潤表的編制方法

利潤表內的項目，設置「本期金額」和「上期金額」兩欄。「本期金額」欄，反應各項目的本期實際發生數；「上期金額」欄，應根據上期利潤表欄內所列數字填列。

如果上年利潤表與本年度利潤表項目的名稱和內容不一致，應對上年度利潤表項目的名稱和數字按本年度的規定進行調整，填入「上期金額」欄。

由於利潤表是反應企業一定期間內經營成果的動態報表，因此利潤表中的各項目，一般應根據收入、費用帳戶的本期發生額分析填列。具體填列方法如下：

（1）根據有關帳戶的發生額直接填列。利潤表中大部分項目的「本月數」可以根據收入、費用帳戶的發生額直接填列。如營業稅金及附加、銷售費用、管理費用、財務費用、投資收益、營業外收入、營業外支出、所得稅費用等。

（2）根據有關帳戶的發生額計算填列。如「營業收入」「營業成本」項目，應分別根據「主營業務收入」「其他業務收入」和「主營業務成本」「其他業務成本」帳戶的發生額計算填列。

（3）根據表內各項目的關係計算填列。表內沒有對應帳戶的項目如「營業利潤」「利潤總額」和「淨利潤」等都是根據表內各項目的關係，按照一定的計算公式計算後填列的。

四、利潤表編制實例

【例10-2】下面，我們以柳林股份有限公司的相關資料為例來說明利潤表的編制。

柳林股份有限公司本期損益類帳戶的發生額資料如表10-6所示：

表10-6

帳戶名稱	借方發生額	貸方發生額
主營業務收入		3,000,000
其他業務收入		60,000
投資收益		80,000
營業外收入		48,000
公允價值變動損益		12,000
主營業務成本	1,800,000	
營業稅金及附加	45,000	
其他業務成本	3,000	

表10-6(續)

帳戶名稱	借方發生額	貸方發生額
銷售費用	49,100	
管理費用	575,400	
財務費用	113,000	
營業外支出	140,000	
資產減值損失	76,500	
所得稅費用	99,500	15,595

根據以上資料，編制柳林股份有限公司利潤表如表10-7所示。

表10-7　　　　　　　　　利潤表（多步式）　　　　　　　　　會企02表
編制單位：柳林股份有限公司　　　　2016年12月　　　　　　　　　單位：元

項　目	本期金額	上期金額
一、營業收入	3,060,000	
減：營業成本	1,803,000	
營業稅金及附加	45,000	
銷售費用	49,100	
管理費用	575,400	
財務費用	113,000	
資產減值損失	76,500	
加：公允價值變動收益（損失以「-」填列）	12,000	
投資收益（損失以「-」填列）	80,000	
二、營業利潤（虧損以「-」填列）	490,000	
加：營業外收入	48,000	
減：營業外支出	140,000	
三、利潤總額（虧損總額以「-」填列）	398,000	
減：所得稅費用	83,905	
四、淨利潤（淨虧損以「-」填列）	314,095	
五、其他綜合收益的稅後淨額		
（一）以後不能重分類進損益的其他綜合收益		
（二）以後將重分類進損益的其他綜合收益		
六、綜合收益總額		
七、每股收益：	0.031	
（一）基本每股收益		
（二）稀釋每股收益		

213

第四節　現金流量表

一、現金流量表概述

現金流量表是反應企業在一定會計期間現金和現金等價物（以下簡稱現金）流入和流出的報表。它是在資產負債表和利潤表反應企業財務狀況和經營成果的基礎上，通過經營活動、投資活動和籌資活動的現金流入、流出量和現金淨流量來反應企業財務狀況變動情況及其原因的報表。

由於在市場經濟條件下，企業現金的流轉情況在很大程度上影響著企業的生存和發展。因此，現金流量無疑是現代企業至關重要的會計信息。現金流量表可以準確地反應企業的償債能力、支付能力，有助於正確分析和評價企業的收益質量和影響現金淨流量的因素，提高報表的可比性，並加強現金管理，比較準確地編制現金預算，分析、評價和預測企業未來的現金流量。

二、現金流量表的分類

企業一定時期內的現金流入和流出是由各種因素引起的，現金流量表首先要對企業各項經濟業務發生的現金流量進行合理分類。根據中國會計準則的規定，按照企業經營業務發生的性質，企業在一定會計期間產生的現金流量，分為經營活動的現金流量、投資活動的現金流量和籌資活動的現金流量三大類。

三、現金流量表的基本結構

中國現金流量表採用報告式結構，分類反應經營活動產生的現金流量、投資活動產生的現金流量和籌資活動的現金流量，最後匯總反應企業某一期間現金及現金等價物的淨增加額。中國現金流量表的格式如表 10-8 所示。

表 10-8　　　　　　　　　　　現金流量表　　　　　　　　　　　會企 03 表
編制單位：柳林股份有限公司　　　　　2016 年　　　　　　　　　單位：元

項　　目	本期金額	上期金額
一、經營活動產生的現金流量：		
銷售商品、提供勞務收到的現金	3,466,000	
收到的稅費返還		
收到的其他與經營活動有關的現金		
經營活動現金流入小計	3,466,000	
購買商品、接受勞務支付的現金	1,099,820	
支付給職工以及為職工支付的現金	1,254,000	
支付的各項稅費	497,500	

表10－8（續）

項　目	本期金額	上期金額
支付的其他與經營活動有關的現金	345,800	
經營活動現金流出小計	3,197,120	
經營活動產生的現金流量淨額	334,380	
二、投資活動產生的現金流量：		
收回投資所收到的現金	80,000	
取得投資收益所收到的現金		
處置固定資產、無形資產和其他長期資產而收回的現金淨額	800,000	
處置子公司及其他營業單位收到的現金淨額		
收到的其他與投資活動有關的現金		
投資活動現金流入小計	880,000	
購建固定資產、無形資產和其他長期資產所支付的現金	1,337,000	
投資所支付的現金		
取得子公司及其他營業單位支付的現金淨額		
支付的其他與投資活動有關的現金	40,000	
投資活動現金流出小計	1,377,000	
投資活動產生的現金流量淨額	－497,000	
三、籌資活動產生的現金流量：		
吸收投資所收到的現金		
取得借款所收到的現金	1,000,000	
收到的其他與籌資活動有關的現金	48,000	
籌資活動現金流入小計	1,048,000	
償還債務所支付的現金	2,100,000	
分配股利、利潤和償付利息所支付的現金	20,000	
支付的其他與籌資活動有關的現金		
籌資活動現金流出小計	2,120,000	
籌資活動產生的現金流量淨額	－1,072,000	
四、匯率變動對現金的影響		
五、現金及現金等價物淨增加額	－1,234,620	
加：期初現金及現金等價物餘額	3,618,000	
六、期末現金及現金等價物餘額	2,383,380	

四、現金流量表的內容和填列方法

現金流量表主表各項目採用分段列示的方式，分別揭示經營活動的現金流量、投資活動的現金流量和籌資活動的現金流量。

(一) 經營活動產生的現金流量各項目的內容及編制方法

經營活動現金流量各項目的內容及填列方法如下：

(1)「銷售商品、提供勞務收到的現金」項目，反應企業銷售商品、提供勞務實際收到的現金（含銷售收入和應向購買者收取的增值稅額），包括本期銷售商品、提供勞務收到的現金，以及前期銷售和前期提供勞務本期收到的現金和本期預收的款項，減去本期退回本期銷售的商品和前期銷售本期退回的商品支付的現金。企業銷售材料和代購代銷業務收到的現金，也在本項目反應。本項目可以根據「庫存現金」「銀行存款」「應收帳款」「應收票據」「預收帳款」「主營業務收入」「其他業務收入」等帳戶的記錄分析填列。

(2)「收到的稅費返還」項目，反應企業收到返還的所得稅、增值稅、營業稅、消費稅、關稅和教育費附加等各種稅費返還款。本項目可以根據「庫存現金」「銀行存款」「營業稅金及附加」「營業外收入」等帳戶的記錄分析填列。

(3)「收到的其他與經營活動有關的現金」項目，反應企業除了上述各項目外，收到的其他與經營活動有關的現金流入，如罰款收入、流動資產損失中由個人賠償的現金收入等。其他現金流入若價值較大的，則應單列項目反應。本項目可以根據「庫存現金」「銀行存款」「營業外收入」等帳戶的記錄分析填列。

(4)「購買商品、接受勞務支付的現金」項目，反應企業購買材料、商品、接受勞務支付的現金，包括本期購入材料、商品、接受勞務支付的現金（包括增值稅進項稅額）以及本期支付前期購入商品、接受勞務的未付款項和本期預付款項。本期發生的購貨退回收到的現金應從本項目內減去。本項目可以根據「庫存現金」「銀行存款」「應付帳款」「應付票據」「主營業務成本」「其他業務成本」等帳戶的記錄分析填列。

(5)「支付給職工以及為職工支付的現金」項目，反應企業實際支付給職工，以及為職工支付的現金，包括本期實際支付給職工的工資、獎金、各種津貼和補貼等職工薪酬（包括代扣代繳的職工個人所得稅）以及為職工支付的其他費用。不包括支付的離退休人員的各項費用和支付給在建工程人員的工資等。企業支付給離退休人員的各項費用，包括支付的統籌退休金以及未參加統籌的退休人員的費用，在「支付的其他與經營活動有關的現金」項目中反應；支付在建工程人員的工資，在「購建固定資產、無形資產和其他長期資產所支付的現金」項目反應。本項目可以根據「應付職工薪酬」「庫存現金」「銀行存款」等帳戶的記錄分析填列。

企業為職工支付的養老、失業等社會保險基金、補充養老保險、住房公積金、支付給職工的住房困難補助，以及企業支付給職工或為職工支付的其他福利費用等，應按職工的工作性質和服務對象，分別在本項目和在「購建固定資產、無形資產和其他長期資產所支付的現金」項目反應。

(6)「支付的各項稅費」項目，反應企業按規定支付的各種稅費，包括本期發生並支付的稅費，以及本期支付以前各期發生的稅費和預交的稅金，如支付的教育費附加、礦產資源補償費、印花稅、房產稅、土地增值稅、車船使用稅、預交的營業稅等。不包括計入固定資產價值、實際支付的耕地占用稅等，也不包括本期退回的增值稅、所

得稅。本期退回的增值稅、所得稅在「收到的稅費返還」項目反應。本項目可以根據「應交稅費」「庫存現金」「銀行存款」等帳戶的記錄分析填列。

（7）「支付其他與經營活動有關的現金」項目，反應企業除上述各項外，支付的其他與經營活動有關的現金流出，如經營租賃支付的租金、支付的差旅費、業務招待費、保險費、罰款支出等其他與經營活動有關的現金流出，其他現金流出若價值較大的，則應單列項目反應。本項目可以根據有關帳戶的記錄分析填列。

（二）投資活動產生的現金流量各項目的內容及編制方法

（1）「收回投資收到的現金」項目，反應企業出售、轉讓或到期收回除現金等價物以外的對其他企業的權益工具、債務工具和合營中的權益，以及收回長期股權投資本金而收到的現金。不包括持有至到期投資收回的利息[1]，以及收回的非現金資產。本項目可以根據「交易性金融資產」「長期股權投資」「庫存現金」「銀行存款」等帳戶的記錄分析填列。

（2）「取得投資收益收到的現金」項目，反應企業除現金等價物以外的對其他企業的權益工具、債務工具和合營中的權益投資分回的現金股利和利息等，不包括股票股利。本項目可以根據「庫存現金」「銀行存款」「投資收益」等帳戶的記錄分析填列。

（3）「處置固定資產、無形資產和其他長期資產收回的現金淨額」項目，反應企業出售、報廢固定資產、無形資產和其他長期資產所取得的現金（包括因資產毀損而收到的保險賠償收入），減去為處置這些資產而支付的有關費用後的淨額。由於自然災害所造成的固定資產等長期資產損失而收到的保險賠償收入，也在本項目反應。本項目可以根據「固定資產清理」「庫存現金」「銀行存款」等帳戶的記錄分析填列。

（4）「處置子公司及其他營業單位收到的現金淨額」項目，反應企業處置子公司及其他營業單位所取得的現金減去相關處置費用，以及子公司及其他營業單位持有的現金和現金等價物後的淨額。本項目可以根據「庫存現金」「銀行存款」「投資收益」「長期股權投資」等帳戶的記錄分析填列。

（5）「收到的其他與投資活動有關的現金」項目，反應企業除了上述各項以外，收到的其他與投資活動有關的現金流入。其他現金流入若價值較大的，則應單列項目反應。本項目可以根據「庫存現金」「銀行存款」「應收股利」「長期股權投資」等帳戶的記錄分析填列。

（6）「購建固定資產、無形資產和其他長期資產支付的現金」項目，反應企業購買、建造固定資產、取得無形資產和其他長期資產所支付的現金（含增值稅款等[2]），以及用現金支付的應由在建工程和無形資產負擔的職工薪酬。不包括為購建固定資產而發生的借款利息資本化的部分，以及融資租入固定資產支付的租賃費。借款利息和融資租入固定資產支付的租賃費，在籌資活動產生的現金流量中單獨反應。企業以分期付款方式購建的固定資產，其首次付款支付的現金作為投資活動的現金流出，以後

---

[1] 持有至到期投資收回的利息在「取得投資收益收到的現金」項目列示。
[2] 修改後的增值稅法，雖然購進固定資產支付的進項稅不計入成本，但仍屬於投資活動支付的現金，故應在「支付其他與投資活動有關的現金」項目中列示。

各期支付的現金作為籌資活動的現金流出。本項目可以根據「固定資產」「在建工程」「無形資產」「庫存現金」「銀行存款」等帳戶的記錄分析填列。

(7)「投資支付的現金」項目，反應企業取得除現金等價物以外的對其他企業的權益工具、債務工具和合營中的權益所支付的現金以及支付的佣金、手續費等附加費用。本項目可以根據「長期股權投資」「持有至到期投資」「交易性金融資產」「庫存現金」「銀行存款」等帳戶的記錄分析填列。

(8)「取得子公司及其他營業單位支付的現金淨額」項目，反應企業購買子公司及其他營業單位購買出價中以現金支付的部分減去子公司及其他營業單位持有的現金和現金等價物後的淨額。購買和處置子公司及其他營業單位是企業一項重大的投資活動，對企業當期和以後各期的現金流量都會發生影響。為了反應這類活動對當期現金流量的影響，並預測企業未來的現金流量，《企業會計準則第31號——現金流量表》規定，將這一項目單獨列示。

(9)「收到其他與投資活動有關的現金」「支付其他與投資活動有關的現金」項目，反應企業除上述（1）至（8）項目外收到或支付的其他與投資活動有關的現金流入或流出，若金額較大則應當單獨列示。企業購買股票和債券時，實際支付的價款中包含的已宣告但尚未領取的現金股利或已到付息期但尚未領取的債券的利息，若在年末尚未收回則應在投資活動的「支付的其他與投資活動有關的現金」項目反應；若在年末已收回，則應在投資活動的「收到的其他與投資活動有關的現金」項目反應。本項目可以根據「長期股權投資」「持有至到期投資」「應收股利」「應收利息」「庫存現金」「銀行存款」等帳戶的記錄分析填列。

(三) 籌資活動產生的現金流量各項目的內容及編制方法

(1)「吸收投資收到的現金」項目，反應企業以發行股票、債券等方式籌集資金實際收到的款項，減去直接支付給金融企業的佣金、手續費、宣傳費、諮詢費、印刷費等發行費用後的淨額。以發行股票、債券等方式籌集資金而由企業直接支付的審計、諮詢等費用，在「支付的其他與籌集活動有關的現金」項目反應，不從本項目內減去。本項目可以根據「實收資本（或股本）」「庫存現金」「銀行存款」等帳戶的記錄分析填列。

(2)「取得借款收到的現金」項目，反應企業舉借各種短期、長期借款而收到的現金。本項目可以根據「短期借款」「長期借款」「庫存現金」「銀行存款」等帳戶的記錄分析填列。

(3)「償還債務支付的現金」項目，反應企業以現金償還債務的本金等。企業償還的借款利息、債券利息，在「分配股利、利潤或償付利息所支付的現金」項目反應，不包括在本項目內。本項目可以根據「短期借款」「長期借款」「庫存現金」「銀行存款」等帳戶的記錄分析填列。

(4)「分配股利、利潤或償付利息支付的現金」項目，反應企業實際支付的現金股利、支付給其他投資單位的利潤或用現金支付的借款利息、債券利息等。本項目可以根據「應付股利」「財務費用」「長期借款」等帳戶的記錄分析填列。

(5)「收到其他與籌資活動有關的現金」「支付其他與籌資活動有關的現金」項目，反應企業除上述（1）至（4）項目外，收到或支付的其他與籌資活動有關的現金流入或流出，如接受現金捐贈、捐贈現金支出、融資租入固定資產支付的租賃費等。收到或支付的其他與籌資活動有關的現金流入如價值較大的，應單列項目反應。本項目可以根據有關帳戶的記錄分析填列。

(四)「匯率變動對現金的影響」項目，反應下列項目之間的差額

(1) 企業外幣現金流量折算為記帳本位幣時，所採用的現金流量發生日的即期匯率或按照系統合理的方法確定的、與現金流量發生日即期匯率近似的匯率折算的金額（編制合併現金流量表時還包括折算境外子公司的現金流量，應當比照處理）；

(2)「現金及現金等價物淨增加額」中，外幣現金淨增加額按期末匯率折算的金額。

五、補充資料項目的內容及填列

補充資料各項目的內容如下：

(一)「將淨利潤調節為經營活動的現金流量」項目

將淨利潤調節為經營活動的現金流量實際上就是採用間接法編制經營活動的現金流量。以淨利潤為基礎，採用間接法需加以調整的項目可以分為四大類：

(1) 減少了本期淨利潤但實際上並沒有支付現金的費用或損失；
(2) 增加了本期利潤但實際上並沒有收到現金的收益；
(3) 不屬於經營活動的損益；
(4) 存貨和經營性應收應付項目的增減變動。

(二) 不涉及現金收支的重大投資和籌資活動

「不涉及現金收支的重大投資和籌資活動」項目，反應企業一定期間內影響資產或負債但不形成該期現金收支的所有投資和籌資活動的信息。

(1)「債務轉為資本」項目，反應企業本期轉為資本的債務金額。
(2)「一年內到期的可轉換公司債券」項目，反應企業一年內到期的可轉換公司債券的本息。
(3)「融資租入固定資產」項目，反應企業本期融資租入固定資產的最低租賃付款額扣除應分期計入利息費用的未確認融資費用的淨額。

以上項目應根據有關帳戶的發生額計算填列。

(三) 現金及現金等價物淨增加額

「現金及現金等價物淨增加額」項目與現金流量表中的「現金及現金等價物淨增加額」項目的金額應當相等。

六、工作底稿法編制現金流量表實例

現金流量表的編制方法主要有工作底稿法、T型帳戶法、多欄式貨幣資金日記帳法

等，本書僅介紹採用工作底稿法編制現金流量表。

(一) 工作底稿法的基本原理

採用工作底稿法編制現金流量表，就是將工作底稿作為編制現金流量表的一種過渡性手段，它是以利潤表和資產負債表數據為基礎對每一項目進行分析並編制調整分錄，借助於工作底稿匯總有關調整會計分錄，根據匯總結果編制出現金流量表。

在直接法下，整個工作底稿縱向分成三段，第一段是資產負債表項目，其中又分為借方項目和貸方項目兩部分；第二段是利潤表項目；第三段是現金流量表項目。

工作底稿橫向分為五欄，在資產負債表部分，第一欄是項目欄，填列資產負債表各項目名稱；第二欄是期初數，用來填列資產負債表項目的期初數；第三欄是調整分錄的借方；第四欄是調整分錄的貸方；第五欄是期末數，用來填列資產負債表項目的期末數。在利潤表和現金流量表部分，第一欄也是項目欄，用來填列利潤表和現金流量表項目名稱；第二欄空置不填；第三、第四欄分別是調整分錄的借方和貸方；第五欄是本期數，根據現金流量表部分這一欄的數字可直接編制正式的現金流量表。

(二) 採用工作底稿法編制現金流量表的程序

採用工作底稿法編制現金流量表的基本步驟如下：

第一步，將資產負債表的期初數、期末數的有關數據過入工作底稿的期初數欄和期末數欄。

第二步，對當期業務進行分析並編制調整分錄。

調整分錄編制的基本原理是以「資產＝負債＋所有者權益」這一會計等式為出發點，說明企業年度（或中期）資產負債表「貨幣資金」或「現金和現金等價物淨增加（減少）額」項目本期增減變動的原因，對其增減變動的金額分析可以通過編制調整分錄的方式來完成。

由於現金流量表各項目的名稱與會計帳戶的名稱不相同，而現金流量表調整分錄帳戶的名稱不再是會計帳戶的名稱，而是報表項目的名稱；因此，在編制調整分錄時應特別注意，一是將會計帳戶的名稱替換為資產負債表的項目名稱，如將「庫存現金」「銀行存款」等帳戶替換為「貨幣資金」，將「材料採購」「生產成本」「庫存商品」「原材料」等帳戶替換為「存貨」；二是調整分錄中凡涉及「貨幣資金及現金等價物」的，應替換為現金流量表項目的「經營活動產生的現金流量」「投資活動產生的現金流量」和「籌資活動產生的現金流量」，並按現金流量表的項目列示明細項目。

第三步，將調整分錄過入工作底稿中的相應部分。

調整分錄不能過入帳簿，只能過入工作底稿。

第四步，進行試算平衡。調整分錄，借、貸合計應當相等，資產負債表項目期初數加減調整分錄中的借、貸金額以後，應當等於期末數。

第五步，根據工作底稿中的現金流量表項目部分編制正式的現金流量表。

【例10－3】根據【例10－1】和【例10－2】所提供的資料，採用工作底稿法編制的現金流量表見表10－8。

七、現金流量表補充資料的編制實例

【例10-4】我們仍以柳林股份有限公司的【例10-1】和【例10-2】所提供的相關資料為例來說明現金流量表補充資料的編制。

1. 淨利潤

根據利潤表的數額填列，本例為314,095元。

2. 剔除非經營活動的利潤項目

本例應剔除非經營活動所產生的利潤項目，包括：

(1) 處置固定資產、無形資產和其他長期資產的損失140,000元

(2) 公允價值變動收益-12,000元

(3) 財務費用113,000元

(4) 投資收益-80,000元

(5) 收到的捐贈現金48,000元，在其他項目中列示

3. 調整相關項目

本例中對經營活動中與利潤有關但與現金無關的有關項目進行調整。

(1) 計提的資產減值準備	76,500
(2) 固定資產折舊	240,000
(3) 無形資產攤銷	160,000
(4) 長期待攤費用攤銷	150,000
(5) 遞延所得稅資產增加	15,595

4. 調整存貨項目

在填列該項目時應注意，資產負債表上的「存貨」項目，是扣除了「存貨跌價準備」帳戶的期末餘額，由於存貨跌價準備的損失已在「資產減值準備」項目列示，在填列此項目時不應包括「存貨跌價準備」帳戶的期末餘額。

本例存貨期末883,820元比期初696,400元增加了187,420元，加上扣除的存貨跌價準備22,380元，當期存貨增加為209,800元。

5. 調整經營性應收項目

在填列該項目時應注意：資產負債表上的「應收帳款」項目是扣除了「壞帳準備」帳戶的期末餘額，由於壞帳準備的損失已在「資產減值準備」項目列示，在填列此項目時不應包括「壞帳準備」帳戶的期末餘額。此外應收帳款可能包括賒銷固定資產、無形資產等長期資產而應收的款項，應予以扣除。

本例應收帳款增加＝1,185,880－984,000＋14,120＝216,000（元）

在計算應收票據的增減變動時，應扣除因貼現而減少的部分。

本例應收票據減少＝160,000－48,000＝112,000（元）

本例預付帳款減少＝630,000－500,000＝130,000（元）

本例經營性應收項目減少＝112,000＋130,000－216,000＝26,000（元）

6. 調整經營性應付項目

經營性應付項目中的應付票據、應付帳款,可能包括賒購固定資產、無形資產、工程物資等應付的款項,在填列時也應予以扣除。「應付職工薪酬」可能包括應付在建工程人員的工資,也應予以扣除。

本例經營性應付項目 = 300,000 + 170,000 + 49,820 = 519,820(元)

本例現金流量表補充資料的填列如表 10-9 所示。

表 10-9　　　　　　　　　　　現金流量表補充資料　　　　　　　　　　單位:元

補充資料	本期金額	上期金額
1. 將淨利潤調節為經營活動現金流量:		略
淨利潤	314,095	
加:計提的資產減值準備	76,500	
固定資產折舊	240,000	
無形資產攤銷	160,000	
長期待攤費用攤銷	150,000	
處置固定資產、無形資產和其他長期資產的損失(收益以「-」號填列)	140,000	
固定資產報廢損失(收益以「-」號填列)		
公允價值變動損失(收益以「-」號填列)	-12,000	
財務費用(收益以「-」號填列)	113,000	
投資損失(收益以「-」號填列)	-80,000	
遞延所得稅資產減少(增加以「-」號填列)	-15,595	
遞延所得稅負債增加(減少以「-」號填列)		
存貨的減少(增加以「-」號填列)	-209,800	
經營性應收項目的減少(增加以「-」號填列)	26,000	
經營性應付項目的增加(減少以「-」號填列)	-519,820	
其他	-48,000	
經營活動產生的現金流量淨額	334,380	
2. 不涉及現金收支的重大投資和籌資活動:		
債務轉為股本		
一年內到期的可轉換公司債券		
融資租入固定資產		
3. 現金及現金等價物淨變動情況:		
現金的期末餘額	2,383,380	
減:現金的期初餘額	3,618,000	
加:現金等價物的期末餘額	0	
減:現金等價物的期初餘額	0	
現金及等價物淨增加額	-1,234,620	

第五節　所有者權益變動表

一、所有者權益變動表

所有者權益變動表是反應構成所有者權益的各組成部分當期的增減變動情況的報表。所有者權益變動表應當全面反應一定時期所有者權益變動的情況，不僅包括所有者權益總量的增減變動，還包括所有者權益增減變動的重要結構性信息，特別是要反應直接計入所有者權益的利得和損失，讓報表使用者準確理解所有者權益增減變動的根源。在資本市場日趨完善的情況下，所有者權益報表所提供的相關信息愈來愈受到會計用戶的關注，成為他們決策的重要依據。

二、所有者權益變動表的基本內容和填列方法

所有者權益變動表包括表首、正表兩部分。其中，表首說明報表名稱、編制單位、編制日期、報表編號、貨幣名稱、計量單位等；正表是所有者權益增減變動表的主體，具體說明所有者權益增減變動表的各項內容，包括實收資本（股本）、資本公積、法定和任意盈餘公積、未分配利潤等。每個項目中，又分為年初餘額、本年增加數、本年減少數、年末餘額四小項，每個小項中，又分別具體情況列示其不同內容。所有者權益變動表的基本結構如表 10 - 10 所示。

表 10 - 10　　　　　　　　所有者權益（股東權益）變動表　　　　　　　　會企04 表
編制單位：柳林股份有限公司　　　　　　　2016 年度　　　　　　　　　　　　單位：萬元

項　目	本年金額							上年金額						
	實收資本(或股本)	資本公積	減：庫存股	其他綜合收益	盈餘公積	未分配利潤	所有者權益合計	實收資本(或股本)	資本公積	減：庫存股	其他綜合收益	盈餘公積	未分配利潤	所有者權益合計
一、上年年末餘額	1,000	46.64			30	18	1,094.64							
加：會計政策變更														
前期差錯更正														
二、本年年初餘額	1,000	46.64			30	18	1,094.64							
三、本年增減變動金額(減少以"-"號填列)					3.2	18.209.5	21.409.5							
（一）淨利潤						31.409.5	31.409.5							
（二）其他綜合收益														
上述（一）和（二）小計						31.409.5	31.409.5							
（三）所有者投入和減少資本														
1. 所有者投入資本														
2. 股份支付計入所有者權益的金額														
3. 其他														
（四）利潤分配						-13.20	-13.20							

表10－10(續)

項目	本年金額							上年金額						
	實收資本(或股本)	資本公積	減:庫存股	其他綜合收益	盈餘公積	未分配利潤	所有者權益合計	實收資本(或股本)	資本公積	減:庫存股	其他綜合收益	盈餘公積	未分配利潤	所有者權益合計
1. 提取盈餘公積					3.2	-3.2	0							
2. 對所有者（或股東）的分配						-10	-10							
3. 其他														
(五) 所有者權益內部結轉														
1. 資本公積轉增資本(或股本)														
2. 盈餘公積轉增資本(或股本)														
3. 盈餘公積彌補虧損														
4. 其他														
四、本年年末餘額	1,000	46.64			33.2	36.209.5	1116.0495							

所有者權益變動表是由四部分內容構成，各部分內容分別按本年金額與上年金額反應所有者權益構成的具體內容。

(1)「上年年末餘額」項目，反應企業上年資產負債表中實收資本（股本）、資本公積、庫存股、其他綜合收益、盈餘公積、未分配利潤的年末餘額。

若企業有「會計政策變更」「前期差錯更正」事項，應在「會計政策變更」「前期差錯更正」項目中，分別反應企業採用追溯調整法處理的會計政策變更的累積影響金額和採用追溯重述法處理的會計差錯更正的累積影響金額。

(2)「本年年初餘額」項目，反應企業本年資產負債表中股本（實收資本）、資本公積、庫存股、其他綜合收益、盈餘公積、未分配利潤的年初餘額。它是「上年年末餘額」項目，加上由於會計政策變更和前期差錯更正對所有者權益的影響。

(3)「本期增減變動金額」項目，本項目的內容是所有者權益變動表的核心，它按影響所有者權益變動的具體原因分別列示。

(4)「所有者權益年末餘額」項目，反應企業年末資產負債表中實收資本（股本）、資本公積、庫存股、其他綜合收益、盈餘公積、未分配利潤的年末餘額。

本年年末餘額＝本年年初餘額＋本年增加金額－本年減少金額

三、所有者權益變動表的編制實例

【例10－5】根據【例10－1】和【例10－2】的相關資料，編制柳林股份有限公司2016年的所有者權益變動表，如表10－10所示。

第六節　報表附註

一、企業報表附註的意義

附註是對資產負債表、利潤表、現金流量表和所有者權益變動表等報表中列示項目,以文字或明細資料形式,以及對未能在報表中列示的項目的進一步說明、補充或解釋。附註是財務報表的重要組成部分。財務報表附註,不但包括對有關報表項目的分解與解釋,而且包括對企業編制財務報表所依據的會計政策、會計事項的不確定性與風險的說明,以及對編表日後所發生的重大事項的說明等。財務報表附註對於提高會計信息的質量,增強財務報表的真實性、準確性、完整性,使報表使用者(投資者和潛在的投資者、債權人、政府部門)對其所關心經濟實體的財務狀況和經營成果獲得充分的瞭解、作出正確的判斷等方面都具有重要意義。

二、報表附註的內容

附註應當按照一定的結構進行系統合理的排列和分類,以便於完整地、規範化地披露相關信息。按照具體會計準則要求,企業在附註中應披露下列內容:

(一) 企業的基本情況

　1. 企業註冊地、組織形式和總部地址;
　2. 企業的業務性質和主要經營活動;
　3. 母公司以及集團最終母公司的名稱;
　4. 財務報表的批准報出者和財務報表批准報出日。

按照有關法律、行政法規等規定,企業所有者或其他方面有權對報出的財務報表進行修改的事實。

(二) 財務報表的編制基礎

　說明企業的持續經營情況。

(三) 遵循企業會計準則的聲明

　企業應當明確說明編制的財務報表符合企業會計準則體系的要求,真實、完整地反應了企業的財務狀況、經營成果和現金流量等有關信息。

(四) 重要會計政策和會計估計

　企業應當披露重要的會計政策和會計估計,不重要的會計政策和會計估計可以不披露。在披露重要會計政策和會計估計時,應當披露重要會計政策的確定依據和財務報表項目的計量基礎,以及會計估計中所採用的關鍵假設和不確定因素。

　企業至少應當披露的重要會計政策包括存貨、長期股權投資、投資性房地產、固定資產、生物資產、無形資產、非貨幣性資產交換、資產減值、職工薪酬、企業年金

基金、股份支付、債務重組、或有事項、收入、建造合同、政府補助、借款費用、所得稅、外幣折算、企業合併、租賃、金融工具確認和計量、金融資產轉移、套期保值、石油天然氣開採、合併財務報表、每股收益、分部報告、金融工具列報等。

(五) 會計政策和會計估計變更以及差錯更正的說明

企業應當按照《企業會計準則第28號——會計政策、會計估計變更和前期差錯更正》及其應用指南的規定進行披露。

(六) 重要報表項目的說明

企業應當盡可能以列表形式披露重要報表項目的構成或當期增減變動情況。對重要報表項目的明細說明，應當按照資產負債表、利潤表、現金流量表、所有者權益變動表的順序以及報表項目列示的順序進行披露，採用文字和數字描述相結合進行披露，並與報表項目相互銜接。

本章小結

本章從財務報表的意義出發，分別闡述了資產負債表、利潤表、現金流量表和股東權益變動表的基本內容、原理以及編製方法。主要內容包括：

財務報表是以日常核算資料為依據，定期編製的、反應企業某一特定日期財務狀況、某一會計期間經營成果、現金流量和所有者權益變動等會計信息的文件，至少應當包括資產負債表、利潤表、所有者權益（或股東權益，下同）變動表、現金流量表、附註。

資產負債表是反應企業在某一特定日期財務狀況的報表，是以「資產＝負債＋所有者權益」這一會計等式所體現的靜態要素之間的內在聯繫為依據來設計和編製的。利潤表是反應企業在一定會計期間經營成果的報表，根據「收入－費用＝利潤」這一會計等式所體現的動態要素之間的內在聯繫來設計和編製。

現金流量表是反應企業在一定會計期間現金和現金等價物（以下簡稱現金）流入和流出的報表。它是在資產負債表和利潤表反應企業財務狀況和經營成果的基礎上，通過經營活動、投資活動和籌資活動的現金流入、流出量和現金淨流量來反應企業財務狀況變動情況及其原因的報表。

所有者權益變動表是反應構成所有者權益的各組成部分當期的增減變動情況的報表。

附註是對資產負債表、利潤表、現金流量表和所有者權益變動表等報表中列示項目，以文字或明細資料形式，以及對未能在報表中列示的項目的進一步說明、補充或解釋。

關鍵詞

財務報表　會計信息的用戶　中期財務報表　年報　個別報表　合併報表　外部報表　內部報表　靜態報表和動態報表　資產負債表　利潤表　現金流量表　工作底稿法　附註

本章思考題

1. 財務報表包括哪些內容？
2. 簡述資產負債表中各項目的填列方法。
3. 簡述利潤表編制各項目的編制方法。
4. 現金流量分為哪幾類？各項目具體的填列方法。

國家圖書館出版品預行編目(CIP)資料

財務會計 / 余海宗 主編. -- 第三版.
-- 臺北市：崧博出版：財經錢線文化發行，2018.10
　面；　公分

ISBN 978-957-735-557-7(平裝)

1.財務會計

495.4　　　　107016716

書　名：財務會計
作　者：余海宗 主編
發行人：黃振庭
出版者：崧博出版事業有限公司
發行者：財經錢線文化事業有限公司
E-mail：sonbookservice@gmail.com
粉絲頁　　　　　　網　址
地　址：台北市中正區延平南路六十一號五樓一室
8F.-815, No.61, Sec. 1, Chongqing S. Rd., Zhongzheng Dist., Taipei City 100, Taiwan (R.O.C.)
電　話：(02)2370-3310　傳　真：(02) 2370-3210
總經銷：紅螞蟻圖書有限公司
地　址：台北市內湖區舊宗路二段 121 巷 19 號
電　話：02-2795-3656　傳真：02-2795-4100　網址：
印　刷：京峯彩色印刷有限公司（京峰數位）

　　本書版權為西南財經大學出版社所有授權崧博出版事業有限公司獨家發行電子書及繁體書繁體版。若有其他相關權利及授權需求請與本公司聯繫。

定價：400元

發行日期：2018 年 10 月第三版

◎ 本書以POD印製發行